AutoCAD 2018 中文版电气设计实例教程

三维书屋工作室

胡仁喜 闫聪聪 等编著

U0326121

机 械 工 业 出 版 社

本书共两篇，分为基础知识篇和设计实例篇，前者包括 AutoCAD 2018 入门，二维绘图命令，编辑命令，文本、表格与尺寸标注，快速绘图工具，电气图制图规则和表示方法，这一部分为后面的具体设计提供了必要的知识准备，介绍了电气设计的基本知识要点；后者包括机械电气设计，通信工程图设计，电力电气工程图设计，电路图设计，控制电气工程图设计，建筑电气工程图设计和高低压开关柜电气设计综合实例。

本书内容丰富，结构层次清晰，讲解深入细致，范例典型，具有很强的实用性、指导性和操作性，可以作为电气工程技术人员和 AutoCAD 技术人员的参考书，也可以作为高校相关专业师生计算机辅助设计、电气设计课程的参考用书以及大众AutoCAD 培训班配套教材。

图书在版编目（CIP）数据

AutoCAD 2018 中文版电气设计实例教程/胡仁喜等编著. —4 版. —北京：机械工业出版社，2017.7
ISBN 978-7-111-57773-7

Ⅰ.①A…　Ⅱ.①胡…　Ⅲ.①电气设备—计算机辅助设计—AutoCAD软件—教材　Ⅳ.①TM02-39

中国版本图书馆 CIP 数据核字(2017)第 202481 号

机械工业出版社（北京市百万庄大街 22 号　邮政编码 100037）
责任编辑：曲彩云　　责任印制：孙　炜
北京中兴印刷有限公司印刷
2017 年 9 月第 4 版第 1 次印刷
184mm×260mm · 25.5 印张 · 630 千字
0001—3000 册
标准书号：ISBN 978-7-111-57773-7
定价：69.00 元

凡购本书，如有缺页、倒页、脱页，由本社发行部调换
电话服务　　　　　　　　　网络服务
服务咨询热线：010-88361066　机工官网：www.cmpbook.com
读者购书热线：010-68326294　机工官博：weibo.com/cmp1952
　　　　　　　010-88379203　金 书 网：www.golden-book.com
编辑热线：　　010-88379782　教育服务网：www.cmpedu.com
封面无防伪标均为盗版

前　言

AutoCAD 2018 是当前最新版本的 AutoCAD 软件，它运行速度快，安装要求比较低，而且具有众多制图、出图的优点。它提供的平面绘图功能能胜任电气工程图中使用的各种电气系统图、框图、电路图、接线图、电气平面图等的绘制。AutoCAD 2018 还提供了三维造型、图形渲染等功能，以及电气设计人员有可能要绘制的一些机械图、建筑图。

电气工程图用来阐述电气工程的构成和功能，描述电气装置的工作原理，提供安装和维护使用的信息，辅助电气工程研究和指导电气工程实践施工等。电气工程的规模不同，其工程的电气图种类和数量也不同。电气工程图的种类与电气工程的规模有关，较大规模的电气工程通常要包含更多种类的电气工程图，以便从不同的侧面表达不同侧重点的工程含义。

电气工程图一方面可以根据功能和使用场合分为不同的类别，另一方面各种类别的电气工程图都有某些联系和共同点。不同类别的电气工程图适用于不同的场合，其表达电气工程含义的侧重点也不尽相同。对于不同专业和不同场合，只要是按照同一种用途绘成的电气图，不仅在表达方式与方法上必须是统一的，而且在图的分类与属性上也应该一致。

AutoCAD 电气设计是计算机辅助设计与电气设计结合的交叉学科。虽然在现代电气设计中，应用 AutoCAD 辅助设计是顺理成章的事，但国内专门对利用 AutoCAD 进行电气设计的方法和技巧进行讲解的书很少。本书根据电气设计在各学科和专业中的应用实际，全面具体地对各种电气设计的 AutoCAD 设计方法和技巧进行了深入细致的讲解。

与市面上同类书相比，本书具有以下鲜明的特点。

1．思路明确，线索清晰

全书分为基础知识篇和设计实例篇两部分，前者包括，AutoCAD2018 入门，二维绘制命令，编辑命令，文本、表格与尺寸标注，快速绘图工具，电气图制图规则和表示方法，这一部分为后面的具体设计提供了必要的知识准备；后者包括机械电气设计，通信工程图设计，电力电气工程图设计，电路图设计，控制电气工程图设计，建筑电气工程图设计和高低压开关柜电气设计综合实例。

2．及时总结，举一反三

本书所有实例均归类讲解，摆脱了为讲解而讲解的樊篱。在利用实例讲解 AutoCAD 知识的同时，通过对实例进行剖析和解释，既训练了读者使用 AutoCAD 软件绘图的能力，又锻炼了读者的工程设计能力。另外，在每个实例绘制完毕后，本书及时给出了该零件的绘制方法总结，并举一反三地给出相同结构实例，供读者及时练习巩固。

3．多种手段，立体讲解

本书除利用传统的书面讲解外，随书还配送了多功能学习光盘。光盘中包含全书讲解实例和引申实例的源文件素材，并制作了所有实例操作过程的录屏讲解。利用编者精心设计的多媒体界面，读者可以像看电影一样轻松愉悦地学习本书。

4．编者权威，精雕细琢

本书由目前 CAD 图书界资深专家负责策划，参加编写的人员都是电气设计和 CAD 教学与研究方面的专家和技术权威人士，他们都具有多年教学经验，也是 CAD 设计与开发的高手。他们将自己多年的心血融化于字里行间，有很多地方是他们经过反复研究得出的经验总结。本书所有讲解实例都严格按照电气设计规范进行绘制，包括图纸幅面设置、标题栏填写及尺寸标注等无不严格执行国家标准。这种对细节的把握与雕琢无不体现出编者的工程学术造诣与精益求精的严谨治学态度。

为了配合学校师生利用此书进行教学的需要，随书配赠了电子资料包，包含全书实例操作过程 AVI 文件和实例源文件，以及专为老师教学准备的 PowerPoint 多媒体电子教案。另外，为了延伸读者的学习范围，进一步丰富知识含量，电子资料包中还独家赠送了 AutoCAD 官方认证考试大纲和考试样题、AutoCAD 操作技巧 170 例、实用 AutoCAD 图样 100 套以及长达 1000min 的相应的操作过程录音讲解动画。读者可以登录百度网盘地址：http://pan.baidu.com/s/1i5mnVkL 下载，密码：ghw2（读者如果没有百度网盘，需要先注册一个才能下载）。

本书主要由 Autodesk 中国认证考试中心首席专家胡仁喜博士和石家庄三维书屋文化传播有限公司的闫聪聪老师编写，参加编写的还有康士廷、王敏、王玮、王艳池、刘昌丽、王培合、王义发、王玉秋、杨雪静、张日晶、卢园、孙立明、甘勤涛、李兵、路纯红、阳平华、李亚莉、张俊生、李鹏、周冰、董伟、李瑞。本书的编写和出版得到了很多朋友的大力支持，值此图书出版发行之际，向他们表示衷心的感谢。

由于时间仓促，加上编者水平有限，书中不足之处在所难免，望广大读者登录 www.sjzswsw.com 或联系 win760520@126.com 给予批评指正，编者将不胜感激，也欢迎加入三维书屋图书学习交流群 QQ：379090620 交流探讨。

编 者

目　录

第 1 篇

基础知识篇

本篇主要介绍了 AutoCAD2018 中文版的一些基础知识，包括 AutoCAD 入门，二维绘图命令，编辑命令，文本、表格与尺寸标注，快速绘图工具以及电气图制图规则和表示方法等。

本篇介绍了 AutoCAD 应用于电气设计的一些基本功能，为后面的具体设计提供了必要的准备。

第 ① 章

AutoCAD 2018 入门

从本章开始，我们将循序渐进地学习 AutoCAD 2018 绘图的有关基本知识，了解如何设置图形的系统参数、样板图，熟悉建立新的图形文件、打开已有文件的方法等。本章内容主要包括操作界面、基本操作命令、文件管理和图层操作等。

学 习 要 点

- ◎ 操作界面
- ◎ 基本操作命令
- ◎ 文件管理
- ◎ 图层操作

1.1 操作界面

AutoCAD 2018 的操作界面是 AutoCAD 显示、编辑图形的区域,一个完整的 AutoCAD 中文版的操作界面如图 1-1 所示,包括标题栏、菜单栏、工具栏、快速访问工具栏、绘图区、功能区、坐标系图标、命令行窗口、状态栏、布局标签和滚动条等。

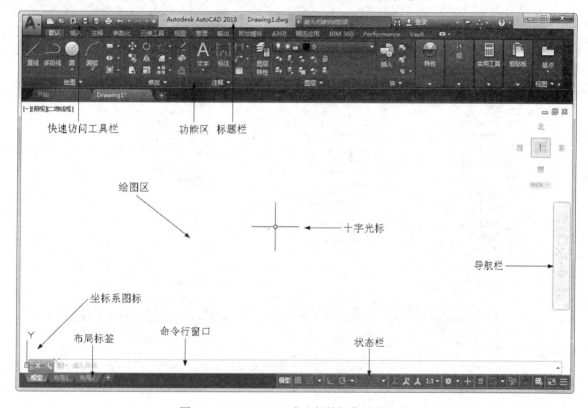

图1-1 AutoCAD 2018中文版的操作界面

注意

工作空间是由分组组织的菜单栏、工具栏、选项板和功能区控制面板组成的集合。如需着手另一任务,随时都可以通过状态托盘上的工作空间图标 来切换到另一工作空间。

实讲实训
多媒体演示

多媒体演示参见配套光盘中的\\动画演示\第1章\操作界面.avi。

1.1.1 标题栏

在 AutoCAD 2018 中文版绘图窗口的最上端是标题栏。在标题栏中,显示了系统当前正在运行的应用程序(AutoCAD 2018 和用户正在使用的图形文件)。在用户第一次启动 AutoCAD2018 时,在 AutoCAD 2018 绘图窗口的标题栏中将显示 AutoCAD 2018 在启动时创建并打开的图形文件的名字 Drawing1.dwg，如图 1-1 所示。

注意

安装 AutoCAD 2018 后，默认的界面如图 1-1 所示，在绘图区中右击鼠标，打开快捷菜单，如图 1-2 所示，选择"选项"命令，打开"选项"对话框，选择"显示"选项卡，如图 1-3 所示，在窗口元素对应的"配色方案"中设置为"明"，单击"确定"按钮，退出"选项"对话框，其操作界面如图 1-4 所示。

图1-2 快捷菜单　　　　　　　　　　　图1-3 "选项"对话框

图1-4 AutoCAD 2018中文版的"明"操作界面

1.1.2 绘图区

绘图区是指在标题栏下方的大片空白区域。绘图区域是用户使用 AutoCAD 2018 绘制图形的区域，用户完成一幅设计图形的主要工作都是在绘图区域中完成。

在绘图区域中，还有一个作用类似光标的十字线，其交点反映了光标在当前坐标系中的位置。在 AutoCAD 2018 中，将该十字线称为光标，AutoCAD 通过光标显示当前点的位置。十字线的方向与当前用户坐标系的 X 轴、Y 轴方向平行，十字线的长度系统预设为屏幕大小的 5%，如图 1-5 所示。

1. 修改图形窗口中十字光标的大小

可以根据绘图的实际需要更改其大小。改变光标大小的方法如下：

1）在绘图窗口中选择工具菜单中的选项命令。屏幕上将弹出系统配置对话框。打开"显示"选项卡，在"十字光标大小"区域的编辑框中直接输入数值，或者拖动编辑框后的滑块，即可对十字光标的大小进行调整，如图 1-5 所示。

图1-5 "选项"对话框中的"显示"选项卡

2）还可以通过设置系统变量 CURSORSIZE 的值，实现对其大小的更改。方法是在命令行输入：

命令: CURSORSIZE✓

输入 CURSORSIZE 的新值 <5>:

在提示下输入新值即可。默认值为 5%。

2. 修改绘图窗口的颜色

在默认情况下，AutoCAD 2018 的绘图窗口是黑色背景、白色线条，这不符合绝大多数用户的习惯，因此修改绘图窗口颜色是大多数用户都需要进行的操作。

修改绘图窗口颜色的步骤如下：

1）在图 1-5 所示的选项卡中单击"窗口元素"区域中的"颜色"按钮，将打开图 1-6

所示的"图形窗口颜色"对话框。

2）单击"图形窗口颜色"对话框中"颜色"字样下方的下拉箭头，在打开的下拉列表中选择需要的窗口颜色，然后单击"应用并关闭"按钮，此时 AutoCAD 2018 的绘图窗口变成了窗口背景色，通常按视觉习惯选择白色为窗口颜色。

📖 1.1.3 坐标系图标

在绘图区域的左下角有一个箭头指向图标，称为坐标系图标，表示用户绘图时正使用的坐标系形式，如图 1-1 所示。

图1-6 "图形窗口颜色"对话框

坐标系图标的作用是为点的坐标确定一个参照系。根据工作需要，用户可以选择将其关闭，方法是选择菜单命令：视图→显示→UCS 图标→ √ 开，如图 1-7 所示。

图1-7 "视图"菜单

1.1.4 菜单栏

在 AutoCAD "自定义快速访问工具栏"处调出菜单栏，如图 1-8 所示，调出后的菜单栏如图 1-9 所示。同其他 Windows 程序一样，AutoCAD 的菜单也是下拉形式的，并在菜单中包含子菜单。AutoCAD 的菜单栏中包含 12 个菜单："文件""编辑""视图""插入""格式""工具""绘图""标注""修改""参数""窗口"和"帮助"，这些菜单几乎包含了 AutoCAD 的所有绘图命令，后面的章节将对这些菜单功能做详细的讲解。一般来讲，AutoCAD 下拉菜单中的命令有以下 3 种。

图1-8　调出菜单栏

图1-9　菜单栏显示界面

1. 带有小三角形的菜单命令

这种类型的命令后面带有子菜单。例如，单击菜单栏中的"绘图"菜单，指向其下拉菜单中的"圆"命令，屏幕上就会进一步下拉出"圆"子菜单中所包含的命令，如图 1-10 所示。

2. 打开对话框的菜单命令

这种类型的命令后面带有省略号。例如，单击菜单栏中的"格式"菜单，选择其下拉菜单中的"表格样式（B）..."命令，如图 1-11 所示，屏幕上就会打开对应的"表格样式"对话框，如图 1-12 所示。

图1-10　带有子菜单的菜单命令　　　　图1-11　激活相应对话框的菜单命令

3．直接操作的菜单命令

这种类型的命令将直接进行相应的绘图或其他操作。例如，选择视图菜单中的"重画"命令，系统将直接对屏幕图形进行重生成，如图 1-13 所示。

图1-12　"表格样式"对话框　　　　　图1-13　直接操作的菜单命令

1.1.5 工具栏

工具栏是一组按钮工具的集合。选择菜单栏中的工具→工具栏→AutoCAD，调出所需要的工具栏，把光标移动到某个按钮上，稍停片刻即在该按钮的一侧显示相应的功能提示，同时在状态栏中显示对应的说明和命令名，此时单击按钮就可以启动相应的命令了。

1. 设置工具栏

AutoCAD 2018 的标准菜单提供有几十种工具栏。选择菜单栏中的工具→工具栏→AutoCAD，调出所需要的工具栏，如图 1-14 所示。单击某一个未在界面显示的工具栏名，系统自动在界面打开该工具栏。反之，关闭工具栏。

图1-14 调出工具栏

2. 工具栏的"固定""浮动"与打开

工具栏可以在绘图区"浮动"显示（见图 1-15），此时显示该工具栏标题，并可关闭该工具栏。用鼠标可以拖动"浮动"工具栏到图形区边界，使它变为"固定"工具栏，此时该工具栏标题隐藏。也可以把"固定"工具栏拖出,使它成为"浮动"工具栏。

在有些图标的右下角带有一个小三角,按住鼠标左键会打开相应的工具栏,选择其中适用的工具单击鼠标左键,该图标就成为当前图标。单击当前图标,即可执行相应命令(见图1-16)。

图1-15　　"浮动"工具栏　　　　　　　　　　　　　　图1-16　打开工具栏

注意

安装 AutoCAD 2018 后,默认的界面如图 1-1 所示,为了快速简便地操作绘图,一般选择菜单栏中的"工具→工具栏→AutoCAD"的方法,将"绘图""修改"工具栏打开,如图 1-17 所示。

图 1-17　操作界面

1.1.6 命令行窗口

命令行窗口是输入命令名和显示命令提示的区域。默认的命令行窗口布置在绘图区下方，是若干文本行，如图 1-18 所示。对命令行窗口，有以下几点需要说明：

1）移动拆分条，可以扩大与缩小命令行窗口。

2）可以拖动命令行窗口，布置在屏幕上的其他位置。默认情况下布置在图形窗口的下方。

3）对当前命令行窗口中输入的内容，可以按 F2 键用文本编辑的方法进行编辑，如图 1-18 所示。AutoCAD 文本窗口和命令行窗口相似，它可以显示当前 AutoCAD 进程中命令的输入和执行过程，在执行 AutoCAD 某些命令时，它会自动切换到文本窗口，列出有关信息。

4）AutoCAD 通过命令行窗口反馈各种信息，包括出错信息。因此，用户要时刻关注在命令行窗口中出现的信息。

图1-18 文本窗口

1.1.7 布局标签

AutoCAD 2018 系统默认设定一个模型空间布局标签和"布局 1""布局 2"两个图纸空间布局标签。在这里有两个概念需要解释一下。

1. 布局

布局是系统为绘图设置的一种环境，包括图纸大小、尺寸单位、角度设定、数值精确度等。在系统预设的三个标签中，这些环境变量都按默认设置。用户可根据实际需要改变这些变量的值。例如，默认的尺寸单位是米制的毫米，如果绘制的图形的单位是英制的英寸，就可以改变尺寸单位环境变量的设置，具体方法将在后面章节中介绍，在此暂且从略。用户也可以根据需要设置符合自己要求的新标签，具体方法也在后面章节中介绍。

2. 模型

AutoCAD 的空间分为模型空间和图纸空间。模型空间是通常绘图的环境，而在图纸空间中，用户可以创建称为"浮动视口"的区域，以不同视图显示所绘图形。用户可以在图纸空间中调整浮动视口并决定所包含视图的缩放比例。如果选择图纸空间，则可打印多个视图，用户可以打印任意布局的视图。在后面的章节中，将专门详细讲解有关模型空间与图纸空间的相关知识，请读者注意学习体会。

AutoCAD 2018 系统默认打开模型空间，用户可以通过鼠标左键单击选择需要的布局。

📖 1.1.8 状态栏

状态栏在屏幕的底部，依次有"坐标""模型/或布局空间""栅格""捕捉模式""推断约束""动态输入""正交模式""极轴追踪""等轴测草图""对象捕捉追踪""二维对象捕捉""线宽""透明度""选择循环""三维对象捕捉""动态 UCS""选择过滤""小控件""注释可见性""自动缩放""注释比例""切换工作空间""注释监视器""单位""快捷特性""锁定用户界面""隔离对象""硬件加速""全屏显示""自定义"30 个功能按钮。左键单击部分开关按钮，可以实现这些功能的开关。通过单击部分按钮也可以控制图形或绘图区的状态。

ⓘ 注意

默认情况下，不会显示所有工具，可以通过状态栏上最右侧的按钮选择要从"自定义"菜单显示的工具。状态栏上显示的工具可能会发生变化，具体取决于当前的工作空间以及当前显示的是"模型"选项卡还是"布局"选项卡。下面对部分状态栏上的按钮做简单介绍，如图 1-19 所示。

图1-19 状态栏

（1）坐标：显示工作区鼠标放置点的坐标。

（2）模型/或布局空间：在模型空间与布局空间之间进行转换。

（3）栅格：栅格是覆盖整个坐标系（UCS）XY 平面的直线或点组成的矩形图案。使用栅格类似于在图形下放置一张坐标纸。利用栅格可以对齐对象并直观显示对象之间的距离。

（4）捕捉模式：对象捕捉对于在对象上指定精确位置非常重要。不论何时提示输入点，都可以指定对象捕捉。默认情况下，当光标移到对象的对象捕捉位置时，将显示标记和工具提示。

（5）推断约束：自动在正在创建或编辑的对象与对象捕捉的关联对象或点之间应用约束。

（6）动态输入：在光标附近显示出一个提示框（称之为"工具提示"），工具提示中显示出对应的命令提示和光标的当前坐标值。

（7）正交模式：将光标限制在水平或垂直方向上移动，以便于精确地创建和修改对象。当创建或移动对象时，可以使用"正交"模式将光标限制在相对于用户坐标系（UCS）的水平或垂直方向上。

（8）极轴追踪：使用极轴追踪，光标将按指定角度进行移动。创建或修改对象时，可以使用"极轴追踪"来显示由指定的极轴角度所定义的临时对齐路径。

（9）等轴测草图：通过设定"等轴测捕捉/栅格"，可以很容易地沿三个等轴测平面之一对齐对象。尽管等轴测图形看似三维图形，但它实际上是由二维图形表示。因此不能期望提取三维距离和面积、从不同视点显示对象或自动消除隐藏线。

（10）对象捕捉追踪：使用对象捕捉追踪，可以沿着基于对象捕捉点的对齐路径进行追踪。已获取的点将显示一个小加号（+），一次最多可以获取7个追踪点。获取点之后，在绘图路径上移动光标，将显示相对于获取点的水平、垂直或极轴对齐路径。例如，可以基于对象端点、中点或者对象的交点，沿着某个路径选择一点。

（11）二维对象捕捉：使用执行对象捕捉设置（也称为对象捕捉），可以在对象上的精确位置指定捕捉点。选择多个选项后，将应用选定的捕捉模式，以返回距离靶框中心最近的点。按 Tab 键以在这些选项之间循环。

（12）线宽：分别显示对象所在图层中设置的不同宽度，而不是统一线宽。

（13）透明度：使用该命令，调整绘图对象显示的明暗程度。

（14）选择循环：当一个对象与其他对象彼此接近或重叠时，准确地选择某一个对象是很困难的，使用选择循环的命令，单击鼠标左键，弹出"选择集"列表框，里面列出了鼠标点击周围的图形，然后在列表中选择所需的对象。

（15）三维对象捕捉：三维中的对象捕捉与在二维中工作的方式类似，不同之处在于在三维中可以投影对象捕捉。

（16）动态UCS：在创建对象时使 UCS 的 XY 平面自动与实体模型上的平面临时对齐。

（17）选择过滤：根据对象特性或对象类型对选择集进行过滤。当按下图标后，只选择满足指定条件的对象，其他对象将被排除在选择集之外。

（18）小控件：帮助用户沿三维轴或平面移动、旋转或缩放一组对象。

（19）注释可见性：当图标亮显时表示显示所有比例的注释性对象；当图标变暗时表示仅显示当前比例的注释性对象。

（20）自动缩放：注释比例更改时，自动将比例添加到注释对象。

（21）注释比例：单击注释比例右下角小三角符号弹出注释比例列表，如图1-20所示，可以根据需要选择适当的注释比例。

（22）切换工作空间：进行工作空间转换。

（23）注释监视器：打开仅用于所有事件或模型文档事件的注释监视器。

（24）单位：指定线性和角度单位的格式和小数位数。

（25）快捷特性：控制快捷特性面板的使用与禁用。

（26）锁定用户界面：按下该按钮，锁定工具栏、面板和可固定窗口的位置和大小。

（27）隔离对象：当选择隔离对象时，在当前视图中显示选定对象。所有其他对象都暂时隐藏；当选择隐藏对象时，在当前视图中暂时隐藏选定对象。所有其他对象都可见。

（28）硬件加速：设定图形卡的驱动程序以及设置硬件加速的选项。

（29）全屏显示：该选项可以清除Windows窗口中的标题栏、功能区和选项板等界面元素，使AutoCAD的绘图窗口全屏显示，如图1-21所示。

图1-20　注释比例　　　　　　　　　　　　图1-21　全屏显示

（30）自定义：状态栏可以提供重要信息，而无需中断工作流。使用 MODEMACRO 系统变量可将应用程序所能识别的大多数数据显示在状态栏中。使用该系统变量的计算、判断和编辑功能可以完全按照用户的要求构造状态栏。

1.1.9　滚动条

在打开的 AutoCAD 2018 默认界面上是不显示滚动条的，通常要把滚动条调出来。选择菜单栏中的"工具"→"选项"命令，系统打开"选项"对话框，单击"显示"选项卡，将"窗口元素"中的"在图形窗口中显示滚动条"勾选上，如图 1-22 所示。

滚动条包括水平滚动条和垂直滚动条，用于上下或左右移动绘图窗口内的图形。用鼠标拖动滚动条中的滑块或单击滚动条两侧的三角按钮，即可移动图形，如图 1-23 所示。

1.1.10　功能区

在默认情况下，功能区包括"默认""插入""注释""参数化""视图""管理""输出""附加模块""A360""精选应用"选项卡，如图 1-24 所示（所有的选项卡显示面板如图 1-25 所示）。每个选项卡集成了相关的操作工具，方便了用户的使用。用户可以单击功能区选项后面的按钮█控制功能的展开与收缩。

图1-22 "选项"对话框中的"显示"选项卡

图1-23 显示"滚动条"

图1-24 默认情况下出现的选项卡

（1）设置选项卡：将光标放在面板中任意位置处，单击鼠标右键，打开如图1-26所示的快捷菜单。用鼠标左键单击某一个未在功能区显示的选项卡名，系统自动在功能区打开该选项卡。反之，关闭选项卡（调出面板的方法与调出选项板的方法类似，这里不再赘述）。

图1-25 所有的选项卡

图1-26 快捷菜单

（2）选项卡中面板的"固定"与"浮动"：面板可以在绘图区"浮动"（见图 1-27），将鼠标放到浮动面板的右上角位置处，显示"将面板返回到功能区"，如图 1-28 所示。鼠标左键单击此处，可使它变为"固定"面板。也可以把"固定"面板拖出，使它成为"浮动"面板。

图1-27 "浮动"面板　　　　　　　　　图1-28 "绘图"面板

1.2 基本操作命令

1.2.1 命令输入方式

AutoCAD 交互绘图必须输入必要的指令和参数。有多种 AutoCAD 命令输入方式：

1. 在命令行窗口输入命令名

命令字符可不区分大小写。例如，命令：LINE↙。执行命令时，在命令行提示中经常会出现命令选项。例如，输入绘制直线命令"LINE"后，命令行中的提示与操作如下：

> 命令：LINE↙
>
> 指定第一个点：（在屏幕上指定一点或输入一个点的坐标）
>
> 指定下一点或 [放弃(U)]:

选项中不带括号的提示为默认选项，因此可以直接输入直线段的起点坐标或在屏幕上指定一点，如果要选择其他选项，则应该首先输入该选项的标识字符，如"放弃"选项的标识字符"U"，然后按系统提示输入数据即可。在命令选项的后面有时候还带有尖括号，尖括号内的数值为默认数值。

2．在命令行窗口输入命令缩写字

如 L (Line)、C (Circle)、A (Arc)、Z (Zoom)、R (Redraw)、M (Move)、CO (Copy)、PL (Pline)、E (Erase) 等。

3．选取绘图菜单直接选项

选取该选项后在状态栏中可以看到对应的命令说明及命令名，如图 1-29 所示。

4．选取工具栏中的对应图标

选取该图标后在状态栏中也可以看到对应的命令说明及命令名，如图 1-30 所示。

5．在绘图区打开快捷菜单

如果在前面刚使用过要输入的命令，可以在绘图区右键快捷菜单，在"最近的输入"子菜单中选择需要的命令，如图 1-31 所示。"最近的输入"子菜单中存储最近使用的命令，如果经常重复使用某个命令，这种方法就比较快捷。

图1-29　菜单输入方式　　　　图1-30　工具栏输入方式　　　　图1-31　命令行右键快捷菜单

6．在命令行直接按 Enter 键

如果用户要重复使用上次使用的命令，可以直接在命令行按 Enter 键，系统立即重复执行上次使用的命令，这种方法适用于重复执行某个命令。

1.2.2 命令的重复、撤销、重做

1．命令的重复

在命令行窗口中按 Enter 键可重复调用上一个命令，不管上一个命令是完成了还是被取消了。

2．命令的撤销

在命令执行的任何时刻都可以取消和终止命令的执行。该命令的执行方式如下：

命令行：UNDO

菜单：编辑→放弃

工具栏：标准→放弃↩・或快速访问→放弃↩

快捷键：Esc

3．命令的重做

已被撤销的命令还可以恢复重做，可以恢复撤销的最后一个命令。该命令执行方式如下：

命令行：REDO

菜单：编辑→重做

工具栏：标准→重做↪・或快速访问→重做↪

快捷键：Ctrl+Y

AutoCAD 2018 可以一次执行多重放弃和重做操作。单击"快速访问"工具栏中的"放弃"按钮↩或"重做"按钮↪后面的小三角形，可以选择要放弃或重做的操作，如图 1-32 所示。

图1-32　多重放弃和重做

1.2.3 按键定义

在 AutoCAD 2018 中，除了可以通过在命令行窗口输入命令、单击工具栏图标或单击菜单项来完成外，还可以使用键盘上的一组功能键或快捷键，通过这些功能键或快捷键，可以快速实现指定功能，如单击 F1 键，系统调用 AutoCAD 帮助对话框。

系统使用 AutoCAD 传统标准（Windows 之前）或 Microsoft Windows 标准解释快捷键。有些功能键或快捷键在 AutoCAD 的菜单中已经指出，如"粘贴"的快捷键为 Ctrl +V，这些只要用户在使用的过程中多加留意，就会熟练掌握。快捷键的定义见菜单命令后面的

说明，如"粘贴(P) Ctrl+V"。

1.2.4 命令执行方式

有的命令有两种执行方式，通过对话框或通过命令行执行命令。如果指定使用命令行窗口方式，可以在命令名前加短划来表示，如"-LAYER"表示用命令行方式执行"图层"命令。而如果在命令行输入"LAYER"，系统则会自动打开"图层特性管理器"对话框。

另外，有些命令同时存在命令行、菜单、工具栏和功能区 4 种执行方式，这时如果选择菜单、工具栏或者功能区方式，命令行会显示该命令，并在前面加一下划线，如通过菜单或工具栏方式执行"直线"命令时，命令行会显示"_line"，命令的执行过程和结果与命令行方式相同。

1.2.5 数据的输入方法

1. 数据输入方法

在 AutoCAD 2018 中，点的坐标可以用直角坐标、极坐标、球面坐标和柱面坐标表示，每一种坐标又分别具有两种坐标输入方式：绝对坐标和相对坐标。其中直角坐标和极坐标最为常用。下面主要介绍一下它们的输入。

（1）直角坐标法：用点的 X、Y 坐标值表示的坐标。

在命令行中输入点的坐标提示下，输入"15,18"，则表示输入了一个 X、Y 的坐标值分别为 15、18 的点，此为绝对坐标输入方式，表示该点的坐标是相对于当前坐标原点的坐标值，如图 1-33a 所示。如果输入"@10,20"，则为相对坐标输入方式，表示该点的坐标是相对于前一点的坐标值，如图 1-33c 所示。

注意

输入坐标时，其中的逗号只能在西文状态下，否则会出现错误。

（2）极坐标法：用长度和角度表示的坐标，只能用来表示二维点的坐标。

在绝对坐标输入方式下，表示为"长度<角度"，如"25<50"，其中长度为该点到坐标原点的距离，角度为该点至原点的连线与 X 轴正向的夹角，如图 1-33b 所示。

在相对坐标输入方式下，表示为"@长度<角度"，如"@25<45"，其中长度为该点到前一点的距离，角度为该点至前一点的连线与 X 轴正向的夹角，如图 1-33d 所示。

a)　　　b)　　　c)　　　d)

图1-33　数据输入方法

2. 动态数据输入

按下状态栏上的按钮⁺▬，系统打开动态输入功能，可以在屏幕上动态输入某些参数数据，例如，绘制直线时，在光标附近会动态地显示"指定第一点"以及后面的坐标框，当前显示的是光标所在位置，可以输入数据，两个数据之间以逗号隔开，如图 1-34 所示。指定第一点后，系统动态显示直线的角度，同时要求输入线段长度值，如图 1-35 所示，其输入效果与"@长度<角度"方式相同。

图1-34 动态输入坐标值   图1-35 动态输入长度值

1.3 文件管理

本节将介绍有关文件管理的一些基本操作方法，包括新建文件、打开已有文件、保存文件、删除文件等，这些都是进行 AutoCAD 2018 操作最基础的知识。

📖 1.3.1 新建文件

【执行方式】

命令行：NEW

菜单：文件→新建或者主菜单→新建

工具栏：标准→新建🗋或者快速访问→新建🗋

【操作步骤】

执行上述命令后，系统打开"选择样板"对话框，如图 1-36 所示。

图1-36 "选择样板"对话框

在运行快速创建图形功能之前必须进行如下设置：

1）将 FILEDIA 系统变量设置为 1，将 STARTUP 系统变量设置为 0。

2）从"工具"→"选项"菜单中选择默认图形样板文件。具体方法是：在"文件"选项卡下，单击标记为"样板设置"的节点下的"快速新建的默认样板文件名"分节点，如图 1-37 所示。单击"浏览"按钮，打开"选择文件"对话框，然后选择需要的样板文件。

1.3.2 打开文件

图1-37 "选项"对话框的"文件"选项卡

 【执行方式】

命令行：OPEN

菜单：文件 → 打开或者主菜单→打开

工具栏：标准 → 打开 或者快速访问→打开

 【操作步骤】

执行上述命令后，打开"选择文件"对话框，如图 1-38 所示。在"文件类型"列表框中用户可选 .dwg 文件、.dwt 文件、.dxf 文件和 .dws 文件。.dws 文件是包含标准图层、标注样式、线型和文字样式的样板文件。.dxf 文件是用文本形式存储的图形文件，能够被其他程序读取，许多第三方应用软件都支持 .dxf 格式。

图1-38 "选择文件"对话框

1.3.3　保存文件

【执行方式】

命令名：QSAVE（或 SAVE）

菜单：文件→保存或者主菜单→保存

工具栏：标准→保存 💾 或者快速访问→保存 💾

【操作步骤】

执行上述命令后，若文件已命名，则 AutoCAD 自动保存；若文件未命名（即为默认名 drawing1.dwg），则系统打开"图形另存为"对话框，如图 1-39 所示，用户可以命名保存。在"保存于"下拉列表框中可以指定保存文件的路径；在"文件类型"下拉列表框中可以指定保存文件的类型。

为了防止因意外操作或计算机系统故障导致正在绘制的图形文件的丢失，可以对当前图形文件设置自动保存，自动保存有以下几种方法：

1）利用系统变量 SAVEFILEPATH 设置所有"自动保存"文件的位置，如 C:\HU\。

2）利用系统变量 SAVEFILE 存储"自动保存"文件名。该系统变量储存的文件是只读文件，用户可以从中查询自动保存的文件名。

3）利用系统变量 SAVETIME 指定在使用"自动保存"时多长时间保存一次图形，单位是分钟。

图1-39　"图形另存为"对话框

1.3.4　另存为

【执行方式】

命令行：SAVEAS

菜单：文件→另存为或者主菜单→另存为

工具栏：标准→另保存💾或者快速访问→另保存💾

【操作步骤】

执行上述命令后，打开"图形另存为"对话框，如图 1-39 所示，AutoCAD 用另存为保存，并把当前图形更名。

1.4　图层操作

AutoCAD 中的图层就如同在手工绘图中使用的重叠透明图纸，如图 1-40 所示。可以使用图层来组织不同类型的信息。在 AutoCAD 中，图形的每个对象都位于一个图层上，所有图形对象都具有图层、颜色、线型和线宽这 4 个基本属性。在绘制的时候，图形对象将创建在当前的图层上。每个 CAD 文档中图层的数量是不受限制的，每个图层都有自己的名称。

图1-40　图层示意图

1.4.1　建立新图层

新建的 CAD 文档中只能自动创建一个名为 0 的特殊图层。默认情况下，图层 0 将被指定使用 7 号颜色、CONTINUOUS 线型、"默认"线宽以及 NORMAL 打印样式。不能删除或重命名图层 0。通过创建新的图层，可以将类型相似的对象指定给同一个图层使其相关联。例如，可以将构造线、文字、标注和标题栏置于不同的图层上，并为这些图层指定通用特性。通过将对象分类放到各自的图层中，可以快速有效地控制对象的显示以及对其进行更改。

【执行方式】

命令行：LAYER

菜单：格式→图层

工具栏：图层→图层特性管理器🔲（见图 1-41）

🔲 ♀ ☼ 🔓 ■ 0　　　　　　　　　　　　　▼ 🔲 🔲 🔲

图1-41　"图层"工具栏

功能区：单击"默认"选项卡"图层"面板中的"图层特性"按钮🔲或单击"视图"

选项卡"选项板"面板中的"图层特性"按钮 ，如图 1-42 所示。

图1-42　"图层"选项卡

【操作步骤】

执行上述命令后，系统打开"图层特性管理器"对话框，如图 1-43 所示。

图1-43　"图层特性管理器"对话框

单击"图层特性管理器"对话框中"新建"按钮 ，建立新图层，默认的图层名为"图层1"。可以根据绘图需要更改图层名，如改为实体层、中心线层或标准层等。

在一个图形中可以创建的图层数以及在每个图层中可以创建的对象数实际上是无限的，图层最长可使用 255 个字符命名。图层特性管理器按名称的字母顺序排列图层。

注意

如果要建立不只一个图层，无需重复单击"新建"按钮。更有效的方法是：在建立一个新的图层"图层1"后，改变图层名，在其后输入一个逗号","，这样就会又自动建立一个新图层"图层1"。改变图层名，再输入一个逗号，又一个新的图层建立了。依次建立各个图层。也可以按两次 Enter 键，建立另一个新的图层。图层的名称也可以更改，直接双击图层名称，键入新的名称。

每个图层属性的设置，包括图层状态、图层名称、关闭/打开图层、冻结/解冻图层、锁定/解锁图层、图层线条颜色、图层线条线型、图层线条宽度、打印样式、打印、冻结新视口、透明度以及说明一共 13 个参数。下面将分别讲述如何设置这些图层参数。

📖 1.4.2 设置图层

图层包括颜色、线宽、线型等参数，可以通过各种方法设置这些参数。

1．在图层特性管理器中设置

按 1.4.1 所述打开"图层特性管理器"对话框，如图 1-43 所示。可以在其中设置图层的颜色、线宽、线型等参数。

（1）设置图层线条颜色：在工程制图中，整个图形包含多种不同功能的图形对象，如实体、剖面线与尺寸标注等。为了便于直观地区分它们，有必要针对不同的图形对象使用不同的颜色，如实体层使用白色，剖面线层使用青色等。

要改变图层的颜色时，单击图层所对应的颜色图标，打开"选择颜色"对话框，如图 1-44 所示。它是一个标准的颜色设置对话框，可以使用"索引颜色""真彩色"和"配色系统" 3 个选项卡来选择颜色。系统显示的 RGB 配比，即 Red(红)、Green(绿)和 Blue(蓝) 3 种颜色配比。

图1-44　"选择颜色"对话框

（2）设置图层线型：线型是指作为图形基本元素的线条的组成和显示方式，如实线、点画线等。在许多绘图工作中，常常以线型划分图层。为某一个图层设置适合的线型，在绘图时，只需将该图层设为当前工作层，即可绘制出符合线型要求的图形对象，极大地提高了绘图的效率。单击图层所对应的线型图标，打开"选择线型"对话框，如图 1-45 所示。默认情况下，在"已加载的线型"列表框中，系统中只添加了"Continuous"线型。单击"加载"按钮，打开"加载或重载线型"对话框，如图 1-46 所示。可以看到 AutoCAD 还提供许多其他的线型。用光标选择所需线型，单击"确定"按钮，即可把该线型加载到"已加载的线型"列表框中。也可以按住 Ctrl 键选择几种线型同时加载。

（3）设置图层线宽：线宽设置顾名思义就是改变线条的宽度。用不同宽度的线条表现图形对象的类型，也可以提高图形的表达能力和可读性，如绘制外螺纹时大径使用粗实线，小径使用细实线。单击图层所对应的线宽图标，打开"线宽"对话框，如图 1-47 所示。选择一个线宽，单击"确定"按钮完成对图层线宽的设置。

图层线宽的默认值为 0.25mm。在状态栏为"模型"状态时，显示的线宽同计算机的像素有关。线宽为零时，显示为一个像素的线宽。单击状态栏中的"线宽"按钮，屏幕上显示图形线宽，显示的线宽与实际线宽成比例，如图 1-48 所示。但线宽不随着图形的放大和缩小而变化。"线宽"功能关闭时，不显示图形的线宽，图形的线宽均以默认宽度值显示。可以在"线宽"对话框选择需要的线宽。

图1-45　"选择线型"对话框　　　　图1-46　"加载或重载线型"对话框

图1-47　"线宽"对话框　　　　　图1-48　线宽显示效果图

2. 直接设置图层

可以直接通过命令行或菜单设置图层的颜色、线宽、线型。

（1）设置颜色：操作格式如下：

命令行：COLOR

菜单：格式→颜色

执行上述命令后，系统打开"选择颜色"对话框，如图 1-44 所示。

（2）设置线型：操作格式如下：

命令行：LINETYPE

菜单：格式→线型

执行上述命令后，系统打开"线型管理器"对话框，如图 1-49 所示。该对话框的使用方法与图 1-45 所示的"选择线型"对话框类似。

（3）设置线宽：操作格式如下：

命令行：LINEWEIGHT 或 LWEIGHT

菜单：格式→线宽

执行上述命令后，系统打开"线宽设置"对话框，如图 1-50 所示。该对话框的使用方法与图 1-47 所示的"线宽"对话框类似。

3. 利用"特性"面板设置图层

AutoCAD 提供了一个"特性"面板，如图 1-51 所示。用户可以利用面板下拉列表框中的选项，快速地查看和改变所选对象的图层、颜色、线型和线宽等特性。"特性"面板上的图层颜色、线型、线宽和打印样式的控制增强了查看和编辑对象属性的命令。在绘图区上选择任何对象，都将在面板上自动显示它所在的图层、颜色、线型等属性。

图1-49 "线型管理器"对话框   图1-50 "线宽设置"对话框

图1-51 "特性"面板

也可以在"特性"面板上的"颜色""线型""线宽"和"打印样式"下拉列表中选择需要的参数值。如果在"颜色"下拉列表中选择"更多颜色"选项，如图 1-52 所示。系统就会打开"选择颜色"对话框，如图 1-44 所示。同样，如果在"线型"下拉列表中选择"其他"选项，如图 1-53 所示。系统就会打开"线型管理器"对话框，如图 1-49 所示。

图 1-52 "对象颜色"下拉菜单

图 1-53 "线型"下拉菜单

4. 用"特性"对话框设置图层

（1）操作格式：

命令行：DDMODIFY 或 PROPERTIES

菜单：修改→特性

工具栏：标准→特性圆

功能区：单击"默认"选项卡"特性"面板中的"对话框启动器"按钮˅或单击"视图"选项卡"选项板"面板中的"特性"按钮圖

（2）操作说明：执行上述命令后，系统打开"特性"工具板，如图 1-54 所示。在其中可以方便地设置或修改图层、颜色、线型、线宽等属性。

图1-54 "特性"工具板

1.4.3 控制图层

1．切换当前图层

不同的图形对象需要绘制在不同的图层中，在绘制前，需要将工作图层切换到所需的图层上来。打开"图层特性管理器"对话框，选择图层，单击"当前"按钮✓，完成设置。

2．删除图层

在"图层特性管理器"对话框中的图层列表框中选择要删除的图层，单击"删除"按钮✗即可删除该图层。从图形文件定义中删除选定的图层，只能删除未参照的图层。参照图层包括图层 0 及 DEFPOINTS、包含对象（包括块定义中的对象）的图层、当前图层和依赖外部参照的图层。不包含对象（包括块定义中的对象）的图层、非当前图层和不依赖外部参照的图层都可以删除。

3．关闭/打开图层

在"图层特性管理器"对话框中单击图标♀，可以控制图层的可见性。图层打开时，图标小灯泡呈鲜艳的颜色，该图层上的图形可以显示在屏幕上或绘制在绘图仪上。当单击该属性图标后，图标小灯泡呈灰暗色时，该图层上的图形不显示在屏幕上，而且也不能被打印输出，但仍然作为图形的一部分保留在文件中。

4．冻结/解冻图层

在"图层特性管理器"对话框中单击图标☼，可以冻结图层或将图层解冻。图标呈雪花灰暗色时，该图层是冻结状态；图标呈太阳鲜艳色时，该图层是解冻状态。冻结图层上的对象不能显示，不能打印，也不能编辑修改该图层上图形对象。在冻结了图层后，该图层上的对象不影响其他图层上对象的显示和打印。例如，在使用 HIDE 命令消隐的时候，被冻结图层上的对象不隐藏其他对象。

5．锁定/解锁图层

在"图层特性管理器"对话框中单击图标 ，可以锁定图层或将图层解锁。锁定图层后，该图层上的图形依然显示在屏幕上并可打印输出，还可以在该图层上绘制新的图形对象，但不能对该图层上的图形进行编辑修改操作。可以对当前图层进行锁定，也可对锁定图层上的图形进行查询和对象捕捉。锁定图层可以防止对图形的意外修改。

6．打印样式

"打印样式"控制对象的打印特性，包括颜色、抖动、灰度、笔号、虚拟笔、淡显、线型、线宽、线条端点样式、线条连接样式和填充样式。使用"打印样式"给用户提供了很大的灵活性，因为用户可以设置打印样式来替代其他对象特性。按需要也可以关闭这些替代设置。

7．打印/不打印

在"图层特性管理器"对话框中单击图标 ，可以设定打印时该图层是否打印，在保证图形显示可见不变的条件下控制图形的打印特征。打印功能只对可见的图层起作用，对于已经被冻结或被关闭的图层不起作用。

8．冻结新视口

控制在当前视口中图层的冻结和解冻。不解冻图形中设置为关闭或冻结的图层，对于模型空间视口不可用。

9．透明度

在"图层特性管理器"对话框中，透明度用于选择或输入要应用于当前图形中选定图层的透明度级别。

1.5 绘图辅助工具

要快速顺利地完成图形绘制工作，有时需要借助一些辅助工具，如调整图形显示范围与方式的显示工具和用于准确确定绘制位置的精确定位工具等。下面介绍这两种非常重要的辅助绘图工具。

1.5.1 显示控制工具

对于一个较为复杂的图形来说，在观察整幅图形时往往无法对其局部细节进行查看和操作，而当在屏幕上显示一个细部时又看不到其他部分。为解决这类问题，AutoCAD 提供了缩放、平移、视图、鸟瞰视图和命名视图等一系列图形显示控制命令，可以用来任意放大、缩小或移动屏幕上的图形显示，或者同时从不同的角度、不同的部位显示图形。AutoCAD 还提供了重画和重新生成命令来刷新屏幕，重新生成图形。

1．图形缩放

图形缩放命令类似于照相机的镜头，可以放大或缩小屏幕所显示的范围，但其只改变视图的比例，而对象的实际尺寸并不发生变化。当放大图形一部分的显示尺寸时，可以更清楚地查看这个区域的细节；相反，如果缩小图形的显示尺寸，则可以查看更大的区域，如整体浏览。

图形缩放功能在绘制大幅面机械图样，尤其是装配图时非常有用，是使用频率最高的命令之一。这个命令可以透明地使用，也就是说，该命令可以在其他命令执行时运行。用户完成涉及的透明命令时，AutoCAD 会自动地返回到用户调用透明命令前正在运行的命令。

 【执行方式】

命令行：ZOOM

菜单：视图→缩放

工具栏：缩放→比例缩放（图 1-55）

图1-55 "缩放"工具栏

功能区：单击"视图"选项卡"导航"面板上的"范围"下拉菜单中的"缩放"按钮（见图 1-56）

图1-56 下拉菜单

 【选项说明】

执行上述命令后，系统提示：

[全部(A)/中心(C)/动态(D)/范围(E)/上一个(P)/比例(S)/窗口(W)/对象(O)] <实时>：

（1）实时："缩放"命令的默认操作，即在输入"ZOOM"命令后，直接按 Enter 键，将自动调用实时缩放操作。实时缩放可以通过上下移动鼠标交替进行放大和缩小。在使用实时缩放时，系统会显示一个"+"号或"—"号。当缩放比例接近极限时，AutoCAD 将不再与光标一起显示"+"号或"—"号。需要从实时缩放操作中退出时，可按 Enter 键、Esc 键或从菜单中选择"Exit"退出。

（2）全部(A)：在提示文字后键入"A"，即可执行"全部(A)"缩放操作。不论图形有多大，该操作都将显示图形的边界或范围，即使对象不包括在边界以内，它们也将被显示。因此，使用"全部(A)"缩放选项可查看当前视口中的整个图形。

（3）中心点(C)：该选项通过确定一个中心点可以定义一个新的显示窗口。操作过程中需要指定中心点以及输入比例或高度。默认的中心点就是视图的中心点，默认的输入高度就是当前视图的高度，直接按 Enter 键后，图形不会被放大。输入比例，则数值越大，图形放大倍数也将越大。也可以在数值后面紧跟一个 X，如 3X，表示在放大时不是按绝对值变化，而是按相对于当前视图的相对值缩放。

（4）动态(D)：通过操作一个表示视口的视图框，可以确定所需要显示的区域。选择该选项，在绘图窗口中出现一个小的视图框。按住鼠标左键左右移动可以改变该视图框的大小；定形后放开左键，再按下鼠标左键移动视图框，确定图形中的放大位置，系统将清除当前视口并显示一个特定视图选择屏幕。这个特定屏幕，由有关当前视图及有效视图的信息所构成。

（5）范围(E)："范围(E)"选项可以使图形缩放至整个显示范围。图形的范围由图形所在的区域构成，剩余的空白区域将被忽略。应用这个选项，图形中所有的对象都尽可能地被放大。

（6）上一个(P)：在绘制一幅复杂的图形时，有时需要放大图形的一部分以进行细节的编辑，在编辑完成后，希望回到前一个视图。这种操作可以使用"上一个(P)"选项来实现。当前视口由"缩放"命令的各种选项或"移动"视图、视图恢复、平行投影或透视命令引起的任何变化，系统都将做保存。每一个视口最多可以保存 10 个视图。连续使用"上一个(P)"选项可以恢复前 10 个视图。

（7）比例(S)："比例(S)"选项提供了 3 种使用方法。在提示信息下，直接输入比例系数，AutoCAD 将按照此比例因子放大或缩小图形的尺寸。如果在比例系数后面加一"X"，则表示相对于当前视图计算的比例因子。使用比例因子的第三种方法就是相对于图形空间。例如，可以在图纸空间阵列布排或打印出模型的不同视图。为了使每一个视图都与图纸空间单位成比例，可以使用"比例(S)"选项。每一个视图可以有单独的比例。

（8）窗口(W)："窗口(W)"选项是最常使用的选项。通过确定一个矩形窗口的两个对角来指定所需缩放的区域，对角点可以由鼠标指定，也可以输入坐标值确定。指定窗口的中心点将成为新的显示屏幕的中心点，窗口中的区域将被放大或者缩小。输入"ZOOM"命令时，可以在没有选择任何选项的情况下，利用鼠标在绘图窗口中直接指定缩放窗口的两个对角点。

（9）对象(O)：缩放以便尽可能大地显示一个或多个选定的对象并使其位于视图的中心。可以在启动"ZOOM"命令前后选择对象。

注意

这里所提到了诸如放大、缩小或移动的操作，仅仅是对图形在屏幕上的显示进行操作，图形本身并没有任何改变。

2. 图形平移

当图形幅面大于当前视口时，例如，使用图形缩放命令将图形放大，如果需要在当前视口之外观察或绘制一个特定区域，可以使用图形平移命令来实现。平移命令能将在当前视口以外的图形的一部分移动进来查看或编辑，但不会改变图形的缩放比例。

【执行方式】

命令行：PAN

菜单：视图→平移

工具栏：标准→实时平移

快捷菜单：绘图窗口中单击右键，选择"平移"选项

功能区：单击"视图"选项卡"导航"面板中的"平移"按钮🖐（如图 1-57 所示）

图1-57　"导航"面板

【选项说明】

1）激活平移命令之后，光标将变成一只"小手"，可以在绘图窗口中任意移动，以示当前正处于平移模式。单击并按住鼠标左键将光标锁定在当前位置，即"小手"已经抓住图形，然后拖动图形使其移动到所需位置上，松开鼠标左键将停止平移图形。可以反复按下鼠标左键，拖动，松开，将图形平移到其他位置上。

2）平移命令预先定义了一些不同的菜单选项与按钮，它们可用在特定方向上平移图形，在激活平移命令后，这些选项可以从菜单"视图"→"平移"→"*"中调用。

- 实时：是平移命令中最常用的选项，也是默认选项，前面提到的平移操作都是指实时平移，通过鼠标的拖动来实现任意方向上的平移。
- 点：这个选项要求确定位移量，这就需要确定图形移动的方向和距离。可以通过输入点的坐标值或用鼠标指定点的坐标来确定位移。
- 左：该选项移动图形后使屏幕左部的图形进入显示窗口。
- 右：该选项移动图形后使屏幕右部的图形进入显示窗口。
- 上：该选项向底部平移图形后使屏幕顶部的图形进入显示窗口。
- 下：该选项向顶部平移图形后使屏幕底部的图形进入显示窗口。

📖 1.5.2　精确定位工具

在绘制图形时，可以使用直角坐标或极坐标精确定位点，但是有些点（如端点、中心点等）的坐标是不知道的，要想精确地指定这些点，可想而知是很难的，有时甚至是不可能的。AutoCAD 2018 提供了辅助定位工具，使用这类工具，可以很容易地在屏幕中捕捉到这些点，进行精确的绘图。

1. 正交绘图

【执行方式】

命令行：-ORTHO

状态栏：正交（只限于打开与关闭）

快捷键：F8（只限于打开与关闭）

【选项说明】

正交绘图模式，即在命令的执行过程中，光标只能沿 X 轴或者 Y 轴移动。所有绘制的线段和构造线都将平行于 X 轴或 Y 轴，因此它们相互垂直成 90° 相交，即正交。使用正交绘图，对于绘制水平和竖直线非常有用，特别是当绘制构造线时经常使用，而且当捕捉模式为等轴测模式时，它还迫使直线平行于 3 个等轴测中的一个。

2. 栅格

AutoCAD 的栅格由有规则的点的矩阵组成，延伸到指定为图形界限的整个区域。使用栅格与在坐标纸上绘图十分相似，使用栅格可以对齐对象并直观显示对象之间的距离。如果放大或缩小图形，则需要调整栅格间距，使其适合新的比例。虽然栅格在屏幕上是可见的，但它并不是图形对象，因此它不会被打印成图形的一部分，也不会影响在何处绘图。可以单击状态栏上的"栅格"按钮或 F7 键打开或关闭栅格。

【执行方式】

命令行：DSETTINGS（或 DS，SE 或 DDRMODES）

菜单：工具→绘图设置

快捷菜单："栅格"按钮处右击→设置

【操作步骤】

执行上述命令，系统打开"草图设置"对话框，如图 1-58 所示。

如果需要显示栅格，则选择"启用栅格"复选框。在"栅格 X 轴间距"文本框中输入栅格点之间的水平距离，单位为 mm。如果使用相同的间距设置竖直和水平分布的栅格点，则按 Tab 键。否则，在"栅格 Y 轴间距"文本框中输入栅格点之间的垂直距离。

用户可改变栅格与图形界限的相对位置。默认情况下，栅格以图形界限的左下角为起点，沿着与坐标轴平行的方向填充整个由图形界限所确定的区域。

捕捉可以使用户直接使用鼠标快捷准确地定位目标点。捕捉模式有如下几种不同的形式：栅格捕捉、对象捕捉、极轴捕捉和自动捕捉。在下文中将详细讲解。

另外，可以使用 GRID 命令通过命令行方式设置栅格，功能与"草图设置"对话框类似。

注意

如果栅格的间距设置得太小，当进行"打开栅格"操作时，AutoCAD 将在文本窗口中显示"栅格太密，无法显示"的信息，而不在屏幕上显示栅格点。或者使用"缩放"命令时，将图形缩放很小，也会出现同样提示，不显示栅格。

3. 捕捉

图1-58 "草图设置"对话框

【执行方式】

菜单：工具→绘图设置
状态栏：捕捉模式
快捷键：F9

【操作步骤】

按上述操作打开"草图设置"对话框，打开其中"捕捉和栅格"标签，如图 1-58 所示。

捕捉是指 AutoCAD 可以生成一个隐含分布于屏幕上的栅格，这种栅格能够捕捉光标，使光标只能落到其中的一个栅格点上。捕捉可分为"矩形捕捉"和"等轴测捕捉"两种类型。默认设置为"矩形捕捉"，即捕捉点的阵列类似于栅格，如图 1-59 所示，用户可以指定捕捉模式在 X 轴方向和 Y 轴方向上的间距，也可改变捕捉模式与图形界限的相对位置。与栅格不同之处在于捕捉间距的值必须为正实数，另外捕捉模式不受图形界限的约束。"等轴测捕捉"表示捕捉模式为等轴测模式，此模式是绘制正等轴测图时的工作环境，如图 1-60 所示。在"等轴测捕捉"模式下，栅格和光标十字线成绘制等轴测图时的特定角度。

在绘制如图 1-59 和图 1-60 所示的图形时，输入参数点，光标只能落在栅格点上。两种模式的切换方法是：打开"草图设置"对话框，进入"捕捉和栅格"选项卡，在"捕捉类型和样式"选项区中通过单选框可以切换"矩阵捕捉"模式与"等轴测捕捉"模式。

4．对象捕捉

AutoCAD 给所有的图形对象都定义了特征点。对象捕捉是指在绘图过程中，通过捕捉这些特征点，迅速准确地将新的图形对象定位在现有对象的确切位置上，如圆的圆心、线段的中点或两个对象的交点等。在 AutoCAD 2018 中，可以通过单击状态栏中"对象捕捉"选项，或在"草图设置"对话框的"对象捕捉"选项卡中选择"启用对象捕捉"单选框来启用对象捕捉功能。在绘图过程中，对象捕捉功能的调用可以通过以下方式完成。

图1-59 "矩形捕捉"实例

图1-60 "等轴测捕捉"实例

（1）"对象捕捉"工具栏：在绘图过程中，当系统提示需要指定点位置时，可以单击"对象捕捉"工具栏中相应的特征点按钮，再把光标移动到要捕捉的对象上的特征点附近，AutoCAD 会自动提示并捕捉到这些特征点，如图 1-61 所示。例如，如果需要用直线连接一系列圆的圆心，可以将"圆心"设置为执行对象捕捉。如果有两个可能的捕捉点落在选择区域，AutoCAD 将捕捉离光标中心最近的符合条件的点。还有可能指定点时需要检查哪一个对象捕捉有效，例如，在指定位置有多个对象捕捉符合条件，在指定点之前按 Tab 键可以遍历所有可能的点。

（2）对象捕捉快捷菜单：在需要指定点位置时，可以按住 Ctrl 键或 Shift 键，单击鼠标右键，打开"对象捕捉"快捷菜单，如图 1-62 所示。从该菜单上同样可以选择某一种特征点执行对象捕捉，把光标移动到要捕捉的对象上的特征点附近，即可捕捉到这些特征点。

图1-61 "对象捕捉"工具栏

图1-62 "对象捕捉"快捷菜单

（3）使用命令行：当需要指定点位置时，在命令行中输入相应特征点的关键字把光标移动到要捕捉的对象上的特征点附近，即可捕捉到这些特征点。对象捕捉特征点的关键字见表 1-1。

表1-1　对象捕捉点的关键字

模式	关键字	模式	关键字	模式	关键字
临时追踪点	TT	捕捉自	FROM	端点	END
中点	MID	交点	INT	外观交点	APP
延长线	EXT	圆心	CEN	象限点	QUA
切点	TAN	垂足	PER	平行线	PAR
节点	NOD	最近点	NEA	无捕捉	NON
两点之间中点	M2P	点过滤器	X（Y、Z）	插入点	INS

注意

1）对象捕捉不能单独使用，必须配合别的绘图命令一起使用；仅当 AutoCAD 提示输入点时，对象捕捉才生效。如果试图在命令提示下使用对象捕捉，AutoCAD 将显示错误信息。

2）对象捕捉只影响屏幕上可见的对象，包括锁定图层、布局视口边界和多段线上的对象；不能捕捉不可见的对象，如未显示的对象、关闭或冻结图层上的对象及虚线的空白部分。

5．自动对象捕捉

在绘制图形的过程中，使用对象捕捉的频率非常高，如果每次在捕捉时都要先选择捕捉模式，将使工作效率大大降低。出于此种考虑，AutoCAD 提供了自动对象捕捉模式。如果启用自动捕捉功能，当光标距指定的捕捉点较近时，系统会自动精确地捕捉这些特征点，并显示出相应的标记以及该捕捉的提示。选择"草图设置"对话框中的"对象捕捉"选项卡，选中"启用对象捕捉追踪"复选框，可以调用自动捕捉，如图 1-63 所示。

图1-63　"对象捕捉"选项卡

⚠ 注意

我们可以设置自己经常要用的捕捉方式。一旦设置了运行捕捉方式后，在每次运行时，所设定的目标捕捉方式就会被激活，而不是仅对一次选择有效。当同时使用多种方式时，系统将捕捉距光标最近、同时又满足多种目标捕捉方式之一的点。当光标距要获取的点非常近时，按下 Shift 键暂时不获取对象点。

第 ② 章

二维绘图命令

二维图形是指在二维平面空间绘制的图形，主要由一些基本图形元素组成，如点、直线、圆弧、圆、椭圆、矩形、多边形等几何元素。AutoCAD提供了大量的绘图工具，可以帮助用户完成二维图形的绘制。

    学 习 要 点

- ◎ 点和直线类命令
- ◎ 圆类图形命令
- ◎ 平面图形命令
- ◎ 点命令
- ◎ 复杂线条命令
- ◎ 图案填充命令

2.1 点和直线类命令

 2.1.1 点

【执行方式】

命令行：POINT

菜单：绘图→点

工具栏：绘图→点 ·

功能区：单击"默认"选项卡"绘图"面板中的"多点"按钮 ·

【操作步骤】

命令：POINT ✓

当前点模式：PDMODE=0 PDSIZE=0.0000

指定点：（输入点的坐标）

系统在屏幕上的指定位置绘出一个点，也可在屏幕上直接用鼠标单击左键选取点。

点在图形中的表示样式，共有 20 种。可通过命令 DDPTYPE 或拾取菜单（格式→点样式），打开"点样式"对话框来设置，如图 2-1 所示。

图2-1　"点样式"对话框

 2.1.2 直线

【执行方式】

命令行：LINE

菜单：绘图→直线

工具栏：绘图→直线 ∕

功能区：单击"默认"选项卡"绘图"面板中的"直线"按钮 ∕（见图 2-2）

图2-2　绘图面板1

【操作步骤】

命令：LINE ✓

指定第一个点：（指定所绘直线段的起始点）

指定下一点或［放弃（U）］：（指定所绘直线段的端点）

指定下一点或［闭合（C）/放弃（U）］：（指定下一条直线段的端点）

...

指定下一点或［闭合（C）/放弃（U）］：（按空格键或 Enter 键结束本次操作）

若用 Enter 键响应"指定第一点："提示，系统会把上次绘线（或弧）的终点作为本次操作的起始点。若上次操作为绘制圆弧，按 Enter 键响应后绘出通过圆弧终点的与该圆弧相切的直线段，该线段的长度由鼠标在屏幕上指定的一点与切点之间线段的长度确定。

在"指定下一点"提示下，用户可以指定多个端点，从而绘出多条直线段。每一段直线是一个独立的对象，可以进行单独的编辑操作。

绘制两条以上直线段后，若用 C 响应"指定下一点"提示，系统会自动连接起始点和最后一个端点，从而绘出封闭的图形。若用 U 响应提示，则擦除最近一次绘制的直线段。

2.1.3　实例——绘制动断（常闭）触点符号

本实例利用直线命令绘制连续线段，从而绘制出动断（常闭）触点符号，如图 2-3 所示。

图2-3　绘制动断（常闭）触点符号

实讲实训
多媒体演示

多媒体演示参见配套光盘中的\\动画演示\第2章\绘制动断（常闭）触点符号.avi。

01 单击"默认"选项卡"绘图"面板中的"直线"按钮，打开"正交"按钮，绘制连续线段，命令行中的提示与操作如下：

命令：_line

指定第一个点：（任意指定一点）

指定下一点或 [放弃(U)]：（鼠标向下，指定下一点）

指定下一点或 [放弃(U)]：（鼠标向右，指定下一点）

指定下一点或 [闭合(C)/放弃(U)]：（按 Enter 键）

如图2-4所示。

02 单击"默认"选项卡"绘图"面板中的"直线"按钮，绘制剩余的直线，完成普通开关符号的绘制，结果如图 2-3 所示。

图2-4　绘制连续线段

2.1.4　构造线

【执行方式】

命令行：XLINE

菜单：绘图→构造线

工具栏：绘图→构造线 ✐

功能区：单击"默认"选项卡"绘图"面板中的"构造线"

按钮✐（见图2-5）

图2-5　绘图面板2

【操作步骤】

命令：XLINE ✓

指定点或 [水平(H)/垂直(V)/角度(A)/二等分(B)/偏移(O)]：

（指定一点或输入选项[水平/垂直/角度/二等分/偏移] ）

指定通过点： （指定参照线要经过的点并按空格键或 Enter 键结束本次操作）

AutoCAD 2018 可以用各种不同的方法绘制一条或多条直线。应用构造线作为辅助线绘制机械图中三视图是其最主要的用途。构造线的应用保证了三视图之间"主俯视图长对正、主左视图高平齐、俯左视图宽相等"的对应关系。

2.2　圆类图形命令

2.2.1　圆

【执行方式】

命令行：CIRCLE

菜单：绘图→圆

工具栏：绘图→圆 ⊙

功能区：单击"默认"选项卡"绘图"面板中的"圆"下

拉菜单（见图2-6）

图2-6　"圆"下拉菜单

【操作步骤】

AutoCAD 2018 提供了多种绘制圆的方法。下面着重介绍几种：

（1）圆心、半径方式：

命令：CIRCLE ✓

指定圆的圆心或 [三点(3P)/两点(2P)/切点、切点、半径(T)]：

指定圆的半径或 [直径(D)]：

（2）三点方式：

命令：CIRCLE ✓

指定圆的圆心或 [三点(3P)/两点(2P)/ 切点、切点、半径(T)]: 3P ✓（选择三点方式）

指定圆上的第一个点：

指定圆上的第二个点：

指定圆上的第三个点：

（3）相切、相切、半径方式：

命令:CIRCLE ✓

指定圆的圆心或 [三点(3P)/两点(2P)/ 切点、切点、半径(T)]: T ✓（选择此方式）

指定对象与圆的第一个切点：

指定对象与圆的第二个切点：

指定圆的半径：

此方式按先指定两个相切对象，后给出半径的方法绘制圆。如图 2-7 所示给出了以"相切、相切、半径"方式绘制圆的各种情形（其中加黑的圆为最后绘制的圆）。

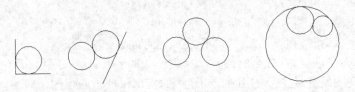

图2-7　圆与另外两个对象相切的各种情形

（4）相切、相切、相切（A）：绘图的圆下拉菜单中多了一种"相切、相切、相切"的方法，当选择此方式时（见图 2-8），系统提示：

命令: _circle 指定圆的圆心或 [三点(3P)/两点(2P)/切点、切点、半径(T)]: _3p✓

指定圆上的第一个点: _tan 到：（指定相切的第一个圆弧）

指定圆上的第二个点: _tan 到：（指定相切的第二个圆弧）

指定圆上的第三个点: _tan 到：（指定相切的第三个圆弧）

图 2-9 所示为"相切、相切、相切"的方法绘制的圆（其中加黑的圆为最后绘制的圆）。

图2-8　绘制圆的菜单方法　　　　图2-9　"相切、相切、相切"方法绘制圆

📖 2.2.2　实例——绘制信号灯

绘制如图 2-10 所示信号灯。

实讲实训
多媒体演示

多媒体演示参
见配套光盘中的\\
动画演示\第2章\
绘制信号灯.avi。

图2-10 绘制信号灯

01 绘制圆。单击"默认"选项卡"绘图"面板中的"圆"按钮，在屏幕中适当位置绘制一个半径为5mm的圆，命令行中的提示与操作如下：

命令：_circle

指定圆的圆心或 [三点(3P)/两点(2P)/切点、切点、半径(T)]：（任意指定一点）

指定圆的半径或 [直径(D)]：5✓

结果如图 2-11a 所示。

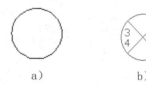

a)   b)

图2-11 绘制信号灯

02 绘制灯芯线。单击"默认"选项卡"绘图"面板中的"直线"按钮，在"对象捕捉"和"极轴"绘图方式下，用鼠标捕捉圆心，以其为起点，分别绘制如图 2-11b 所示的与水平方向成 45°角，长度都为 5mm 的直线 1 和直线 2，以及以圆心为起点，与水平方向成 45°角，长度为 5mm 的直线 3 和直线 4，如图 2-10 所示。

2.2.3 圆弧

 【执行方式】

命令行：ARC（缩写名：A）

菜单：绘图→圆弧

工具栏：绘图→圆弧

功能区：单击"默认"选项卡"绘图"面板中的"圆弧"下拉菜单（见图 2-12）

 【操作步骤】

AutoCAD 2018 提供了多种绘制圆弧的方法。下面着重介绍几种：

1）利用三点绘制圆弧，为系统默认方式，如图 2-13a 所示。

命令：ARC ✓

指定圆弧的起点或 [圆心(C)]：

指定圆弧的第二个点或 [圆心(C)/端点(E)]：

指定圆弧的端点：

2）利用圆弧的起点、圆心和端点绘制圆弧，如图 2-13b 所示。

图2-12 "圆弧"下拉菜单

命令: ARC ✓

指定圆弧的起点或 [圆心(C)]:

指定圆弧的第二个点或 [圆心(C)/端点(E)]: C ✓ （选择圆心方式）

指定圆弧的端点:

指定圆弧的端点或 [角度(A)/弦长(L)]:

3）利用圆弧的圆心、起点和夹角绘制圆弧，如图 2-13c 所示。

命令:ARC✓

指定圆弧的起点或 [圆心(C)]: C ✓ （选择圆心方式）

指定圆弧的圆心:

指定圆弧的起点:

指定圆弧的端点或 [角度(A)/弦长(L)]: A ✓ （选择圆弧夹角方式）

指定包含角: （输入圆弧夹角的角度值）

4）利用圆弧的起点、圆心和圆弧的弦长绘制圆弧，如图 2-13d 所示。

命令: ARC✓

指定圆弧的起点或 [圆心(C)]:

指定圆弧的第二个点或 [圆心(C)/端点(E)]: C ✓ （选择圆心方式）

指定圆弧的圆心: （指定圆弧的圆心）

指定圆弧的端点或 [角度(A)/弦长(L)]: L ✓ （选择弦长方式）

指定弦长: （指定弦长的长度）

其他几种方式不一一列举，如图 2-13 所示给出了其示意图。

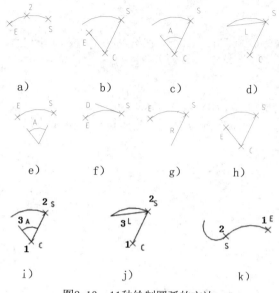

图2-13　11种绘制圆弧的方法

2.2.4　椭圆与椭圆弧

【执行方式】

命令行：ELLIPSE

菜单：绘图→椭圆→圆弧

工具栏：绘图→椭圆 或绘图→椭圆弧

功能区：单击"默认"选项卡"绘图"面板中的"椭圆"下拉菜单（见图 2-14）

图2-14　"椭圆"下拉菜单

【操作步骤】

1）利用椭圆上的两个端点，如图 2-15 所示中 1、2 两点以及另一个轴的半轴长，如图 2-15 中 3、4 两点拉出的长度绘制椭圆（系统默认方式）。

命令：ELLIPSE ↙

指定椭圆的轴端点或 [圆弧(A)/中心点(C)]：

指定轴的另一个端点：

指定另一条半轴长度或 [旋转(R)]：

其中[旋转(R)]是指定绕长轴旋转角度。可以输入一个角度值，其有效范围为 0°～89.4°。输入 0 将定义圆。

2）利用椭圆的中心坐标、一个轴上的一个端点以及另一个轴的半轴长绘制椭圆。

命令：ELLIPSE ✓

指定椭圆的轴端点或 [圆弧(A)/中心点(C)]：C✓（选择此方式绘制椭圆）

指定椭圆的中心点：

指定轴的端点：

指定另一条半轴长度或 [旋转(R)]：

绘制椭圆弧的方法与绘制椭圆类似，只是要拉出椭圆弧的包含角度，如图 2-16 所示。

图2-15　椭圆　　　　　　　　　　　　　　　图2-16　椭圆弧

📖 2.2.5　实例——电话机符号绘制

绘制如图 2-17 所示的电话机符号。操作步骤如下：

图2-17　电话机符号

实讲实训
多媒体演示

多媒体演示参见配套光盘中的\\动画演示\第2章\电话机符号绘制.avi。

01 单击"默认"选项卡"绘图"面板中的"直线"按钮 ╱ ，绘制一系列的线段坐标分别为{（100，100）、（@100，0）、（@0，60）、（@-100，0）、c}，{（152，110）、（152，150）}，{（148，120）、（148，140）}，{（148，130）、（110，130）}，{（152，130）、（190，130）}，{（100，150）、（70，150）}，{（200，150）、（230，150）}，结果如图 2-18 所示。

图2-18　绘制直线

02 单击"默认"选项卡"绘图"面板中的"椭圆弧"按钮 ，绘制椭圆弧。命令行提示与操作如下：

命令：_ellipse

指定椭圆的轴端点或 [圆弧(A)/中心点(C)]：_a✓

指定椭圆弧的轴端点或 [中心点(C)]：c✓

指定椭圆弧的中心点：150,130✓

指定轴的端点: 60,130↙

指定另一条半轴长度或 [旋转(R)]: 44.5↙

指定起点角度或 [参数(P)]: 194↙

指定端点角度或 [参数(P)/夹角(I)]: （指定左侧直线的左端点）

最终结果如图 2-17 所示。

2.3 平面图形命令

2.3.1 矩形

【执行方式】

命令行: RECTANG（缩写名: REC）

菜单: 绘图→矩形

工具栏: 绘图→矩形 ⬚

功能区: 单击"默认"选项卡"绘图"面板中的"矩形"按钮 ⬚

【操作步骤】

命令: RECTANG ↙

指定第一个角点或 [倒角(C)/标高(E)/圆角(F)/厚度(T)/宽度(W)]:

指定另一个角点或 [面积(A)/尺寸(D)/旋转(R)]:

【选项说明】

指定第一个角点:

1）指定一点作为对角点创建矩形。矩形的边与当前的 X 轴或 Y 轴平行。执行此操作以后，系统会提示:

指定另一个角点或 [面积(A)/尺寸(D)/旋转(R)]:

输入另一对角点来完成矩形的绘制，如图 2-19a 所示。

- 倒角(C): 设置矩形的倒角距离。仅对矩形的 4 个角进行处理，以满足绘图的要求，如图 2-19b 所示。
- 标高(E): 设置矩形的标高。即把矩形画在标高为 Z 与 XOY 坐标面平行的平面上，并作为后续矩形的标高值。
- 圆角(F): 设置矩形的圆角半径。将矩形的四个角改由一小段圆弧连接，如图 2-19c 所示。
- 厚度(T): 设置矩形的厚度，如图 2-19d 所示。
- 宽度(W): 为所绘制的矩形设置线宽，如图 2-19e 所示。
- 面积（A）: 指定面积和长或宽创建矩形。选择该项，系统提示:

输入以当前单位计算的矩形面积 <20.0000>: （输入面积值）

计算矩形标注时依据 [长度(L)/宽度(W)] <长度>:（Enter 键或输入 W）

输入矩形长度 <2.0000>:（指定长度或宽度）

2）指定长度或宽度后，系统自动计算另一个维度后绘制出矩形。如果矩形被倒角或圆角，则长度或宽度计算中会考虑此设置，如图 2-19f 所示。

● 旋转（R）：旋转所绘制的矩形。选择该项，系统提示：

指定旋转角度或 [拾取点(P)] <45>:（指定角度）

指定另一个角点或 [面积(A)/尺寸(D)/旋转(R)]:（指定另一个角点或选择其他选项）

指定旋转角度后，系统按指定角度创建矩形，如图 2-19g 所示。

指定另一个角点：指定矩形的另一对角点来绘制矩形。

● 尺寸（D）：使用长和宽绘制矩形。

a)　　　　　　b)　　　　　　c)　　　　　　d)　　　　e)

倒角距离 (1,1) 面积
: 20 长度: 6

圆角半径: 1.0 面积: 20 宽度: 6

f)　　　　　　　　　　　　　　　　g)

图2-19　绘制矩形

2.3.2　实例——绘制电阻器

绘制如图 2-20 所示电阻器。

实讲实训
多媒体演示
多媒体演示参
见配套光盘中的\\
动画演示\第2章\
绘制电阻器.avi。

图2-20　电阻器

01 单击"默认"选项卡"绘图"面板中的"矩形"按钮▭，绘制矩形，命令行中的提示与操作如下：

命令: RECTANG↙

指定第一个角点或 [倒角(C)/标高(E)/圆角(F)/厚度(T)/宽度(W)]: 100,100↙

指定另一个角点或 [面积(A)/尺寸(D)/旋转(R)]:: @100,-40↙

结果如图 2-21 所示。

02 单击"默认"选项卡"绘图"面板中的"直线"按钮╱，绘制两条线段，命令行中的提示与操作如下：

图2-21　绘制连续线段

```
命令：_line
指定第一个点：100,80↙
指定下一点或 [放弃(U)]: 60,80↙
指定下一点或 [放弃(U)]: ↙
命令：_line
指定第一个点：200,80↙
指定下一点或 [放弃(U)]: @40,0↙
指定下一点或 [放弃(U)]: ↙
```

最终结果如图 2-20 所示。

说明

一般每个命令有 3 种执行方式，这里只给出了命令行执行方式，其他两种执行方式的操作方法与命令行执行方式相同。

2.3.3　正多边形

在 AutoCAD 2018 中正多边形是具有 3～1024 条等边长的封闭二维图形。

【执行方式】

命令行：POLYGON
菜单：绘图→多边形
工具栏：绘图→多边形〇
功能区：单击"默认"选项卡"绘图"面板中的"多边形"按钮〇

【操作步骤】

在 AutoCAD 2018 中，绘制正多边形有 3 种方法。

1）利用内接于圆绘制正多边形，如图 2-22a 所示。

```
命令：POLYGON ↙
输入侧面数：（输入数目）
指定正多边形的中心点或 [边(E)]：（指定正多边形的中心点或[边]）
输入选项 [内接于圆(I)/外切于圆(C)]：I↙（选择内接于圆）
指定圆的半径：
```

2）利用外切于圆绘制正多边形，如图 2-22b 所示。

```
命令：POLYGON ↙
输入侧面数：（输入数目）↙
指定正多边形的中心点或 [边(E)]：
```

入选项 [内接于圆(I)/外切于圆(C)]：C ✓（选择外切于圆绘制正多边形）

指定圆的半径：

3）利用正多边形上一条边的两个端点绘制正多边形，如图 2-22c 所示。

命令：POLYGON ✓

输入侧面数：（输入数目）✓

指定正多边形的中心点或 [边(E)]：E ✓（选择利用边绘制正多边形）

指定边的第一个端点：

指定边的第二个端点：

a)　　　　　　　　　　　 b)　　　　　　　　　　　 c)

图2-22　绘制正多边形

2.4 点命令

2.4.1　等分点

【执行方式】

命令行：DIVIDE（缩写名：DIV）

菜单：绘图→点→定数等分

功能区：单击"默认"选项卡"绘图"面板中的"定数等分"按钮 ⟨ℎ

【操作步骤】

命令：DIVIDE ✓

选择要定数等分的对象：（选择要等分的实体）

输入线段数目或 [块(B)]：（指定实体的等分数，绘制结果如图 2-23a 所示）✓

等分数范围为 2～32767。在等分点处，按当前点样式设置画出等分点。在第二提示行选择"块(B)"选项时，表示在等分点处插入指定的块（BLOCK）。

2.4.2　测量点

【执行方式】

命令行：MEASURE（缩写名：ME）

菜单：绘图→点→定距等分

功能区：单击"默认"选项卡"绘图"面板中的"定距等分"按钮

【操作步骤】

命令: MEASURE↙

选择要定距等分的对象:（选择要设置 divide 测量点的实体）

指定线段长度或 [块(B)]:（指定分段长度，绘制结果如图 2-23b 所示）↙

a)   b)

图2-23　绘制等分点和测量点

设置的起点一般是指定线的绘制起点。在第二提示行选择"块(B)"选项时，表示在测量点处插入指定的块，后续操作与上面等分点类似。在等分点处，按当前点样式设置画出等分点。最后一个测量段的长度不一定等于指定分段长度。

2.5　复杂线条命令

2.5.1　多线

【执行方式】

命令行：MLINE

菜单：绘图→多线

【操作步骤】

命令: MLINE ↙

当前设置: 对正 = 上，比例 =1.00，样式 = STANDARD

指定起点或 [对正(J)/比例(S)/样式(ST)]:（指定起始点或输入选项[对正/比例/样式] ）

指定下一点:

指定下一点或 [放弃(U)]:

指定下一点或 [闭合(C)/放弃(U)]:↙

AutoCAD 2018 利用"多线样式"对话框设置这些格式。打开该对话框的方法有：

命令行：MLSTYLE

菜单：格式→多线样式

命令执行后，系统打开"多线样式"对话框，如图 2-24 所示。可以利用该对话框对多线样式进行设置或修改。

图 2-24 "多线样式"对话框

2.5.2 实例——墙体符号绘制

绘制如图 2-25 所示的墙体。操作步骤如下：

图2-25 墙体

实讲实训
多媒体演示

多媒体演示参
见配套光盘中的\\
动画演示\第2章\
墙体符号绘
制.avi。

01 绘制辅助线。单击"默认"选项卡"绘图"面板中的"构造
线"按钮✍。绘制出一条水平构造线和一条竖直构造线，组成"十"字构造线，如图 2-26
所示。命令行提示与操作如下：

命令:XLINE✓

指定点或 [水平(H)/垂直(V)/角度(A)/二等分(B)/偏移(O)]: O✓

指定偏移距离或 [通过(T)] <0.0000>: 4200

选择直线对象:(选择刚绘制的水平构造线)

指定向哪侧偏移:(指定上边一点)

选择直线对象:(继续选择刚绘制的水平构造线)

图2-26 "十"字构造线

使用相同方法，将绘制得到的水平构造线依次向上偏移 5100、1800 和 3000，绘制的
水平构造线如图 2-27 所示。使用同样方法绘制垂直构造线，向右偏移依次是 3900、1800、
2100 和 4500，结果如图 2-28 所示。

图2-27　水平方向的主要辅助线　　　　　　　图2-28　居室的辅助线网格

02 定义多线样式。选择菜单栏中的"格式"→"多线样式"命令,系统打开"多线样式"对话框,在该对话框中单击"新建"按钮,系统打开"创建新的多线样式"对话框,在该对话框的"新样式名"文本框中键入"墙体线",单击"继续"按钮。系统打开"新建多线样式:墙体线"对话框,进行如图2-29所示的设置。

图2-29　"新建多线样式:墙体线"对话框

03 绘制多线。选择菜单栏中的"绘图"→"多线"命令,绘制多线墙体。命令行提示与操作如下:

```
命令:MLINE✓
当前设置: 对正 = 上,比例 = 20.00,样式 = STANDARD
指定起点或 [对正(J)/比例(S)/样式(ST)]:S✓
输入多线比例 <20.00>:1✓
当前设置: 对正 = 上,比例 = 1.00,样式 = STANDARD
指定起点或 [对正(J)/比例(S)/样式(ST)]:J✓
输入对正类型 [上(T)/无(Z)/下(B)] <上>:Z✓
当前设置: 对正 = 无,比例 = 1.00,样式 = STANDARD
指定起点或 [对正(J)/比例(S)/样式(ST)]:(在绘制的辅助线交点上指定一点)
指定下一点:(在绘制的辅助线交点上指定下一点)
指定下一点或 [放弃(U)]:(在绘制的辅助线交点上指定下一点)
指定下一点或 [闭合(C)/放弃(U)]:(在绘制的辅助线交点上指定下一点)
……
```

指定下一点或 [闭合(C)/放弃(U)]:C↙

采用相同方法根据辅助线网格绘制多线，绘制结果如图 2-30 所示。

04 编辑多线。选择菜单栏中的"修改"→"对象"→"多线"，系统打开"多线编辑工具"对话框，如图 2-31 所示。选择其中的"T 形合并"选项，确认后，命令行提示与操作如下：

图2-30　全部多线绘制结果　　　　　图2-31　"多线编辑工具"对话框

命令: MLEDIT↙

选择第一条多线:（选择多线）

选择第二条多线:（选择多线）

选择第一条多线或 [放弃(U)]:（选择多线）

……

选择第一条多线或 [放弃(U)]: ↙

使用同样方法继续进行多线编辑，编辑的最终结果如图 2-25 所示。

2.5.3　多段线

【执行方式】

命令行：PLINE（缩写名：PL）

菜单：绘图→多段线

工具栏：绘图→多段线

功能区：单击"默认"选项卡"绘图"面板中的"多段线"按钮

【操作步骤】

命令：PLINE ↙

指定起点：（指定多段线的起始点）

当前线宽为 0.0000　（提示当前多段线的宽度）

指定下一个点或 [圆弧(A)/半宽(H)/长度(L)/放弃(U)/宽度(W)]:

指定下一点或 [圆弧(A)/闭合(C)/半宽(H)/长度(L)/放弃(U)/宽度(W)]:

图2-32 所示为利用"多段线"命令绘制的火花间隙图形。

图2-32 绘制多段线

📖 2.5.4 实例——绘制单极拉线开关

绘制如图 2-33 所示单极拉线开关。

图2-33 单极拉线开关

💡 **实讲实训**

多媒体演示

多媒体演示参见配套光盘中的\\动画演示\第2章\绘制单极拉线开关.avi。

01 绘制圆。单击"默认"选项卡"绘图"面板中的"圆"按钮 ⊘，在单极拉线开关的下部绘制一个半径为1mm的圆。单击"默认"选项卡"绘图"面板中的"直线"按钮 ✐，用鼠标捕捉圆右上角一点作为起点，绘制长度为 5mm，且与水平方向成 60º 角的斜线 1，并以斜线 1 的终点为起点，绘制长度为 1.5mm，与斜线成 90º 角的斜线 2，如图 2-34a 所示。

02 绘制多段线。单击"默认"选项卡"绘图"面板中的"多段线"按钮 ⊃，按命令行提示绘制多段线，即可形成单极拉线开关，如图 2-34b 所示。命令行中的提示与操作如下：

```
命令: _Pline↙
指定起点：（捕捉上步中绘制的两线交点）
当前线宽为：0.0000
指定下一点或 [圆弧(A)/半宽(H)/长度(L)/放弃(U)/宽度(W)]: @0, -1↙
指定下一点或 [圆弧(A)/半宽(H)/长度(L)/放弃(U)/宽度(W)]:W↙
指定起点宽度<0.0000>:0.5↙
指定端点宽度<1.0000>:0↙
指定下一点或 [圆弧(A)/半宽(H)/长度(L)/放弃(U)/宽度(W)]: @0, -1↙
指定下一点或 [圆弧(A)/半宽(H)/长度(L)/放弃(U)/宽度(W)]: ↙
```

【选项说明】

（1）指定下一个点：确定另一端点绘制一条直线段，是系统的默认项。

a)   b)

图2-34 拉线开关

（2）圆弧：使系统变为绘圆弧方式。选择了这一项后，系统会提示：

指定圆弧的端点或[角度(A)/圆心(CE)/方向(D)/半宽(H)/直线(L)/半径(R)/第二个点(S)/放弃(U)/宽度(W)]:

其中：

- 圆弧的端点：绘制弧线段，为系统的默认项。弧线段从多段线上一段的最后一点开始并与多段线相切。
- 角度(A)：指定弧线段从起点开始包含的角度。若输入的角度值为正值，则按逆时针方向绘制弧线段；反之，按顺时针方向绘制弧线段。
- 圆心(CE)：指定所绘制弧线段的圆心。
- 方向(D)：指定弧线段的起始方向。
- 半宽(H)：指定从宽多段线线段的中心到其一边的宽度。
- 直线(L)：退出 ARC 功能项并返回到 PLINE 命令的初始提示信息状态。
- 半径(R)：指定所绘制弧线段的半径。
- 第二个点(S)：利用三点绘制圆弧。
- 放弃(U)：撤销上一步操作。
- 宽度(W)：指定下一条直线段的宽度，与"半宽"相似。

（3）闭合(C)：绘制一条直线段来封闭多段线。

（4）半宽(H)：指定从宽多段线线段的中心到其一边的宽度。

（5）长度(L)：在与前一线段相同的角度方向上绘制指定长度的直线段。

（6）放弃(U)：撤销上一步操作。

（7）宽度(W)：指定下一段多线段的宽度。

2.5.5 样条曲线

AutoCAD 使用一种称为非一致有理 B 样条(NURBS)曲线的特殊样条曲线类型。NURBS 曲线在控制点之间产生一条光滑的曲线，如图 2-35 所示。样条曲线可用于创建形状不规则的曲线，例如，为地理信息系统(GIS)应用或汽车设计绘制轮廓线。

【执行方式】

命令行：SPLINE

菜单：绘图→样条曲线

工具栏：绘图→样条曲线 〜

图2-35　样条曲线

功能区：单击"默认"选项卡"绘图"面板中的"样条曲线拟合"按钮 〜 或"样条曲线控制点"按钮 〜（见图2-36）

图2-36　"绘图"面板

【操作步骤】

命令：SPLINE✓

当前设置：方式=拟合　节点=弦

指定第一个点或[方式(M)/节点(K)/对象(O)]:（指定一点或选择"对象(O)"选项）

输入下一个点或 [起点切向(T)/公差(L)]:　（指定一点）

输入下一个点或 [端点相切(T)/公差(L)/放弃(U)]:（输入下一个点）

输入下一个点或 [端点相切(T)/公差(L)/放弃(U)/闭合(C)]:C✓

【选项说明】

（1）对象(O)：将二维或三维的二次或三次样条曲线的拟合多段线转换为等价的样条曲线，然后（根据 DelOBJ 系统变量的设置）删除该拟合多段线。

（2）闭合(C)：将最后一点定义为与第一点一致，并使它在连接处与样条曲线相切，这样可以闭合样条曲线。选择该项，系统继续提示：

指定切向:（指定点或按 Enter 键）

用户可以指定一点来定义切向矢量，或者通过使用"切点"和"垂足"对象来捕捉模式使样条曲线与现有对象相切或垂直。

（3）公差(L)：使用新的公差值将样条曲线重新拟合至现有的拟合点。

（4）〈起点切向〉(T)：定义样条曲线的第一点和最后一点的切向。

如果在样条曲线的两端都指定切向，可以通过输入一个点或者使用"切点"和"垂足"对象来捕捉模式使样条曲线与已有的对象相切或垂直。如果按 Enter 键，AutoCAD 将计算默认切向。

2.6 图案填充命令

2.6.1 图案填充

当需要用一个重复的图案(pattern)填充一个区域时,可以使用 BHATCH 命令建立一个相关联的填充阴影对象,即所谓的图案填充。

【执行方式】

命令行:BHATCH

菜单:绘图→图案填充

工具条:绘图→图案填充

功能区:单击"默认"选项卡"绘图"面板中的"图案填充"按钮

执行上述命令后,系统弹出如图 2-37 所示的"图案填充创建"选项卡,各选项组和按钮含义如下:

图2-37 "图案填充创建"选项卡

【选项说明】

1. "边界"面板

(1)拾取点:通过选择由一个或多个对象形成的封闭区域内的点,确定图案填充边界(见图 2-38)。指定内部点时,可以随时在绘图区域中单击鼠标右键以显示包含多个选项的快捷菜单。

选择一点　　　　　填充区域　　　　　填充结果

图2-38 边界确定

(2)选择边界对象:指定基于选定对象的图案填充边界。使用该选项时,不会自动检测内部对象,必须选择选定边界内的对象,以按照当前孤岛检测样式填充这些对象(见图 2-39)。

(3)删除边界对象:从边界定义中删除之前添加的任何对象(见图 2-40)。

(4)重新创建边界:围绕选定的图案填充或填充对象创建多段线或面域,并使其与图案填充对象相关联(可选)。

（5）显示边界对象：选择构成选定关联图案填充对象的边界的对象，使用显示的夹点可修改图案填充边界。

原始图形　　　　　选取边界对象　　　　　填充结果

图2-39　选取边界对象

选取边界对象　　　　　删除边界　　　　　填充结果

图2-40　删除"岛"后的边界

2．保留边界对象

指定如何处理图案填充边界对象。选项包括

（1）不保留边界。（仅在图案填充创建期间可用）不创建独立的图案填充边界对象。

（2）保留边界 – 多段线。（仅在图案填充创建期间可用）创建封闭图案填充对象的多段线。

（3）保留边界 – 面域。（仅在图案填充创建期间可用）创建封闭图案填充对象的面域对象。

（4）选择新边界集。指定对象的有限集（称为边界集），以便通过创建图案填充时的拾取点进行计算。

3．"图案"面板

显示所有预定义和自定义图案的预览图像。

4．"特性"面板

（1）图案填充类型：指定是使用纯色、渐变色、图案还是用户定义的填充。

（2）图案填充颜色：替代实体填充和填充图案的当前颜色。

（3）背景色：指定填充图案背景的颜色。

（4）图案填充透明度：设定新图案填充或填充的透明度，替代当前对象的透明度。

（5）图案填充角度：指定图案填充或填充的角度。

（6）填充图案比例：放大或缩小预定义或自定义填充图案 。

（7）相对图纸空间：（仅在布局中可用）相对于图纸空间单位缩放填充图案。使用此选项，可很容易地做到以适合于布局的比例显示填充图案。

（8）双向：仅当"图案填充类型"设定为"用户定义"时可用，将绘制第二组直线，与原始直线成 90°，从而构成交叉线。

（9）ISO 笔宽：仅对于预定义的 ISO 图案可用，基于选定的笔宽缩放 ISO 图案。

5. "原点"面板

(1) 设定原点：直接指定新的图案填充原点。

(2) 左下：将图案填充原点设定在图案填充边界矩形范围的左下角。

(3) 右下：将图案填充原点设定在图案填充边界矩形范围的右下角。

(4) 左上：将图案填充原点设定在图案填充边界矩形范围的左上角。

(5) 右上：将图案填充原点设定在图案填充边界矩形范围的右上角。

(6) 中心：将图案填充原点设定在图案填充边界矩形范围的中心。

(7) 使用当前原点：将图案填充原点设定在 HPORIGIN 系统变量中存储的默认位置。

(8) 存储为默认原点：将新图案填充原点的值存储在 HPORIGIN 系统变量中。

6. "选项"面板

(1) 关联：指定图案填充或填充为关联图案填充。关联的图案填充或填充在用户修改其边界对象时将会更新。

(2) 注释性：指定图案填充为注释性。此特性会自动完成缩放注释过程，从而使注释能够以正确的大小在图纸上打印或显示。

7. 特性匹配

(1) 使用当前原点：使用选定图案填充对象（除图案填充原点外）设定图案填充的特性。

(2) 使用源图案填充的原点：使用选定图案填充对象（包括图案填充原点）设定图案填充的特性。

(3) 允许的间隙：设定将对象用作图案填充边界时可以忽略的最大间隙。默认值为 0，此值指定对象必须封闭区域而没有间隙。

(4) 创建独立的图案填充：控制当指定了几个单独的闭合边界时，是创建单个图案填充对象，还是创建多个图案填充对象。

8. 孤岛检测

(1) 普通孤岛检测：从外部边界向内填充。如果遇到内部孤岛，填充将关闭，直到遇到孤岛中的另一个孤岛。

(2) 外部孤岛检测：从外部边界向内填充。此选项仅填充指定的区域，不会影响内部孤岛。

(3) 忽略孤岛检测：忽略所有内部的对象，填充图案时将通过这些对象。

(4) 绘图次序：为图案填充或填充指定绘图次序。选项包括不更改、后置、前置、置于边界之后和置于边界之前。

9. "关闭"面板

关闭"图案填充创建"：退出 HATCH 并关闭上下文选项卡。也可以按 Enter 键或 Esc 键退出 HATCH。

2.6.2　编辑填充的图案

利用HATCHEDIT命令，编辑已经填充的图案。

【执行方式】

命令行：HATCHEDIT

菜单栏：选择菜单栏中的"修改"→"对象"→"图案填充"命令

工具栏：单击"修改Ⅱ"工具栏中的"编辑图案填充"按钮

功能区：单击"默认"选项卡"修改"面板中的"编辑图案填充"按钮

快捷菜单：选中填充的图案右击，在打开的快捷菜单中选择"图案填充编辑"命令

快捷方法：直接选择填充的图案，打开"图案填充编辑器"选项卡（见图2-41）

图2-41 "图案填充编辑器"选项卡

2.6.3 实例——绘制配电箱

绘制如图 2-42 所示配电箱。

图2-42 配电箱

实讲实训
多媒体演示

多媒体演示参见配套光盘中的\\动画演示\第2章\绘制配电箱.avi。

01 绘制矩形。单击"默认"选项卡"绘图"面板中的"矩形"按钮，绘制一个长为 2mm，宽度为 6mm 的矩形，效果如图 2-43 所示。

02 绘制直线。启用"对象捕捉"方式，捕捉矩形宽边的中点，单击"默认"选项卡"绘图"面板中的"直线"按钮，连接矩形左下角与右上角，将矩形平分为二，如图 2-44 所示。

03 填充矩形。单击"默认"选项卡"绘图"面板中的"图案填充"按钮，用"SOLID"图案填充所要填充的图形，命令行中的提示与操作如下：

命令：BHATCH✓ （图案填充命令，输入该命令后将出现"图案填充创建"选项卡，选择图案填充图案为"SOLID"图案，设置角度为0，比例为1）

选择内部点：（用鼠标在左边小矩形内拾取一点，然后按 Enter 键）

完成图案的填充，结果如图 2-42 所示。

图2-43 绘制矩形

图2-44 平分矩形

2.7 综合演练——绘制简单的振荡回路

绘制如图2-45所示简单的振荡回路。

实讲实训
多媒体演示

多媒体演示参
见配套光盘中的\\
动画演示\第2章\
绘制简单的振荡回
路。

图 2-45　简单的振荡回路

本实例先绘制电感，从而确定整个回路以及电气符号的大体尺寸和位置。然后绘制一侧导线，再绘制电容符号，最后绘制剩余导线。绘制过程中要用到直线、圆弧和多段线等命令。

注意

本实例为练习上面章节讲解的命令，采用多种绘图命令，其实本实例可直接用"多段线"命令绘制得到图2-45所示图形。读者可自行练习。

01 单击"默认"选项卡"绘图"面板中的"多段线"按钮 ，绘制电感符号及其相连导线，命令行提示与操作如下：

命令: _pline

指定起点:（窗口空白处适当指定一点）

当前线宽为 0.0000

指定下一个点或 [圆弧(A)/半宽(H)/长度(L)/放弃(U)/宽度(W)]:（水平向右指定一点）

指定下一点或 [圆弧(A)/闭合(C)/半宽(H)/长度(L)/放弃(U)/宽度(W)]: a↙

指定圆弧的端点(按住 Ctrl 键以切换方向)或[角度(A)/圆心(CE)/闭合(CL)/方向(D)/半宽(H)/直线(L)/半径(R)/第二个点(S)/放弃(U)/宽度(W)]: a↙

指定夹角: -180↙

指定圆弧的端点(按住 Ctrl 键以切换方向)或 [圆心(CE)/半径(R)]:（向右与左边直线大约处于水平位置处指定一点）

指定圆弧的端点(按住 Ctrl 键以切换方向)或[角度(A)/圆心(CE)/闭合(CL)/方向(D)/半宽(H)/直线(L)/半径(R)/第二个点(S)/放弃(U)/宽度(W)]: d↙

指定圆弧的起点切向:（竖直向上指定一点）

指定圆弧的端点(按住 Ctrl 键以切换方向):（向右与左边直线大约处于水平位置处指定一点，使此圆弧与前面圆弧半径大约相等）

指定圆弧的端点(按住 Ctrl 键以切换方向)或[角度(A)/圆心(CE)/闭合(CL)/方向(D)/半宽(H)/直线(L)/半径(R)/第二个点(S)/放弃(U)/宽度(W)]:

结果如图2-46所示。

02 单击"默认"选项卡"绘图"面板中的"圆弧"按钮 ，绘制电感符号，命令行提示与操作如下：

命令: _arc

指定圆弧的起点或 [圆心(C)]:（指定多段线终点为起点）

指定圆弧的第二个点或 [圆心(C)/端点(E)]: e↙
指定圆弧的端点:（水平向右指定一点，与第一点距离及多段线圆弧直径大致相等）
指定圆弧的中心点(按住 Ctrl 键以切换方向)或 [角度(A)/方向(D)/半径(R)]: d↙
指定圆弧起点的相切方向(按住 Ctrl 键以切换方向):（竖直向上指定一点）

结果如图2-47所示。

图 2-46　绘制电感及其导线　　　　　　　　图 2-47　完成电感符号绘制

03 单击"默认"选项卡"绘图"面板中的"直线"按钮，绘制导线。以圆弧终点为起点绘制正交连续直线，如图2-48所示。

04 单击"默认"选项卡"绘图"面板中的"直线"按钮，绘制电容符号。电容符号为两条平行等长的竖线，使右边竖线的中点为刚绘制的导线端点，如图2-49所示。

05 单击"默认"选项卡"绘图"面板中的"直线"按钮，绘制连续正交直线，完成其他导线绘制。使直线的起点为电容符号的左边竖线中点，终点为与电感符号相连的导线直线左端点，最终结果如图2-45所示。

图2-48　绘制导线　　　　　　　　　　图2-49　绘制电容

由于所绘制的直线、多段线和圆弧都是首尾相连或水平对齐，所以要求读者在指定相应点时要细心。读者操作起来可能比较麻烦，在后面章节学习了精确绘图的相关知识后就很简单了。

第 **3** 章

编辑命令

　　绘制好图形后，还要对图形进行编辑和修改才能满足设计要求。在修改图形时，往往要对图形的局部进行编辑，此时将这些要修改的图形集定义为对象以方便对其进行修改，而其他没定义的部分不受影响。

 学 习 要 点

- 选择编辑对象
- 复制类命令
- 改编位置类命令
- 改变几何特征命令
- 对象编辑类命令

3.1 选择编辑对象

AutoCAD 2018 把绘制的单个图形对象定义为对象。在绘图中进行编辑操作和一些其他操作时，必须指定操作对象，即选择目标。

1. 用鼠标直接获取法

（1）单击法：移动鼠标指到所要选取的对象上，单击左键，则该目标以虚线的方式显示，表明该对象已被选取。

（2）实线框选取法：在屏幕上单击一点，然后向右移动光标，此时光标在屏幕上会拉出一个实线框，当该实线框把所要选取的图形对象完全框住后，再单击一次，此时被框住的图形对象会以虚线的方式显示，表明该对象已被选取。

（3）虚线框选取法：在屏幕上单击一点，然后向左移动光标，此时光标在屏幕上会拉出一个虚线框，当该虚线框把所要选取的图形对象一部分（而非全部）框住后，再单击一次，此时被部分框住的图形对象会以虚线的方式显示，表明该对象已被选取。

2. 使用选项法

这是通过输入 AutoCAD 2018 提供的选择图形对象命令，确定要选择图形对象的方法。获取此种选项信息的方法是在"选择对象："提示下，用户可以通过输入?来得到。

命令：SELECT ✓

选择对象：? ✓

需要点或 窗口(W)/上一个(L) /窗交(C)/框(BOX)/全部(ALL)/栏选(F)/圈围(WP)/圈交(CP)/编组(G)/添加(A)/删除(R)/多个(M)/前一个(P)/放弃(U)/自动(AU)/单个(SI)/子对象(SU)/对象(O)

【选项说明】

（1）窗口(W)：选取由两点所定义的矩形框内的所有对象。与上面讲的实线框选取法基本相同，不过不论光标指针向左还是向右，均为实线框，而与边界相交的对象不会被选中。

（2）上一个(L)：自动选取最后绘制的一个对象。

（3）窗交(C)：此方式与"窗口"方法类似，但它不仅包括矩形框内的对象，也包括与矩形框边界相交的所有对象。

（4）框(BOX)：在使用时，系统根据用户在屏幕上指定的两个对角点的坐标而自动使用"窗口"或"窗交"两种选择方式。若从左向右指定对角点，为"窗口"方式；反之，则为"窗交"方式。

（5）全部(ALL)：选择图面上的所有对象。

（6）栏选(F)：临时绘制一些直线，凡是与这些直线相交的对象均被选中。

（7）圈围(WP)：使用一个多边形来选择对象。该多边形可以为任意形状，但不能与自身相交。

（8）圈交(CP)：类似于"圈围"方式。区别在于，与多边形边界相交的对象也可被选中。

（9）编组(G)：选择指定组中的全部对象。

（10）添加(A)：可以将选定对象添加到选择集。

（11）删除(R)：可以将对象从当前选择集中删除。

（12）多个(M)：指定多个点而不虚线显示被选对象，从而加快复杂对象上的对象选择过程。若两个对象交叉，指定交叉点两次就可以选定这两个对象。

（13）前一个(P)：将上次编辑命令最后一次所构造的选择集作为当前选择集。

（14）放弃(U)：用于取消最近加入到选择集中的对象。

（15）自动(AU)：若选中单个对象，则该对象即为自动选择的结果；如果选择点落到对象内部或外部的空白处，系统会采取一种窗口的选择方式，即把空白处的选择点作为一矩形框的一个对角点，移动光标指针到另一选择点，系统把该点作为矩形框的另一对角点，此时该矩形框框住的对象被选中，且变为虚线形式。

（16）单个(SI)：选择指定第一个对象或第一组对象集而不继续提示进行下一步选择。

（17）子对象(SU)：使用户可以逐个选择原始形状，这些形状是复合实体的一部分或三维实体上的顶点、边和面。可以选择这些子对象的其中之一，也可以创建多个子对象的选择集。选择集可以包含多种类型的子对象。按住 Ctrl 键操作与选择 SELECT 命令的"子对象"选项相同。

（18）对象(O)：结束选择子对象的功能。使用户可以使用对象选择方法。

3.2 复制类命令

📖 3.2.1 复制

 【执行方式】

命令行：COPY
菜单：修改→复制
工具栏：修改→复制
快捷菜单：选中要复制的对象右击，选择快捷菜单中的"复制选择"命令
功能区：单击"默认"选项卡"修改"面板中的"复制"按钮

 【操作步骤】

命令：COPY ✓
选择对象：（指定复制对象）
选择对象：（可以按 Enter 键或空格键结束选择，也可以继续）
当前设置：复制模式 = 多个
指定基点或 [位移(D)/模式(O)] <位移>:
指定第二个点或 [阵列(A)] <使用第一个点作为位移>:
指定第二个点或 [阵列(A)/退出(E)/放弃(U)] <退出>:

 【选项说明】

（1）指定基点：指定一个坐标点后，AutoCAD 2018把该点作为复制对象的基点。

指定第二个点后，系统将根据这两点确定的位移矢量把选择的对象复制到第二点处。如果此时直接按Enter键，即选择默认的"用第一点作位移"，则第一个点被当作相对于X、Y、Z的位移。例如，如果指定基点为（2,3）并在下一个提示下按Enter键，则该对象从它当前的位置开始，在X方向上移动2个单位，在Y方向上移动3个单位。一次复制完成后，可以不断指定新的第二点，从而实现多重复制。

（2）位移(D)：直接输入位移值，表示以选择对象时的拾取点为基准，以拾取点坐标为移动方向，纵横比移动指定位移后所确定的点为基点。例如，选择对象时的拾取点坐标为（2,3），输入位移为5，则表示以（2,3）点为基准，沿纵横比为3:2的方向移动5个单位所确定的点为基点。

（3）模式(O)：控制是否自动重复该命令。确定复制模式是单个还是多个。

（4）阵列(A)：指定在线性阵列中排列的副本数量。

📖 3.2.2 实例——绘制双绕组变压器

绘制如图 3-1 所示双绕组变压器。

实讲实训
多媒体演示

多媒体演示参见配套光盘中的\\动画演示\第3章\绘制双绕组变压器.avi。

图3-1　双绕组变压器

01 绘制圆。单击"默认"选项卡"绘图"面板中的"圆"按钮 ⊙，在屏幕中适当位置绘制一个半径为 4mm 的圆，结果如图 3-2a 所示。

02 复制圆。单击"默认"选项卡"修改"面板中的"复制"按钮 ⅋，将上步绘制的圆复制一份，并向右平移 8mm。命令行提示与操作如下：

> 命令：_copy
>
> 选择对象：找到 1 个（选择圆）
>
> 选择对象：（按 Enter 键）
>
> 当前设置： 复制模式 = 多个
>
> 指定基点或 [位移(D)/模式(O)] <位移>：（单击圆心）
>
> 指定第二个点或 [阵列(A)] <使用第一个点作为位移>：（将鼠标放置在圆右侧，打开"正交"，在命令行中输入8）
>
> 指定第二个点或 [阵列(A)/退出(E)/放弃(U)] <退出>：

重复"复制"命令，每次都以最下面的圆为复制对象，并向右平移，得到的结果如图 3-2b 所示。

03 绘制竖直直线。单击"默认"选项卡"绘图"面板中的"直线"按钮 ／，在"对象捕捉"方式下，用鼠标分别捕捉左右两端两个圆的圆心，绘制水平直线，如图 3-2c 所示。

04 拉长直线。单击"默认"选项卡"修改"面板中的"拉长"按钮 ／，将水平直线拉长，命令行中的提示与操作如下：

命令：_lengthen↙

选择对象或 [增量(DE)/百分数(P)/全部(T)/动态(DY)]：DE↙

输入长度增量或[角度(A)]<0.0000>：4↙

选择要修改的对象或[放弃(U)]：(选择水平直线)

选择要修改的对象或[放弃(U)]：↙

绘制结果如图 3-2d 所示。

a)   b)   c)   d)

图3-2　变压器

05 修剪图形。单击"默认"选项卡"修改"面板中的"修剪"按钮 ，以竖直直线为剪切边，对圆进行修剪，命令行中的提示与操作如下：

命令：_trim

当前设置：投影=UCS，边=无

选择剪切边...

选择对象或 <全部选择>：（选择竖直直线）

选择对象：↙

选择要修剪的对象，或按住 Shift 键选择要延伸的对象，或[栏选(F)/窗交(C)/投影(P)/边(E)/删除(R)/放弃(U)]：（依次选择圆的上半部分）

选择要修剪的对象，或按住 Shift 键选择要延伸的对象，或 [栏选(F)/窗交(C)/投影(P)/边(E)/删除(R)/放弃(U)]：↙

修剪结果如图 3-3a 所示。

06 平移直线。单击"默认"选项卡"修改"面板中的"移动"按钮 ，将水平直线向下平移 7mm，平移后结果如图 3-3b 所示。

07 镜像图形。单击"默认"选项卡"修改"面板中的"镜像"按钮 ，选择 4 段半圆弧为镜像对象，以水平直线为镜像线，做镜像操作，得到水平直线下方的一组半圆弧，单击"默认"选项卡"修改"面板中的"删除"按钮 ，删除掉水平直线如图 3-3c 所示。

08 绘制连接线。单击"默认"选项卡"绘图"面板中的"直线"按钮 ，在"对象捕捉"和"正交"绘图方式下，用鼠标捕捉 A 点，以其为起点，向上绘制一条长度为 12mm 的水平直线。重复上面的操作，以 B 为起点，向上绘制长度为 12mm 的竖直直线。用鼠标捕捉 C 点、D 点分别向下绘制长度为 12mm 的竖直直线，作为变压器的输入输出连接线，如图 3-3d 所示。

a)   b)   c)   d)

图3-3　完成绘制

3.2.3 镜像

【执行方式】

命令行：MIRROR

菜单：修改→镜像

工具栏：修改→镜像 ⚊

功能区：单击"默认"选项卡"修改"面板中的"镜像"按钮 ⚊

【操作步骤】

> 命令：MIRROR ✓
>
> 选择对象：（指定镜像对象）
>
> 选择对象：（可以按 Enter 键或空格键结束选择，也可以继续）
>
> 指定镜像线的第一点：(通过两点确定镜像线)
>
> 指定镜像线的第二点：
>
> 要删除源对象吗？[是(Y)/否(N)] <N>：

3.2.4 实例——绘制单向击穿二极管

绘制如图 3-4 所示单向击穿二极管。

实讲实训
多媒体演示

多媒体演示参见配套光盘中的\\动画演示\第3章\绘制单向击穿二极管.avi。

图3-4 单向击穿二极管

01 绘制正三角形。单击"默认"选项卡"绘图"面板中的"多边形"按钮 ⬡，命令行提示与操作如下：

> 命令：_polygon
>
> 输入侧面数 <4>：3✓
>
> 指定正多边形的中心点或 [边(E)]：e✓
>
> 指定边的第一个端点：（任意指定一点）
>
> 指定边的第二个端点：@10,0✓

结果如图 3-5 所示。

02 绘制竖直直线。单击"默认"选项卡"绘图"面板中的"直线"按钮 ⁄，在"正交"和"对象捕捉"方式下，用鼠标捕捉等边三角形最上面的顶点 A，以其为起点，向上绘制一条长度为10mm 的竖直直线，如图 3-6a 所示。

03 拉长直线。单击"默认"选项卡"修改"面板中的"拉长"按钮 ⁄，将上步绘制的直线向下拉长18mm，命令行提示与操作如下：

图3-5 绘制三角形　　　　　　图3-6 绘制竖直直线

命令: _lengthen

选择对象或 [增量(DE)/百分比(P)/总计(T)/动态(DY)]: de↙

输入长度增量或 [角度(A)] <0.0000>: 18↙

选择要修改的对象或 [放弃(U)]:（选择竖直线的下半部分）

选择要修改的对象或 [放弃(U)]:

拉长后的结果如图 3-6b 所示。

04 绘制水平直线。单击"默认"选项卡"绘图"面板中的"直线"按钮╱，在"正交"和"对象捕捉"方式下，用光标捕捉点 A，向左绘制一条长度为 5mm 的水平直线 1，如图 3-7a 所示。

05 镜像水平直线。单击"默认"选项卡"修改"面板中的"镜像"按钮⚞，对水平直线进行镜像操作，命令行提示与操作如下：

命令: _mirror

选择对象:（选择步骤 **04** 绘制的水平直线 1）

选择对象: ↙

指定镜像线的第一点:（指定竖直直线上一点）

指定镜像线的第二点:（指定竖直直线上另一点）

要删除源对象吗? [是(Y)/否(N)] <否>: ↙

镜像后的结果如图 3-7b 所示。

06 绘制直线。单击"默认"选项卡"绘图"面板中的"直线"按钮╱，以图 3-7b 中直线 1 的右端点为起始点，竖直向下绘制长度为 2mm 的直线，如图 3-7c 所示。至此完成单向击穿二极管符号绘制。

图3-7 单向击穿二极管符号

📖 3.2.5 阵列

【执行方式】

命令行：ARRAY

菜单：修改→阵列→矩形阵列/路径阵列/环形阵列

工具栏：修改→矩形阵列 ，修改→路径阵列 ，修改→环形阵列

功能区：单击"默认"选项卡"修改"面板中的"矩形阵列"按钮 /"路径阵列"按钮 /"环形阵列"按钮 （见图3-8）

图3-8 "修改"面板

【操作步骤】

命令：ARRAY↙

选择对象：（使用对象选择方法）

输入阵列类型[矩形（R）/路径（PA）/极轴（PO）]<矩形>：

【选项说明】

（1）矩形（R）：将选定对象的副本分布到行数、列数和层数的任意组合。选择该选项后出现如下提示：

选择夹点以编辑阵列或 [关联(AS)/基点(B)/计数(COU)/间距(S)/列数(COL)/行数(R)/层数(L)/退出(X)]<退出>：（通过夹点，调整阵列间距、列数、行数和层数；也可以分别选择各选项输入数值）

（2）路径（PA）：沿路径或部分路径均匀分布选定对象的副本。选择该选项后出现如下提示：

选择路径曲线：（选择一条曲线作为阵列路径）

选择夹点以编辑阵列或 [关联(AS)/方法(M)/基点(B)/切向(T)/项目(I)/行(R)/层(L)/对齐项目(A)/Z方向(Z)/退出(X)] <退出>：（通过夹点，调整阵列行数和层数；也可以分别选择各选项输入数值）

（3）极轴（PO）：在绕中心点或旋转轴的环形阵列中均匀分布对象副本。选择该选项后出现如下提示：

指定阵列的中心点或 [基点(B)/旋转轴(A)]：（选择中心点、基点或旋转轴）

选择夹点以编辑阵列或 [关联(AS)/基点(B)/项目(I)/项目间角度(A)/填充角度(F)/行(ROW)/层(L)/旋转项目(ROT)/退出(X)] <退出>：（通过夹点，调整角度，填充角度；也可以分别选择各选项输入数值）

注意

在命令行中输入：ARRAYCLASSIC，弹出如图3-9所示的"阵列"对话框。

图3-9 "阵列"对话框

📖3.2.6 实例——点火分离器符号绘制

绘制如图 3-10 所示的点火分离器符号。操作步骤如下:

图3-10 点火分离器符号

实讲实训
多媒体演示

多媒体演示参
见配套光盘中的\\
动画演示\第3章\
点火分离器符号绘
制.avi。

01 绘制圆。单击"默认"选项卡"绘图"面板中的"圆"按钮
⊙，以（50,50）为圆心，分别绘制半径为 1.5mm 和 20mm 的圆，如图 3-11 所示。

02 绘制箭头。单击"默认"选项卡"绘图"面板中的"多段线"按钮⌐⊃，通过改变线宽绘制箭头。起点宽度为 0，终点宽度为 1mm，其方法在前面绘制三极管时已讲解，箭头尺寸如图 3-12 所示。利用对象捕捉功能，使箭头的尾部位于圆 2 的最右边象限点上，如图 3-13 所示。

03 绘制水平直线。单击"默认"选项卡"绘图"面板中的"直线"按钮╱，启动"对象捕捉"和"正交模式"，以肩头尾部为起点，向右绘制一条长度为 7mm 的水平直线，如图 3-14 所示。

04 阵列箭头。单击"默认"选项卡"修改"面板中的"环形阵列"按钮❖，阵列上步绘制的箭头和直线。命令行中的操作与提示如下:

```
命令:_arraypolar
选择对象: （选择上步绘制的箭头和直线）
选择对象: ✓
类型 = 极轴  关联 = 否
指定阵列的中心点或 [基点(B)/旋转轴(A)]:
选择夹点以编辑阵列或 [关联(AS)/基点(B)/项目(I)/项目间角度(A)/填充角度(F)/行(ROW)/层(L)/旋转项目(ROT)/退出(X)] <退出>: i✓
输入阵列中的项目数或 [表达式(E)] <6>:6✓
选择夹点以编辑阵列或 [关联(AS)/基点(B)/项目(I)/项目间角度(A)/填充角度(F)/行(ROW)/层(L)/旋转项目(ROT)/退出(X)] <退出>: f✓
指定填充角度(+=逆时针、-=顺时针)或 [表达式(EX)] <360>:✓
选择夹点以编辑阵列或 [关联(AS)/基点(B)/项目(I)/项目间角度(A)/填充角度(F)/行(ROW)/层(L)/旋转项目(ROT)/退出(X)] <退出>:✓
```

图3-11 绘制圆   图3-12 绘制箭头   图3-13 添加箭头   图3-14 绘制直线

阵列结果如图 3-10 所示，完成点火分离器符号的绘制。

3.2.7 偏移

【执行方式】

命令行：OFFSET

菜单：修改→偏移

工具栏：修改→偏移

功能区：单击"默认"选项卡"修改"面板中的"偏移"按钮

 【操作步骤】

命令：OFFSET ✓

当前设置：删除源=否　图层=源　OFFSETGAPTYPE=0

指定偏移距离或 [通过(T)/删除(E)/图层(L)] <通过>：

选择要偏移的对象，或 [退出(E)/放弃(U)] <退出>：

指定要偏移的那一侧上的点，或 [退出(E)/多个(M)/放弃(U)] <退出>：（如图 3-15 所示的是偏移过程图）

选择要偏移的对象，或 [退出(E)/放弃(U)] <退出>：

图3-15　图像偏移

3.2.8 实例——绘制防水防尘灯

绘制如图 3-16 所示的防水防尘灯。

图3-16　防水防尘灯

> **实讲实训**
> **多媒体演示**
>
> 多媒体演示参见配套光盘中的\\动画演示\第3章\绘制防水防尘灯.avi。

01 绘制圆。单击"默认"选项卡"绘图"面板中的"圆"按钮，绘制半径为 2.5mm

的圆。

02 偏移圆。单击"默认"选项卡"修改"面板中的"偏移"按钮 ⊫，将上步绘制的圆向内进行偏移，命令行中的提示与操作如下：

命令: _offset

当前设置: 删除源=否 图层=源 OFFSETGAPTYPE=0

指定偏移距离或 [通过(T)/删除(E)/图层(L)] <通过>: （任意指定圆上一点）

指定第二点:（在圆内指定距离确定一点）

选择要偏移的对象，或 [退出(E)/放弃(U)] <退出>:（选择圆图形）

指定要偏移的那一侧上的点，或 [退出(E)/多个(M)/放弃(U)] <退出>:（在圆内指定一点）

选择要偏移的对象，或 [退出(E)/放弃(U)] <退出>:

结果如图 3-17a 所示。

03 绘制直线。单击"默认"选项卡"绘图"面板中的"直线"按钮 ╱，以圆心为起点水平向右绘制半径，如图 3-17b 所示。

04 阵列直线。单击"默认"选项卡"修改"面板中的"环形阵列"按钮 ⃘，把上步绘制的直线以圆心为中心环形阵列 4 个，命令行中的提示与操作如下：

命令: _arraypolar

选择对象: 找到 1 个

选择对象: ↙

类型 = 极轴 关联 = 否

指定阵列的中心点或 [基点(B)/旋转轴(A)]:（单击圆心）

选择夹点以编辑阵列或 [关联(AS)/基点(B)/项目(I)/项目间角度(A)/填充角度(F)/行(ROW)/层(L)/旋转项目(ROT)/退出(X)] <退出>: i↙

输入阵列中的项目数或 [表达式(E)] <6>: 4↙

选择夹点以编辑阵列或 [关联(AS)/基点(B)/项目(I)/项目间角度(A)/填充角度(F)/行(ROW)/层(L)/旋转项目(ROT)/退出(X)] <退出>: f↙

指定填充角度(+=逆时针、-=顺时针)或 [表达式(EX)] <360>: 360↙

选择夹点以编辑阵列或 [关联(AS)/基点(B)/项目(I)/项目间角度(A)/填充角度(F)/行(ROW)/层(L)/旋转项目(ROT)/退出(X)] <退出>:↙

结果如图 3-17c 所示。

05 填充圆。单击"默认"选项卡"绘图"面板中的"图案填充"按钮 ▨，用"SOLID"图案填充内圆，结果如图 3-17d 所示，完成绘制。

a)　　　　　　　　b)　　　　　　　　c)　　　　　　　　d)

图3-17　防水防尘灯符号

3.3 改变位置类命令

3.3.1 移动

【执行方式】

命令行：MOVE

菜单：修改→移动

快捷菜单：选择要复制的对象，在绘图区域右击鼠标，从打开的快捷菜单选择"移动"

工具栏：修改→移动 ✛

功能区：单击"默认"选项卡"修改"面板中的"移动"按钮 ✛

【操作步骤】

命令：MOVE ↙

选择对象：（指定移动对象）

选择对象：（可以按 Enter 键或空格键结束选择，也可以继续）

指定基点或[位移(D)] <位移>：

指定第二个点或 <使用第一个点作为位移>：

其中命令选项的意义与复制（COPY）相同。移动编辑功能示例如图 3-18 所示。

图3-18　移动编辑功能

3.3.2 实例——绘制热继电器动断触点

绘制如图 3-19 所示热继电器动断触点。

图3-19　热继电器动断触点

> **实讲实训**
> **多媒体演示**
>
> 多媒体演示参见配套光盘中的\\动画演示\第3章\绘制热继电器动断触点.avi。

01 打开 2.1.3 节绘制的动断（常闭）触点，如图 3-20a 所示，将文件另存为"热继电器动断触点.dwg"。

02 绘制虚线 2。单击"默认"选项卡"绘图"面板中的"直线"按钮，以图 3-20a 中直线 1 上端点为起始点水平向右绘制长为 2.5mm 的直线，并将绘制的直线线型改为虚线，结果如图 3-20b 所示。

03 平移虚线 2。单击"默认"选项卡"修改"面板中的"移动"按钮，将虚线 2 向左上方平移，命令行中的提示与操作如下：

> 命令: _move
>
> 选择对象: 找到 1 个（选择虚线 2）
>
> 选择对象: ✓
>
> 指定基点或 [位移(D)] <位移>:（单击虚线 2 的右端点）
>
> 指定第二个点或 <使用第一个点作为位移>:（单击斜线中点）

结果如图 3-20c 所示。

04 绘制连续直线。新建实线层将当前图层切换至"实线层"，单击"默认"选项卡"绘图"面板中的"直线"按钮，在"对象捕捉"和"正交"绘图方式下，依次绘制直线 3、直线 4、直线 5。绘制方法如下：用鼠标捕捉虚线 2 的右端点，以其为起点，向上绘制长度为 2mm 的竖直直线 3；用鼠标捕捉直线 3 的上端点，以其为起点，向左绘制长度为 1.5mm 的水平直线 4；用鼠标捕捉直线 4 的右端点，向上绘制长度为 1.5mm 的竖直直线 5，结果如图 3-20d 所示。

05 镜像直线。单击"默认"选项卡"修改"面板中的"镜像"按钮，以虚线 2 为镜像线，对直线 3、直线 4、直线 5 做镜像操作，命令行中的提示与操作如下：

> 命令: _mirror
>
> 选择对象:找到 3 个（选择直线 3，4，5）
>
> 选择对象: ✓
>
> 指定镜像线的第一点:（单击虚线 2 的左端点）
>
> 指定镜像线的第二点:（单击虚线 2 的右端点）
>
> 要删除源对象吗？[是(Y)/否(N)] <N>:✓

结果如图 3-20e 所示。

图3-20 完成绘制

3.3.3 旋转

【执行方式】

命令行：ROTATE

菜单：修改→旋转

快捷菜单：选择要旋转的对象，在绘图区域右击鼠标，从打开的快捷菜单选择"旋转"

工具栏：修改→旋转 ↻

功能区：单击"默认"选项卡"修改"面板中的"旋转"按钮 ↻

【操作步骤】

命令：ROTATE ↙

UCS 当前的正角方向：ANGDIR=逆时针　ANGBASE=0

选择对象：（指定旋转对象）

选择对象：（可以按 Enter 键或空格键结束选择，也可以继续）

指定基点：（指定旋转的基点）

指定旋转角度，或 [复制(C)/参照(R)] <0>：（指定旋转角度或其他选项）

【选项说明】

（1）UCS 当前的正角方向：ANGDIR=逆时针　ANGBASE=0：说明当前的正角度方向为逆时针，零角度方向为 X 轴正方向。

（2）"旋转角度，或 [复制(C)/参照(R)] <0>："中两选项的含义如下：

指定旋转角度：指定对象绕基点旋转的角度。可以用鼠标来确定旋转角度，指定旋转角度为基点与光标的连线与零角度方向（X 轴正方向）之间的夹角。

● 参照(R)：以参照方式旋转对象。系统提示：

指定参照角 [0]：（指定要参考的角度值，默认值为 0）

指定新角度：（输入旋转后的角度值）

操作结束后，对象被旋转到指定的角度。也可以用拖动鼠标的方法旋转对象。对象被旋转后，原位置处的对象消失，如图 3-21 所示。

● 复制（C）：选择该项，旋转对象的同时，保留原对象，如图 3-22 所示。

图3-21　拖动鼠标旋转对象

旋转前　　　　　旋转后

图3-22　复制旋转

3.3.4　实例——熔断式隔离开关符号绘制

绘制如图 3-23 所示的熔断式隔离开关符号。操作步骤如下：

01 单击"默认"选项卡"绘图"面板中的"直线"按钮 ╱，绘制一条水平线段和 3 条首尾相连的竖直线段，其中上面两条竖直线段以水平线段为分界点，下面两条竖直线段以图 3-24 所示点 1 为分界点。

图3-23　熔断式隔离开关符号

> 实讲实训
> 多媒体演示
>
> 多媒体演示参见配套光盘中的\\动画演示\第3章\熔断式隔离开关符号绘制.avi。

🛑 **注意**

这里绘制的 3 条首尾相连的竖直线段不能用一条线段代替，否则后面无法操作。

02 单击"默认"选项卡"绘图"面板中的"矩形"按钮 ▭，绘制一个穿过中间竖直线段的矩形，如图 3-25 所示。

03 单击"默认"选项卡"修改"面板中的"旋转"按钮 ○，捕捉图 3-26 中的端点，旋转矩形和中间竖直线段，命令行中的提示与操作如下：

命令:_rotate

UCS 当前的正角方向： ANGDIR=逆时针 ANGBASE=0

选择对象：（选择矩形和中间竖直线段）

选择对象: ↙

指定基点：（捕捉图 3-26 中的端点）

指定旋转角度，或 [复制(C)/参照(R)] <0>:（指定合适的角度）

最终结果如图 3-23 所示。

图3-24　绘制线段　　　　图3-25　绘制矩形　　　　图3-26　指定旋转角度

3.4　改变几何特性命令

📖3.4.1　缩放

【执行方式】

命令行：SCALE

菜单：修改→缩放

快捷菜单：选择要缩放的对象，在绘图区域右击鼠标，从打开的快捷菜单上选择"缩放"

工具栏：修改→缩放

功能区：单击"默认"选项卡"修改"面板中的"缩放"按钮

【操作步骤】

命令：SCALE ✓

选择对象：（指定缩放对象）

选择对象：（可以按 Enter 键或空格键结束选择，也可以继续）

指定基点：（指定缩放中心点）

指定比例因子或 [复制(C)/参照(R)]：

【选项说明】

（1）指定比例因子：按指定的比例缩放选定对象的尺寸。

（2）参照(R)：按参照长度和指定的新长度比例缩放所选对象。

可以用拖动鼠标的方法缩放对象。选择对象并指定基点后，从基点到当前光标位置会出现一条连线，线段的长度决定比例的大小。移动鼠标选择的对象将随着该连线长度的变化而动态地缩放，按 Enter 键确认旋转操作。缩放编辑示例如图 3-27 所示。

图3-27 缩放编辑功能

3.4.2 拉伸

【执行方式】

命令行：STRETCH

菜单：修改→拉伸

工具栏：修改→拉伸

功能区：单击"默认"选项卡"修改"面板中的"拉伸"按钮

【操作步骤】

命令：STRETCH ✓

选择对象：（以交叉窗口或交叉多边形选择要拉伸的对象）

指定基点或 [位移(D)] <位移>:（指定拉伸的基点）

指定第二个点或 <使用第一个点作为位移>:（指定拉伸的移至点）

此时，若指定第二个点，系统将根据这两点决定的矢量拉伸对象。若直接按 Enter 键，系统会把第一个点作为 X 和 Y 轴的分量值。拉伸实例如图 3-28 所示。

注意

用交叉窗口选择拉伸对象后落在交叉窗口内的端点被拉伸，落在外部的端点保持不动。

图3-28　拉伸实例

3.4.3　图形修剪

【执行方式】

命令行：TRIM

菜单：修改→修剪

工具栏：修改→修剪

功能区：单击"默认"选项卡"修改"面板中的"修剪"按钮

【操作步骤】

命令：TRIM ✓

当前设置：投影=UCS，边=无

选择剪切边...

选择对象或 <全部选择>:（指定修剪边界的图形）

选择对象:（可以按 Enter 键或空格键结束修剪边界的指定，也可以继续）

选择要修剪的对象，或按住 Shift 键选择要延伸的对象，或[栏选(F)/窗交(C)/投影(P)/边(E)/删除(R)/放弃(U)]:

【选项说明】

1）当前设置。投影=UCS，边=无。提示选取修剪边界和当前使用的修剪模式。

2）"选择要修剪的对象，或按住 Shift 键选择要延伸的对象，或[栏选(F)/窗交(C)/投影(P)/边(E)/删除(R)/放弃(U)]"中各个选项的含义：

选择要修剪的对象，按住 Shift 键选择要延伸的对象：指定要修剪的对象。在选择对象的同时按 Shift 键可将对象延伸到最近的修剪边界，而不修剪它。按 Enter 键结束该命令。

● 投影（P）：确定是否使用投影方式修剪对象。

选择要修剪的对象，按住 Shift 键选择要延伸的对象，或 [投影(P)/边(E)/放弃(U)]：P ✓
输入投影选项 [无(N)/UCS(U)/视图(V)]：

● 无(N)：指定无投影。AutoCAD 2018 只修剪在三维空间中与剪切边相交的对象。
● UCS（用户坐标系）：指定在当前用户坐标系 XY 平面上的投影。
● 视图(V)：指定沿当前视图方向的投影。在二维图形中一般用此项。
● 边（E）：确定是在另一对象的隐含边处或与三维空间中一个对象相交的对象的修剪方式。
● 放弃（U）：取消上一次的操作。
● 选择"栏选（F）"选项时，系统以栏选的方式选择被修剪对象，如图 3-29 所示。
● 选择"窗交（C）"选项时，系统以窗交的方式选择被修剪对象，如图 3-30 所示。被选择的对象可以互为边界和被修剪对象，此时系统会在选择的对象中自动判断边界。

选定剪切边　　　　　使用栏选选定的要修剪的对象　　　　结果

图3-29　栏选修剪对象

使用窗交选择选定的边　　　选定要修剪的对象　　　结果

图3-30　窗交选择修剪对象

📖3.4.4　实例——绘制电抗器

绘制如图 3-31 所示电抗器。

01 绘制圆。单击"默认"选项卡"绘图"面板中的"圆"按钮 ⊘，在屏幕中适当位置绘制一个半径为 3.5mm 的圆，结果如图 3-32a

实讲实训
多媒体演示

多媒体演示参
见配套光盘中的\\
动画演示\第3章\
绘制电抗器.avi。

所示。

图3-31　电抗器

02 绘制竖直直线。单击"默认"选项卡"绘图"面板中的"直线"按钮／，在"对象捕捉"和"正交"绘图方式下，用鼠标捕捉圆心作为起点，分别向上和向下绘制长度为7mm 的线段，结果如图 3-32b 所示。

03 绘制水平直线。单击"默认"选项卡"绘图"面板中的"直线"按钮／，在"对象捕捉"和"正交"绘图方式下，用鼠标捕捉绘制过圆心水平线段，结果如图 3-32c 所示。

04 修剪图形。单击"默认"选项卡"修改"面板中的"修剪"按钮∕，修剪掉多余的直线与圆弧，命令行提示与操作如下：

命令: _trim

当前设置:投影=UCS，边=无

选择剪切边...

选择对象或 <全部选择>: 指定对角点: 找到 3 个（选择所有的图形）

选择对象:（按 Enter 键）

选择要修剪的对象，或按住 Shift 键选择要延伸的对象，或[栏选(F)/窗交(C)/投影(P)/边(E)/删除(R)/放弃(U)]:（选择圆内水平直线的右半部分）

选择要修剪的对象，或按住 Shift 键选择要延伸的对象，或[栏选(F)/窗交(C)/投影(P)/边(E)/删除(R)/放弃(U)]:（选择圆内竖直直线的下半部分）

选择要修剪的对象，或按住 Shift 键选择要延伸的对象，或[栏选(F)/窗交(C)/投影(P)/边(E)/删除(R)/放弃(U)]:（选择左下角处的圆弧）

选择要修剪的对象，或按住 Shift 键选择要延伸的对象，或[栏选(F)/窗交(C)/投影(P)/边(E)/删除(R)/放弃(U)]:

修剪后的结果如图 3-32d 所示，即为绘制完成的电抗器的图形符号。

a)　　　　　　　b)　　　　　　　c)　　　　　　　d)

图3-32　电抗器符号

3.4.5 图形延伸

【执行方式】

命令行：EXTEND

菜单：修改→延伸

工具栏：修改→延伸 ⌐

功能区：单击"默认"选项卡"修改"面板中的"延伸"按钮 ⌐

【操作步骤】

命令：EXTEND ✓

当前设置：投影=UCS，边=无

选择边界的边...

选择对象或 <全部选择>：（指定延伸边界的图形）

选择对象：（可以按 Enter 键或空格键结束延伸边界的指定，也可以继续）

选择要延伸的对象，或按住 Shift 键选择要修剪的对象，或[栏选(F)/窗交(C)/投影(P)/边(E)/放弃(U)]:

上述提示中各个选项与"修剪"类似。延伸实例如图 3-33 所示。

选择边界   选择要延伸的对象   执行结果

图3-33 延伸实例

3.4.6 实例——绘制动断按钮

绘制如图 3-34 所示动断按钮。

图3-34 动断按钮

实讲实训
多媒体演示

多媒体演示参见配套光盘中的\\动画演示\第3章\绘制动断按钮.avi

01 设置图层。设置两个图层：实线层和虚线层，线型分别设置为 Continuous 和 ACAD_ISO02W100。其他属性按默认设置。

02 绘制基本图形。单击"默认"选项卡"绘图"面板中的"直线"按钮 ⁄，绘制基本图形。如图 3-35a 所示。

03 绘制竖直直线。单击"默认"选项卡"绘图"面板中的"直线"按钮╱，分别以图 3-35a 中 a 点和 b 点为起点，竖直向下绘制长为 4.5mm 的直线，结果如图 3-35b 所示。

04 绘制水平直线。单击"默认"选项卡"绘图"面板中的"直线"按钮╱，分别以图 3-35b 中 a 点为起点，b 点为终点，绘制直线 ab，结果如图 3-36a 所示。

a)　　　　　　　　　　　　　　　　　　　b)

图3-35　绘制直线

05 绘制竖直直线。单击"默认"选项卡"绘图"面板中的"直线"按钮╱，捕捉直线 ab 的中点，以其为起点，竖直向下绘制长度为 4.5mm 的直线，并将其图形属性更改为"虚线层"，结果如图 3-36b 所示。

a)　　　　　　　　　　　　　　　　　　　b)

图3-36　绘制直线

06 偏移直线。单击"默认"选项卡"修改"面板中的"偏移"按钮⬕，以直线 ab 为起始，绘制两条水平直线，偏移长度分别为 3.5mm 和 4.5mm，结果如图 3-37a 所示。

07 修剪图形。单击"默认"选项卡"修改"面板中的"修剪"按钮╈和"删除"按钮⬚，对图形进行修剪，并删除掉直线 ab，结果如图 3-37b 所示。

08 延伸直线。单击"默认"选项卡"修改"面板中的"延伸"按钮╌┘，选择虚线作为延伸的对象，将其延伸到斜线 ac，即为绘制完成的动断按钮，命令行提示与操作如下：

命令: _extend↙

当前设置:投影=UCS，边=无

选择边界的边...

选择对象或 <全部选择>：（选取 ac 斜边）

选择对象：↙

选择要延伸的对象，或按住 Shift 键选择要修剪的对象，或[栏选(F)/窗交(C)/投影(P)/边(E)/放弃(U)]：（选取虚线）

选择要延伸的对象，或按住 Shift 键选择要修剪的对象，或[栏选(F)/窗交(C)/投影(P)/边(E)/放弃(U)]：

↙

结果如图 3-38 所示。

a)　　　　　　　　　　　　　　　　b)

图3-37　修剪图形　　　　　　　　　　　图3-38　绘制完成

3.4.7　打断

【执行方式】

命令行：BREAK

菜单：修改→打断

工具栏：修改→打断 📖

功能区：单击"默认"选项卡"修改"面板中的"打断"按钮 📖

【操作步骤】

命令：BREAK ∠

选择对象：（选择要断开的对象）

指定第二个打断点或 [第一点(F)]：

【选项说明】

选择对象：若用鼠标选择对象，系统会选中该对象并把选择点作为第一个断开点。

指定第二个打断点或 [第一点(F)]：若输入 F，系统将取消前面的第一个选择点，提示指定两个新的断开点。打断实例如图 3-39 所示。

"修改"工具栏中还有一个"打断于点"命令 📖，与"打断"命令类似。

图3-39　打断实例

3.4.8　实例——弯灯符号绘制

绘制如图 3-40 所示的弯灯符号。操作步骤如下：

01 绘制直线和圆。单击"默认"选项卡"绘图"面板中的"直线"按钮 ✎，绘制一条水平直线。单击"默认"选项卡"绘图"面板中的"圆"按钮 ⊘，以直线的端点为圆心，绘制半径为 10mm 的圆，如图 3-41 所示。

实讲实训

多媒体演示

多媒体演示参
见配套光盘中的\\
动画演示\第3章\
弯灯符号绘制.avi

图3-40　弯灯符号

02 偏移圆。单击"默认"选项卡"修改"面板中的"偏移"按
钮，将圆向外偏移 3mm，如图 3-42 所示。

图3-41　绘制直线和圆　　　　　　　　　　　　　　图3-42　偏移圆

03 打断曲线。单击"默认"选项卡"修改"面板中的"打断"按钮，命令行提
示与操作如下。

命令: _break

选择对象:（选择外圆的左侧象限点）

指定第二个打断点 或 [第一点(F)]:（选择外圆的右侧象限点）

举一反三

捕捉第二点（右侧象限点）时，与"正交"模式的设置无关。

打断后的图形如图 3-43 所示。

图3-43　打断曲线

04 修剪曲线。单击"默认"选项卡"修改"面板中的"修剪"按钮，将圆内部
分多余的线段剪切掉，得到的图形如图3-40所示。

3.4.9　倒角

【执行方式】

命令行：CHAMFER

菜单：修改→倒角

工具栏：修改→倒角

功能区：单击"默认"选项卡"修改"面板中的"倒角"按钮

【操作步骤】

AutoCAD 2018 提供两种方法进行两个线型对象的倒角操作：指定斜线距离和指定倒角

角度，如图 3-44、图 3-45 所示。

图3-44　斜线距离　　　　　　　　图3-45　斜线距离与夹角

（1）指定倒角距离：该距离是指从被连接的对象与斜线的交点到被连接的两对象的可能交点之间的距离。具体步骤如下：

命令：CHAMFER ∠

（"修剪"模式) 当前倒角距离 1 = 0.0000，距离 2 = 0.0000

选择第一条直线或 [放弃(U)/多段线(P)/距离(D)/角度(A)/修剪(T)/方式(E)/多个(M)]:D ∠

指定第一个倒角距离：

指定第二个倒角距离：

在此时可以设定两个倒角的距离，第一距离的默认值是上一次指定的距离，第二距离的默认值为第一距离所选的任意值。然后，选择要倒角的两个对象。系统会根据指定的距离连接两个对象。

（2）指定倒角角度和倒角距离：使用这种方法时，需确定两个参数：倒角线与一个对象的倒角距离和倒角线与该对象的夹角。具体步骤如下：

命令：CHAMFER ∠

（"修剪"模式) 当前倒角距离 1 = 0.0000，距离 2 = 0.0000

选择第一条直线或 [放弃(U) /多段线(P)/距离(D)/角度(A)/修剪(T)/方式(E)/多个(M)]: A ∠

指定第一条直线的倒角长度：

指定第一条直线的倒角角度：

（3）在系统提示"选择第一条直线或 [放弃(U) /多段线(P)/距离(D)/角度(A)/修剪(T)/方式(E)/多个(M)]"中其他选项含义如下：

- 多段线(P)：对整个二维多段线倒角。选择多段线后，系统会对多段线每个顶点处的相交直线段倒角。为了得到最好的倒角结果，一般设置倒角线是相等的值。
- 修剪(T)：控制 AutoCAD 是否修剪选定边为倒角线端点。
- 方式(E)：控制 AutoCAD 使用两个距离还是一个距离和一个角度来创建倒角。
- 多个(M)：给多个对象集加倒角。

倒角实例如图 3-46 所示。

图 3-46　倒角实例

3.4.10 圆角

【执行方式】

命令行：FILLET

菜单：修改→圆角

工具栏：修改→圆角 ⌐

功能区：单击"默认"选项卡"修改"面板中的"圆角"按钮 ⌐

【操作步骤】

命令：FILLET ✓

当前设置：模式 = 修剪，半径 = 0.0000

选择第一个对象或 [放弃(U)/多段线(P)/半径(R)/修剪(T)/多个(M)]:

选择第二个对象，或按住 Shift 键选择对象以应用角点或 [半径(R)]:

【选项说明】

（1）当前设置："模式=修剪，半径=0.0000"是当前圆角设置。是前一次设置的状态的显示，可更改。

（2）选择第一个对象：系统把选择的对象作为要进行圆角处理的第一个对象。

● 多段线(P)：用于在一条二维多段线的两段直线段的交点处插入圆角弧。

● 半径（R）：设置圆角半径。

● 修剪（T）：用于在圆滑连接两条边时是否修剪这两条边。

● 多个(M)：给多个对象集加圆角。

圆角实例如图 3-47 所示。

图3-47　圆角实例

3.4.11 分解

【执行方式】

命令行：EXPLODE

菜单：修改→分解

工具栏：修改→分解 ⌐

功能区：单击"默认"选项卡"修改"面板中的"分解"按钮

【操作步骤】

命令：EXPLODE ✓

选择对象：

选择一个对象后，该对象会被分解。

3.4.12 实例——绘制热继电器驱动器件

绘制如图 3-48 所示热继电器驱动器件。

> **实讲实训**
> **多媒体演示**
>
> 多媒体演示参见配套光盘中的\\动画演示\第3章\绘制热继电器驱动器件.avi。

图3-48　热继电器驱动器件

01 绘制矩形。单击"默认"选项卡"绘图"面板中的"矩形"按钮▭，绘制一个长为 10mm，宽为 5mm 的矩形，结果如图 3-49a 所示。

02 分解矩形。单击"默认"选项卡"修改"面板中的"分解"按钮，将绘制的矩形分解为 4 条直线，命令行中的提示与操作如下：

命令: _explode

选择对象: 找到 1 个（选择矩形）

选择对象: ✓

结果如图 3-49a 所示。

03 偏移直线。单击"默认"选项卡"修改"面板中的"偏移"按钮，以上端水平直线为起始，绘制两条水平直线，偏移量分别为 1.5mm、2mm，以左侧竖直直线为起始绘制两条竖直直线，偏移量分别为 5mm、2.5mm，结果如图 3-49b 所示。

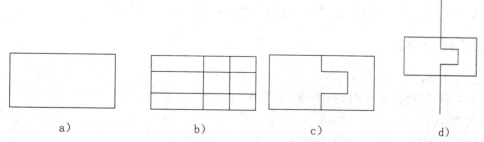

a)　　　　　　　　b)　　　　　　　　c)　　　　　　　　d)

图3-49　绘制热继电器驱动器件

04 修剪和打断图形。单击"默认"选项卡"修改"面板中的"修剪"按钮，修剪图形，如图 3-49c 所示。

05 拉长线段。单击"默认"选项卡"修改"面板中的"拉长"按钮，分别将与
矩形相交的竖直直线向上、向下拉长 5mm，结果如图 3-49d 所示。

 ## 3.4.13　删除

 【执行方式】

命令行：ERASE

菜单：修改→删除

快捷菜单：选择要删除的对象，在绘图区
域右击鼠标，从打开的快捷菜单上选择"删除"

工具栏：修改→删除

功能区：单击"默认"选项卡"修改"面
板中的"删除"按钮

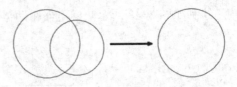

图3-50　删除编辑功能

【操作步骤】

命令：ERASE ✓

选择对象：（指定删除对象）

选择对象：（可以按 Enter 键结束命令，也可以继续指定删除对象）

当选择多个对象，多个对象都被删除；若选择的对象属于某个对象组，则该对象组的
所有对象均被删除，如图 3-50 所示的删除示例。

 ## 3.4.14　合并

它将直线、圆、椭圆弧和样条曲线等独立的线段合并为一个对象，如图 3-51 所示。

【执行方式】

命令行：JOIN

菜单：修改→合并

工具栏：修改→合并

功能区：单击"默认"选项卡"修改"面板中的"合并"按钮

 【操作步骤】

命令：JOIN✓

选择源对象或要一次合并的多个对象：（选择一个对象）

　找到 1 个

选择要合并的对象：（选择另一个对象）

　找到 1 个，总计 2 个

选择要合并的对象：✓

2 条直线已合并为 1 条直线

图3-51　合并对象

3.5　对象编辑类命令

📖 3.5.1　光顺曲线

在两条选定直线或曲线之间的间隙中创建样条曲线。

【执行方式】

命令行：BLEND

菜单：选择菜单栏中的"修改"→"光顺曲线"命令

工具栏：单击"修改"工具栏中的"光顺曲线"按钮～

功能区：单击"默认"选项卡"修改"面板中的"光顺曲线"按钮～

【操作步骤】

命令: BLEND✓

连续性=相切

选择第一个对象或[连续性（CON）]：CON

输入连续性[相切（T）/平滑（S）]<切线>：

选择第一个对象或[连续性（CON）]：

选择第二个点：

【选项说明】

（1）连续性（CON）：在两种过渡类型中指定一种。

（2）相切（T）：创建一条 3 阶样条曲线，在选定对象的端点处具有相切(G1)连续性。

（3）平滑（S）：创建一条 5 阶样条曲线，在选定对象的端点处具有曲率(G2)连续性。

如果使用"平滑"选项，请勿将显示从控制点切换为拟合点。此操作将样条曲线更改为 3 阶，这会改变样条曲线的形状。

📖 3.5.2　钳夹功能

利用钳夹功能可以快速方便地编辑对象。AutoCAD 在图形对象上定义了一些特殊点，称为夹持点，利用夹持点可以灵活地控制对象，如图 3-52 所示。

图3-52　夹持点

要使用钳夹功能编辑对象必须先打开钳夹功能，打开的方法是：

菜单：工具→选项

系统打开"选项"对话框。单击"选择集"选项卡，勾选"夹点"选项组中的"显示夹点"复选框。在该选项卡中还可以设置代表夹点的小方格尺寸和颜色。

也可以通过 GRIPS 系统变量控制是否打开钳夹功能，1 代表打开，0 代表关闭。

打开了钳夹功能后，应该在编辑对象之前先选择对象。夹持点表示了对象的控制位置。

使用夹持点编辑对象，要选择一个夹持点作为基点，称为基准夹持点。然后，选择一种编辑操作：镜像、移动、旋转、拉伸和缩放。可以用空格键、Enter 键或键盘上的快捷键循环选择这些功能。

下面仅就其中的拉伸对象操作为例进行讲述，其他操作类似。

在图形上拾取一个夹持点，该夹持点马上改变颜色，此点为夹持点编辑的基准点。这时系统提示：

** 拉伸 **

指定拉伸点或 [基点(B)/复制(C)/放弃(U)/退出(X)]:

在上述拉伸编辑提示下，输入"缩放"命令或右击，选择快捷菜单中的"缩放"命令，系统就会转换为"缩放"操作，其他操作类似。

📖 3.5.3　修改对象属性

 【执行方式】

命令行：DDMODIFY 或 PROPERTIES

菜单：修改→特性

工具条：标准→特性📋

功能区：单击"视图"选项卡"选项板"面板中的"特性"按钮📋（见图 3-53）或单击"默认"选项卡"特性"面板中的"对话框启动器"按钮↘

 【操作步骤】

命令：DDMODIFY✓

打开特性工具板，如图 3-54 所示。利用它可以方便地设置或修改对象的各种属性。

不同的对象属性种类和值不同，修改属性值，对象改变为新的属性。

图3-53 "选项板"面板

图3-54 特性工具板

3.5.4 特性匹配

利用特性匹配功能可以将目标对象的属性与源对象的属性进行匹配,使目标对象变为与源对象相同。利用特性匹配功能可以方便快捷地修改对象属性,并保持不同对象的属性相同。

【执行方式】

命令行:MATCHPROP
菜单:修改→特性匹配
工具栏:标准→特性匹配
功能区:单击"默认"选项卡"特性"面板中的"特性匹配"按钮

【操作步骤】

命令:MATCHPROP✓

选择源对象:(选择源对象)

选择目标对象或 [设置(S)]:(选择目标对象)

如图 3-55a 所示的是两个不同属性的对象,以左边的圆为源对象,对右边的矩形进行属性匹配,结果如图 3-55b 所示。

a) 原图 b) 结果

图3-55 特性匹配

3.6 综合演练——绘制耐张铁帽三视图

图 3-56 所示为耐张铁帽的三视图，本图的绘制过程必须满足机械制图中"长对正，宽平齐，高相等"的规定。本节通过绘制本图，学习架空线路图的绘制方法，达到举一反三的目的。

> **实讲实训**
> **多媒体演示**
>
> 多媒体演示参见配套光盘中的\\动画演示\第3章\绘制耐张铁帽三视图.avi。

图3-56 耐张铁帽三视图

绘制思路为：先根据三视图中各部件的位置确定图样布局，得到各个视图的轮廓线，之后分别绘制正视图、左视图和俯视图。

3.6.1 设置绘图环境

01 建立新文件。打开 AutoCAD 2018 应用程序，单击"快速访问"工具栏中的"新建"按钮，系统打开"选择样板"对话框，用户在该对话框中选择已经绘制好的样板文件"A4.dwt"，单击"打开"按钮，则选择的样板图就会出现在绘图区域内，设置保存路径，取名为"耐张铁帽三视图.dwg"，并保存。

02 设置绘图工具栏。在任意工具栏处单击鼠标右键，在打开的快捷菜单中选择"标准""图层""对象特性""绘图""修改"和"标注"这 6 个选项，调出这些工具栏，并将它们移动到绘图窗口中的适当位置。

03 设置图层。单击"默认"选项卡"图层"面板中的"图层特性"按钮，设置"轮廓线层""实体符号层"和"虚线层"一共 3 个图层，将"轮廓线层"图层设置为当前图层。设置好的各图层的属性如图 3-57 所示。

3.6.2 图样布局

01 绘制水平线。单击"默认"选项卡"绘图"面板中的"构造线"按钮，在"正交"绘图方式下，绘制一条横贯整个屏幕的水平线 1，命令行中的提示与操作如下：

命令：_xline

指定点或[水平(H)/垂直(V)/角度(A)/二等分(B)/偏移(O)]：(输入 H↙)

指定通过点：（在屏幕上合适位置指定一点）

指定通过点：（右键或按 Enter 键）

图3-57　图层设置

02 偏移水平线。单击"默认"选项卡"修改"面板中的"偏移"按钮，将直线 1 依次向下偏移 85mm、90mm、30mm、30mm、150mm、108mm、108mm 得到 7 条直线，结果如图 3-58 所示。

03 绘制竖直线。单击"默认"选项卡"绘图"面板中的"直线"按钮，绘制竖直直线，如图 3-59 所示。

04 偏移竖直直线。单击"默认"选项卡"修改"面板中的"偏移"按钮，将直线 2 依次向右偏移 40mm、

图3-58　偏移水平线

40mm、8mm、71mm、25mm、25mm、71mm、8mm、40mm、40mm、108mm、108mm、108mm 得到 13 条直线，结果如图 3-60 所示。

图3-59　绘制竖直直线

图3-60　偏移竖直直线

05 修剪直线。单击"默认"选项卡"修改"面板中的"修剪"按钮，修剪掉多余的线段，得到图样布局如图 3-61 所示。

06 绘制三视图布局。单击"默认"选项卡"修改"面板中的"修剪"按钮和"删除"按钮，将图 3-61 裁剪成图 3-62 所示的 3 个区域，每个区域对应一个视图。

图3-61　图样布局

图3-62　图样布局

3.6.3　绘制主视图

01 修剪图形。单击"默认"选项卡"修改"面板中的"修剪"按钮━，修剪图 3-63 所示的左上角区域，得到主视图的大致轮廓，如图 3-65 所示。

图3-63　主视图轮廓

02 绘制主视图左半部分。

❶单击"默认"选项卡"修改"面板中的"偏移"按钮🔲，将图 3-63 所示的直线 1 向下偏移 4mm，选中偏移后的直线，将其图层特性设为"虚线层"，单击"默认"选项卡"修改"面板中的"修剪"按钮━，保留图形的左半部分，如图 3-64 所示。

❷单击"默认"选项卡"修改"面板中的"偏移"按钮🔲，将图 3-63 所示的直线 2 向左偏移 17.5mm，选中偏移后的直线，将其图层特性改为"虚线层"，单击"默认"选项卡"修改"面板中的"修剪"按钮━，得到表示圆孔的隐线。

❸单击"默认"选项卡"修改"面板中的"偏移"按钮🔲，将图 3-63 所示的直线 3 向左偏移 4mm，并将其图形特性改为"实体图形符号层"，单击"默认"选项卡"修改"面板中的"修剪"按钮━，得到表示架板与抱箍板连接斜面的小矩形。

❹单击"默认"选项卡"绘图"面板中的"图案填充"按钮🔳，系统打开"图案填充创建"选项卡，设置图案填充图案为"SOLID"图案，"角度"设置为 0，"比例"设置为 1，其他为默认值。

❺单击"选择对象"按钮，暂时回到绘图窗口中进行选择。依次选择小矩形的 4 个边作为填充边界，按 Enter 键再次回到"图案填充和渐变色"对话框，单击"确定"按钮，完成图案的填充，如图 3-65 所示。

❻将"虚线层"图层设置为当前图层，绘制出图 3-63 所示的点 A 与点 B 之间的虚线。

❼将当前图层由"轮廓线层"切换为"实体符号层"，单击"默认"选项卡"绘图"面板中的"圆"按钮⊙，以图 3-66 所示的交点为圆心，绘制直径为 17.5mm 的表示螺孔的小圆形，结果如图 3-67 所示。

图3-64　偏移直线　　图3-65　图案填充　　图3-66　捕捉交点　　图3-67　绘制螺孔

❽单击"默认"选项卡"绘图"面板中的"多段线"按钮⤴，画出主视图外轮廓线的左半部分，如图 3-63 所示，关闭轮廓线层后的结果如图 3-68 所示。

❾打开"轮廓线"图层，单击"默认"选项卡"修改"面板中的"镜像"按钮◬，以中心线为对称轴，把左边图形对称复制一份，结果如图 3-69 所示。

❿单击"默认"选项卡"修改"面板中的"偏移"按钮⤴，将中心线左右平移 12.5mm，单击"默认"选项卡"修改"面板中的"修剪"按钮⊬，修剪掉多余的图形，得到如图 3-70 所示图形。

图3-68　绘制轮廓线　　　图3-69　主视图左半部分　　　图3-70　耐张铁帽主视图

📖 3.6.4　绘制左视图

01 单击"默认"选项卡"修改"面板中的"偏移"按钮⤴，将左视图区域补充绘制定位线，如图 3-71 所示。

02 将"实体符号层"图层设置为当前图层，单击"默认"选项卡"绘图"面板中的"多段线"按钮⤴，通过捕捉端点和交点绘制出架板的外轮廓线，如图 3-72 所示。

03 单击"默认"选项卡"修改"面板中的"偏移"按钮⤴，将架板的外轮廓线向内偏移 4mm，得到架板的内轮廓线，如图 3-73 所示。

04 单击"默认"选项卡"修改"面板中的"修剪"按钮⊬，对左视图区域的左下方轴线进行修剪，得到抱箍板的大致轮廓，如图 3-74 所示。

图3-71　在左视图添加定位线　　　　图3-72　架板外轮廓

图3-73　绘制内轮廓线　　　　图3-74　修剪图形

05 单击"默认"选项卡"绘图"面板中的"多段线"按钮 ⌐ ，绘制出抱箍板的轮廓，如图 3-75 所示。

06 绘制表示抱箍板上的螺孔的虚线。

❶将"虚线层"图层设置为当前图层。

❷选择菜单栏中的"工具"→"绘图设置"命令，设置象限点，交点，垂足，中点和端点为可捕捉模式，如图 3-76 所示。

图3-75　抱箍板轮廓　　　　　　　　　　图3-76　"草图设置"对话框

❸单击"默认"选项卡"绘图"面板中的"直线"按钮 ／ ，在"对象追踪"绘图方式下，通过追踪主视图中螺孔的象限点，确定直线的第一个端点，如图 3-77 所示，捕捉垂足确定直线的第二个端点，绘制好的直线如图 3-78 所示。

❹单击"默认"选项卡"修改"面板中的"镜像"按钮 ⚏ ，将图 3-78 所示的抱箍板的左半部分镜像复制，得到抱箍板的右半部分。

❺单击"默认"选项卡"修改"面板中的"偏移"按钮 ⚏ ，将中心线向左右各偏移12.5mm，单击"默认"选项卡"修改"面板中的"修剪"按钮 ⚓ ，修剪掉多余直线，至此，左视图绘制基本完成，关闭轮廓线层显示结果如图 3-79 所示。

图3-77　捕捉象限点　　　　　　图3-78　绘制直线　　　　图3-79　耐张铁帽左视图

📖 3.6.5　绘制俯视图

01 单击"默认"选项卡"修改"面板中的"偏移"按钮 ⚏ ，在俯视图区域补充绘制定位线，如图 3-80 所示。

02 将"实体符号层"图层设置为当前图层，单击"默认"选项卡"绘图"面板中的"圆"按钮⊘，绘制抱箍板图形部分的轮廓，两个圆的半径分别为 96mm 和 104mm，如图 3-81 所示。

03 单击"默认"选项卡"绘图"面板中的"多段线"按钮⊃，绘制抱箍板的左上平板部分的轮廓，如图 3-81 所示。

图3-80 俯视区添加定位线　　　　　　图3-81 定位抱箍板轮廓的图形

04 关闭轮廓线层，将"虚线层"图层设置为当前图层。单击"默认"选项卡"绘图"面板中的"直线"按钮╱，绘制表示抱箍板上的螺孔，如图 3-82 所示。

05 单击"默认"选项卡"修改"面板中的"圆角"按钮◻，设置圆角半径为 10mm，然后分别对抱箍板平板向圆板过渡处的内侧及外侧进行倒圆，如图 3-82 所示。

06 单击"默认"选项卡"修改"面板中的"镜像"按钮⚶，镜像复制出抱箍板的右上平板部分。

07 单击"默认"选项卡"修改"面板中的"修剪"按钮⊬，修剪掉两个圆形的多余部分，如图 3-83 所示。

图3-82 绘制圆角　　　　　　　　图3-83 完成抱箍板绘制

08 绘制架板在俯视图上的投影。

❶打开轮廓线层，然后把"实体符号层"图层设置为当前图层。

❷单击"默认"选项卡"绘图"面板中的"圆"按钮⊘，绘制架板轮廓的定位圆，如图 3-84 所示。

❸单击"视图"选项卡"导航"面板中的"范围"下拉菜单中的"窗口"按钮◻，局部放大图 3-84 的顶部，结果如图 3-85 所示。

❹单击"默认"选项卡"修改"面板中的"修剪"按钮⊬，以定位线 1 和定位线 2 为修剪边，修剪掉外面圆的多余部分，如图 3-85 所示。

❺单击"默认"选项卡"修改"面板中的"偏移"按钮◶，将定位线 1 和定位线 2 分别向外偏移复制 4mm，如图 3-85 所示。

❻单击"默认"选项卡"绘图"面板中的"直线"按钮╱，绘制架板与抱箍板连接斜面的两条短线，如图 3-85 所示。

❼单击"默认"选项卡"绘图"面板中的"图案填充"按钮▨，系统打开"图案填充创建"选项卡，设置"图案填充图案"为"ANSI31"图案 ，"角度"设置为 0，"比例"设置为 1，其他为默认值。

❽单击"选择对象"按钮，暂时回到绘图窗口中进行选择，选择架板内一点，按 Enter 键再次回到"图案填充和渐变色"对话框，单击"确定"按钮，完成图案的填充，如图 3-86

所示。

图3-84 绘制定位架板投影的圆

图3-85 绘制架板投影

09 单击"默认"选项卡"修改"面板中的"镜像"按钮⚐，打开轮廓线层，镜像复制出俯视图另一部分，再次关闭定位线层后结果如图 3-87 所示。

图3-86 图案填充

图3-87 俯视图

10 单击"视图"选项卡"导航"面板中的"范围"下拉菜单中的"全部"按钮⚐，则三视图全部显示于模型空间，打开轮廓线层，删除不必要的定位线，把余下的定位线修改为轴线，如图 3-88 所示。

图3-88 初步完成三视图

第 **4** 章

文本、表格与尺寸标注

文字注释是图形中很重要的一部分内容，进行各种设计时，通常不仅要绘出图形，还要在图形中标注一些文字，如技术要求、注释说明等，对图形对象加以解释。AutoCAD 提供了多种写入文字的方法，本章将介绍文本的注释和编辑功能。表格在 AutoCAD 图形中也有大量的应用，如明细栏、参数表和标题栏等。

    学 习 要 点

- 文本标注
- 尺寸标注
- 表格

4.1 文本标注

文本是建筑图形的基本组成部分，在图签、说明、图样目录等地方都要用到文本。本节讲述文本标注的基本方法。

4.1.1 设置文本样式

【执行方式】

命令行：STYLE 或 DDSTYLE

菜单：格式→文字样式

工具栏：文字→文字样式

功能区：单击"默认"选项卡"注释"面板中的"文字样式"按钮 （见图 4-1）或单击"注释"选项卡"文字"面板上的"文字样式"下拉菜单中的"管理文字样式"按钮（如图 4-2 所示）或单击"注释"选项卡"文字"面板中"对话框启动器"按钮

图4-1　"注释"面板1

图4-2　"文字"面板

【操作步骤】

执行上述命令，系统打开"文字样式"对话框，如图 4-3 所示。

利用该对话框可以新建文字样式或修改当前文字样式。图 4-4～图 4-6 所示为各种文字样式。

图4-3　"文字样式"对话框　　　图4-4　不同宽度比例、倾斜角度、不同高度字体

图4-5 文字倒置标注与反向标注　　　　　图4-6 垂直标注文字

📖 4.1.2 单行文本标注

 【执行方式】

命令行: TEXT 或 DTEXT

菜单: 绘图→文字→单行文字

工具栏: 文字→单行文字 **A**

功能区: 单击"注释"选项卡"文字"面板中的"单行文字"按钮 **A** 或单击"默认"选项卡"注释"面板中的"单行文字"按钮 **A**

【操作步骤】

命令: TEXT↙

当前文字样式: "Standard"　文字高度: 2.5000　注释性: 否

指定文字的起点或 [对正(J)/样式(S)]:

 【选项说明】

（1）指定文字的起点: 在此提示下直接在作图屏幕上点取一点作为文本的起始点，AutoCAD 提示:

指定高度 <0.2000>: （确定字符的高度）

指定文字的旋转角度 <0>: （确定文本行的倾斜角度）

输入文字: (输入文本)

输入文字: (输入文本或按 Enter 键)

（2）对正(J): 在上面的提示下键入 J，用来确定文本的对齐方式，对齐方式决定文本的哪一部分与所选的插入点对齐。执行此选项，AutoCAD 提示:

输入选项[左(L)/居中(C)/右(R)/对齐(A)/中间(M)/布满(F)/左上(TL)/中上(TC)/右上(TR)/左中(ML)/正中(MC)/右中(MR)/左下(BL)/中下(BC)/右下(BR)]:

在此提示下选择一个选项作为文本的对齐方式。当文本串水平排列时，AutoCAD 为标注文本串定义了如图 4-7 所示的顶线、中线、基线和底线，各种对齐方式如图 4-8 所示，图中大写字母对应上述提示中各命令。下面以"对齐"为例进行简要说明。

图4-7 文本行的底线、基线、中线和顶线　　　　图4-8 文本的对齐方式

实际绘图时，有时需要标注一些特殊字符，如直径符号、上划线或下划线、温度符号

等，由于这些符号不能直接从键盘上输入，AutoCAD 提供了一些控制码，用来实现这些要求。控制码用两个百分号（％％）加一个字符构成，常用的控制码见表 4-1。

表4-1　AutoCAD常用控制码

控制码	功能
％％O	上划线
％％U	下划线
％％D	"度"符号
％％P	正负符号
％％C	直径符号
％％％	百分号%
\u+2248	几乎相等
\u+2220	角度
\u+E100	边界线
\u+2104	中心线
\u+0394	差值
\u+0278	电相位
\u+E101	流线
\u+2261	标识
\u+E102	界碑线
\u+2260	不相等
\u+2126	欧姆
\u+03A9	欧米加
\u+214A	低界线
\u+2082	下标2
\u+00B2	上标2

📖 4.1.3　多行文本标注

【执行方式】

命令行：MTEXT

菜单：绘图→文字→多行文字

工具栏：绘图→多行文字 **A** 或文字→多行文字 **A**

功能区：单击"默认"选项卡"注释"面板中的"多行文字"按钮 **A** 或单击"注释"选项卡"文字"面板中的"多行文字"按钮 **A**

【操作步骤】

命令:MTEXT↙

当前文字样式:"Standard"　　当前文字高度:1.9122　注释性:　否

指定第一角点: (指定矩形框的第一个角点)

指定对角点或 [高度(H)/对正(J)/行距(L)/旋转(R)/样式(S)/宽度(W)/栏(C)]::

【选项说明】

（1）指定对角点：直接在屏幕上拾取一个点作为矩形框的第二个角点，AutoCAD 以这两个点为对角点形成一个矩形区域，其宽度作为将来要标注的多行文本的宽度，而且第一个点作为第一行文本顶线的起点。响应后 AutoCAD 打开"文字编辑器"选项卡和多行文字编辑器，可利用此编辑器输入多行文本并对其格式进行设置。关于对话框中各选项的含义与编辑器功能，稍后再详细介绍。

（2）对正(J)：确定所标注文本的对齐方式。

这些对齐方式与"TEXT"命令中的各对齐方式相同，在此不再重复。选择一种对齐方式后按 Enter 键，AutoCAD 回到上一级提示。

（3）行距(L)：确定多行文本的行间距，这里所说的行间距是指相邻两文本行的基线之间的垂直距离。选择此选项，命令行中提示如下。

输入行距类型[至少(A)/精确(E)]<至少(A)>:

在此提示下有两种方式确定行间距："至少"方式和"精确"方式。"至少"方式下 AutoCAD 根据每行文本中最大的字符自动调整行间距。"精确"方式下 AutoCAD 给多行文本赋予一个固定的行间距。可以直接输入一个确切的间距值，也可以输入"nx"的形式，其中"n"是一个具体数，表示行间距设置为单行文本高度的 n 倍，而单行文本高度是本行文本字符高度的 1.66 倍。

（4）旋转(R)：确定文本行的倾斜角度。选择此选项，命令行中提示如下。

指定旋转角度<0>: （输入倾斜角度）

输入角度值后按<Enter>键，返回到"指定对角点或[高度(H)/对正(J)/行距(L)/旋转(R)/样式(S)/宽度(W)]: "提示。

（5）样式(S)：确定当前的文字样式。

（6）宽度(W)：指定多行文本的宽度。可在屏幕上拾取一点，将其与前面确定的第一个角点组成的矩形框的宽度作为多行文本的宽度，也可以输入一个数值，精确设置多行文本的宽度。

（7）高度（H）：用于指定多行文本的高度。可在绘图区选择一点，与前面确定的第一个角点组成一个矩形框的高作为多行文本的高度；也可以输入一个数值，精确设置多行文本的高度。

高手支招

在创建多行文本时，只要指定文本行的起始点和宽度后，AutoCAD 就会打开"文字编辑器"选项卡和多行文字编辑器，如图 4-9 和图 4-10 所示。该编辑器与 Microsoft Word 编辑器界面相似，事实上该编辑器与 Word 编辑器在某些功能上趋于一致。这样既增强了多行文字的编辑功能，又能使用户更熟悉和方便地使用。

（8）栏(C)：可以将多行文字对象的格式设置为多栏。可以指定栏和栏之间的宽度、高度及栏数，以及使用夹点编辑栏宽和栏高。其中提供了 3 个栏选项，即"不分栏""静态栏"和"动态栏"。

图4-9 "文字编辑器"选项卡

图4-10 多行文字编辑器

（9）"文字编辑器"选项卡：用来控制文本文字的显示特性。可以在输入文本文字前设置文本的特性，也可以改变已输入的文本文字特性。要改变已有文本文字显示特性，首先应选择要修改的文本，选择文本的方式有以下 3 种。

1）将光标定位到文本文字开始处，按住鼠标左键，拖到文本末尾。

2）双击某个文字，则该文字被选中。

3）3 次单击鼠标，则选中全部内容。

下面介绍选项卡中部分选项的功能。

1）"高度"下拉列表框：确定文本的字符高度，可在文本编辑框中直接输入新的字符高度，也可从下拉列表中选择已设定过的高度。

2）"**B**"和"*I*"按钮：设置黑体或斜体效果，只对 TrueType 字体有效。

3）"删除线"按钮 **A**：用于在文字上添加水平删除线。

4）"下划线" 按钮 **U** 与"上划线"按钮 **Ō**：设置或取消上（下）划线。

5）"堆叠"按钮 ：即层叠/非层叠文本按钮，用于层叠所选的文本，也就是创建分数形式。当文本中某处出现"/""^"或"#"这 3 种层叠符号之一时可层叠文本，方法是选中需层叠的文字，然后单击此按钮，则符号左边的文字作为分子，右边的文字作为分母。

AutoCAD提供了3种分数形式。

● 如果选中"abcd/efgh"后单击此按钮，得到如图 4-11a 所示的分数形式。

● 如果选中"abcd^efgh"后单击此按钮，则得到如图 4-11b 所示的形式，此形式多用于标注极限偏差。

● 如果选中"abcd # efgh"后单击此按钮，则创建斜排的分数形式，如图 4-11c 所示。如果选中已经层叠的文本对象后单击此按钮，则恢复到非层叠形式。

6）"倾斜角度"下拉列表框 *0/*：设置文字的倾斜角度，如图4-12所示。

7）"符号"按钮 **@**：用于输入各种符号。单击该按钮，系统打开符号列表，如图4-13所示，可以从中选择符号输入到文本中。

8）"插入字段"按钮 ：插入一些常用或预设字段。单击该命令，系统打开"字段"对话框，如图4-14所示，用户可以从中选择字段插入到标注文本中。

9）"追踪"按钮 **a·b**：增大或减小选定字符之间的空隙。

图4-11 文本层叠

建筑设计
建筑设计
建筑设计

图4-12 倾斜角度与斜体效果

图4-13 符号列表

图4-14 "字段"对话框

10）"宽度因子"按钮 **⊙**：扩展或收缩选定字符。

11）"上标"按钮 **X²**：将选定文字转换为上标，即在键入线的上方设置稍小的文字。

12）"下标"按钮 **X₂**：将选定文字转换为下标，即在键入线的下方设置稍小的文字。

13）"清除格式"下拉列表：删除选定字符的字符格式，或删除选定段落的段落格式，或删除选定段落中的所有格式。

14）"项目符号和编号"下拉列表：添加段落文字前面的项目符号和编号。

● 关闭：如果选择此选项，将从应用了列表格式的选定文字中删除字母、数字和项目符号。不更改缩进状态。

● 以数字标记：应用将带有句点的数字用于列表中的项的列表格式。

● 以字母标记：应用将带有句点的字母用于列表中的项的列表格式。如果列表含有的项多于字母中含有的字母，可以使用双字母继续序列。

● 以项目符号标记：应用将项目符号用于列表中的项的列表格式。

● 启点：在列表格式中启动新的字母或数字序列。如果选定的项位于列表中间，则选定项下面的未选中的项也将成为新列表的一部分。

● 连续：将选定的段落添加到上面最后一个列表然后继续序列。如果选择了列表项而非段落，选定项下面的未选中的项将继续序列。

- 允许自动项目符号和编号：在键入时应用列表格式。以下字符可以用作字母和数字后的标点并不能用作项目符号：句点（.）、逗号（,）、右括号（)）、右尖括号（>）、右方括号（]）和右花括号（}）。
- 允许项目符号和列表：如果选择此选项，列表格式将应用到外观类似列表的多行文字对象中的所有纯文本。

15）拼写检查：确定键入时拼写检查处于打开还是关闭状态。

16）编辑词典：显示"词典"对话框，从中可添加或删除在拼写检查过程中使用的自定义词典。

17）标尺：在编辑器顶部显示标尺。拖动标尺末尾的箭头可更改文字对象的宽度。列模式处于活动状态时，还显示高度和列夹点。

18）段落：为段落和段落的第一行设置缩进。指定制表位和缩进，控制段落对齐方式、段落间距和段落行距如图4-15所示。

图4-15　"段落"对话框

19）输入文字：选择此项，系统打开"选择文件"对话框，如图4-16所示。选择任意 ASCII 或 RTF 格式的文件。输入的文字保留原始字符格式和样式特性，但可以在多行文字编辑器中编辑和格式化输入的文字。选择要输入的文本文件后，可以替换选定的文字或全部文字，或在文字边界内将插入的文字附加到选定的文字中。输入文字的文件必须小于 32KB。

图4-16　"选择文件"对话框

高手支招

多行文字是由任意数目的文字行或段落组成的，布满指定的宽度，还可以沿垂直方向无限延伸。多行文字中，无论行数是多少，单个编辑任务中创建的每个段落集将构成单个对象；用户可对其进行移动、旋转、删除、复制、镜像或缩放操作。

📖 4.1.4 实例——绘制三相笼型感应电动机符号

绘制如图 4-17 所示三相笼型感应电动机符号。

图4-17 电动机符号

实讲实训
多媒体演示

多媒体演示参
见配套光盘中的\\
动画演示\第4章\
绘制三相笼型感应
电动机符号.avi。

01 绘制整圆。单击"默认"选项卡"绘图"面板中的"圆"按钮⊘，在屏幕上合适位置选择一点作为圆心，绘制一个半径为 25mm 的圆。命令行中的提示与操作如下：

命令：_circle
指定圆的圆心或 [二点(3P)/两点(2P)/ 切点、切点、半径(T)]（选择一点）
指定圆的半径或 [直径(D)]: 25✓（输入圆的半径为25mm）

绘制得到的圆如图 4-18a 所示。

02 添加文字。单击"默认"选项卡"注释"面板中的"多行文字"按钮**A**，打开"文字编辑器"选项卡，选择"默认文字样式"设置字高10，其他属性默认，在各个元件的旁边撰写元件的符号，调整其位置，以对齐文字，命令行中的提示与操作如下：

命令：_mtext
当前文字样式: "Standard"　文字高度：　2.5　注释性：　否
指定第一角点：
指定对角点或 [高度(H)/对正(J)/行距(L)/旋转(R)/样式(S)/宽度(W)/栏(C)](输入"M~3")

添加注释文字后，如图 4-18b 所示。

03 绘制直线。单击"默认"选项卡"绘图"面板中的"直线"按钮╱，绘制过圆心的竖直直线，长度为50mm，如图 4-18c 所示。

04 偏移直线。单击"默认"选项卡"修改"面板中的"偏移"按钮⊕，将竖直直线向两侧偏移15mm，结果如图 4-18d 所示。

05 修剪直线。单击"默认"选项卡"修改"面板中的"修剪"按钮⊁，修剪掉多余的直线，结果如图 4-17 所示。

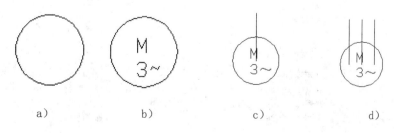

　　a)　　　　　　　b)　　　　　　　c)　　　　　　　d)

图4-18 电动机符号

4.2 尺寸标注

尺寸标注相关命令的菜单方式集中在"标注"菜单中，功能区方式集中在"注释"面板和"标注"面板中，工具栏方式集中在"标注"工具栏中，如图 4-19～图 4-22 所示。

图4-19 "注释"面板

图4-20 "标注"面板

图4-21 "标注"菜单 图4-22 "标注"工具栏

4.2.1　设置尺寸样式

【执行方式】

命令行：DIMSTYLE

菜单：格式→标注样式或标注→标注样式

工具栏：标注→标注样式

功能区：单击"默认"选项卡"注释"面板中的"标注样式"按钮或单击"注释"选项卡"标注"面板上的"标注样式"下拉菜单中的"管理标注样式"按钮或单击"注释"选项卡"标注"面板中"对话框启动器"按钮

【操作步骤】

执行上述命令，系统打开"标注样式管理器"对话框，如图 4-23 所示。利用此对话框可方便直观地定制和浏览尺寸标注样式，包括产生新的标注样式、修改已存在的样式、设置当前尺寸标注样式、样式重命名以及删除一个已有样式等。

图 4-23　"标注样式管理器"对话框

【选项说明】

（1）"置为当前"按钮：点取此按钮，把在"样式"列表框中选中的样式设置为当前样式。

（2）"新建"按钮：定义一个新的尺寸标注样式。单击此按钮，AutoCAD 打开"创建新标注样式"对话框，如图 4-24 所示，利用此对话框可创建一个新的尺寸标注样式，单击"继续"按钮，系统打开"新建标注样式"对话框，如图 4-25 所示，利用此对话框可对新样式的各项特性进行设置，该对话框中各部分的含义和功能将在后面介绍。

（3）"修改"按钮：修改一个已存在的尺寸标注样式。单击此按钮，AutoCAD 弹出"修改标注样式"对话框，该对话框中的各选项与"新建标注样式"对话框中完全相同，可以对已有标注样式进行修改。

（4）"替代"按钮：设置临时覆盖尺寸标注样式。单击此按钮，AutoCAD 打开"替代当前样式"对话框,该对话框中各选项与"新建标注样式"对话框完全相同,用户可改变选项的设置并覆盖原来的设置,但这种修改只对指定的尺寸标注起作用,而不影响当前尺寸变量的设置。

图4-24 "创建新标注样式"对话框   图4-25 "新建标注样式"对话框

(5)"比较"按钮:比较两个尺寸标注样式在参数上的区别或浏览一个尺寸标注样式的参数设置。单击此按钮,AutoCAD 打开"比较标注样式"对话框,如图 4-26 所示。可以把比较结果复制到剪切板上,然后再粘贴到其他的 Windows 应用软件上。

图4-26 "比较标注样式"对话框

在"新建标注样式"对话框中,有 7 个选项卡,分别说明如下:

(1)线:该选项卡对尺寸的尺寸线和尺寸界线的各个参数进行设置。包括尺寸线的颜色、线型、线宽、超出标记、基线间距和隐藏等参数以及尺寸界线的颜色、线宽、超出尺寸线、起点偏移量和隐藏等参数,如图 4-27 所示。

(2)箭头和符号:该选项卡对箭头、圆心标记、弧长符号和半径标注折弯的各个参数进行设置,包括箭头的大小、引线、形状等参数,圆心标记的类型大小等参数、弧长符号位置、半径折弯标注的折弯角度、线性折弯标注的折弯高度因子以及折断标注的折断大小等参数。

(3)文字:该选项卡对文字的外观、位置、对齐方式等各个参数进行设置,如图 4-28 所示。包括文字外观的文字样式、文字颜色、填充颜色、文字高度、分数高度比例、是否绘制文字边框等参数，文字位置的垂直、水平和从尺寸线偏移量等参数。对齐方式有水平、与尺寸线对齐、ISO 标准等 3 种方式。图 4-29 所示为尺寸在垂直方向放置的 4 种不同情形，图 4-30 所示为尺寸在水平方向的放置的 5 种不同情形。

图4-27　"符号和箭头"选项卡

图4-28　"文字"选项卡

（4）调整：该选项卡对调整选项、文字位置、标注特征比例和优化等各个参数进行设置，如图 4-31 所示。包括调整选项选择，文字不在默认位置时的放置位置，标注特征比例选择以及调整尺寸要素位置等参数。图 4-32 所示为文字不在默认位置时的放置位置的 3 种不同情形。

置中　　　上方　　　外部　　　JIS

图4-29　尺寸文本在垂直方向的放置

置中　　第一条尺寸界线　第二条尺寸界线　第一条尺寸界线上方　第二条尺寸界线上方

图4-30　尺寸文本在水平方向的放置

图4-31　"调整"选项卡

图4-32　尺寸文本的位置

（5）主单位：该选项卡用来设置尺寸标注的主单位和精度，以及给尺寸文本添加固定的前缀或后缀。本选项卡含两个选项组，分别对长度型标注和角度型标注进行设置，如图 4-33 所示。

（6）换算单位：该选项卡用于对换算单位进行设置，如图 4-34 所示。

（7）公差：该选项卡用于对尺寸公差进行设置，如图 4-35 所示。其中"方式"下拉列表框列出了 AutoCAD 提供的 5 种标注公差的形式，用户可从中选择。这 5 种形式分别是

"无""对称""极限偏差""极限尺寸"和"基本尺寸",其中"无"表示不标注公差,即我们上面的通常标注情形。其余 4 种标注情况如图 4-36 所示。在"精度""上偏差""下偏差""高度比例""垂直位置"等文本框中输入或选择相应的参数值。

图4-33　"主单位"选项卡

图4-34　"换算单位"选项卡

注意

系统自动在上偏差数值前加一"+"号,在下偏差数值前加一"-"号。如果上偏差是负值或下偏差是正值,都需要在输入的偏差值前加负号。如下偏差是+0.005,则需要在"下

偏差"微调框中输入-0.005。

图4-35 "公差"选项卡

对称　　　　极限偏差　　　极限尺寸　　　基本尺寸

图4-36 公差标注的形式

4.2.2 尺寸标注

1. 线性标注

【执行方式】

命令行：DIMLINEAR

菜单：标注→线性

工具栏：标注→线性 ⊢

功能区：单击"默认"选项卡"注释"面板中的"线性"按钮 ⊢（见图 4-37）或单击"注释"选项卡"标注"面板中的"线性"按钮 ⊢（见图 4-38）

【操作步骤】

命令：DIMLINEAR↙

指定第一个尺寸界线原点或<选择对象>：

图4-37　"注释"面板　　　　　　　　　　图4-38　"标注"面板1

在此提示下有两种选择，直接按Enter键选择要标注的对象或确定尺寸界线的起始点，按Enter键并选择要标注的对象或指定两条尺寸界线的起始点后，系统继续提示：

指定尺寸线位置或[多行文字(M)/文字(T)/角度(A)/水平(H)/垂直(V)/旋转(R)]：

【选项说明】

（1）指定尺寸线位置：确定尺寸线的位置。用户可移动鼠标选择合适的尺寸线位置，然后按Enter键或单击，AutoCAD则自动测量所标注线段的长度并标注出相应的尺寸。

（2）多行文字(M)：用多行文本编辑器确定尺寸文本。

（3）文字(T)：在命令行提示下输入或编辑尺寸文本。选择此选项后，AutoCAD提示：

输入标注文字 <默认值>：

其中的默认值是AutoCAD自动测量得到的被标注线段的长度，直接按Enter键即可采用此长度值，也可输入其他数值代替默认值。当尺寸文本中包含默认值时，可使用尖括号"< >"表示默认值。

（4）角度(A)：确定尺寸文本的倾斜角度。

（5）水平(H)：水平标注尺寸，不论标注什么方向的线段，尺寸线均水平放置。

（6）垂直(V)：垂直标注尺寸，不论被标注线段沿什么方向，尺寸线总保持垂直。

（7）旋转(R)：输入尺寸线旋转的角度值，旋转标注尺寸。

对齐标注的尺寸线与所标注的轮廓线平行；坐标尺寸标注点的纵坐标或横坐标；角度标注标注两个对象之间的角度；直径或半径标注标注圆或圆弧的直径或半径；圆心标记则标注圆或圆弧的中心或中心线，具体由"新建（修改）标注样式"对话框"尺寸与箭头"选项卡"圆心标记"选项组决定。上面所述这几种尺寸标注与线性标注类似，不再赘述。

2．基线标注

基线标注用于产生一系列基于同一条尺寸界线的尺寸标注，适用于长度尺寸标注、角度标注和坐标标注等。在使用基线标注方式之前，应该先标注出一个相关的尺寸，如图4-39a所示。基线标注两平行尺寸线间距由"新建（修改）标注样式"对话框"尺寸与箭头"选项卡"尺寸线"选项组中"基线间距"文本框中的值决定。

【执行方式】

命令行：DIMBASELINE

菜单：标注→基线

工具栏：标注→基线标注

功能区：单击"注释"选项卡"标注"面板中的"基线"按钮

【操作步骤】

命令：DIMBASELINE✓

指定第二条尺寸界线原点或 [放弃(U)/选择(S)] <选择>：

直接确定另一个尺寸的第二条尺寸界线的起点，AutoCAD 以上次标注的尺寸为基准标注，标注出相应尺寸。

直接按 Enter 键，系统提示：

选择基准标注：(选取作为基准的尺寸标注)

连续标注又叫尺寸链标注，用于产生一系列连续的尺寸标注，后一个尺寸标注均把前一个标注的第二尺寸界线作为它的第一条尺寸界线。与基线标注一样，在使用连续标注方式之前，应该先标注出一个相关的尺寸。其标注过程与基线标注类似，如图 4-39b 所示。

a）基线标注   b）连续标注

图4-39　线性标注

3. 引线标注

【执行方式】

命令行：QLEADER

【操作步骤】

命令：QLEADER✓

指定第一个引线点或 [设置(S)] <设置>：

指定下一点：（输入指引线的第二点）

指定下一点：（输入指引线的第三点）

…

指定文字宽度 <0.0000>：（输入多行文本的宽度）

输入注释文字的第一行 <多行文字(M)>：（输入单行文本或按 Enter 键打开多行文字编辑器输入多行文本）

输入注释文字的下一行：（输入另一行文本）

输入注释文字的下一行：（输入另一行文本或按 Enter 键）

也可以在上面操作过程中选择"设置（S）"项打开"引线设置"对话框进行相关参数设置。另外，还有一个名为 LEADER 的命令行命令也可以进行引线标注。

4.2.3 实例——耐张铁帽三视图尺寸标注

本实例对如图 4-40 所示的耐张铁帽图进行尺寸标注。在本实例中，将用到尺寸样式设置、线性尺寸标注、连续尺寸标注、半径尺寸标注、直径尺寸标注以及文字标注等知识。

为方便操作，将用到的实例保存到源文件中，打开随书光盘中"源文件\第 3 章\耐张铁帽三视图"，进行以下操作。

| 实讲实训 |
| 多媒体演示 |

多媒体演示参见配套光盘中的\\动画演示\第4章\耐张铁帽三视图尺寸标注.avi。

图4-40 耐张铁帽三视图

01 标注样式设置。

❶单击"默认"选项卡"注释"面板中的"标注样式"按钮，弹出"标注样式管理器"对话框，如图 4-41 所示，单击"新建"按钮，弹出"创建新标注样式"对话框，如图 4-42 所示，在下拉列表中选择"直径"标注。

❷单击"继续"按钮，打开"新建标注样式"对话框。其中有 7 个选项卡，可对新建的"直径标注样式"的风格进行设置。"线"选项卡设置如图 4-43 所示，"基线间距"设置为 4.75，"超出尺寸线"设置为 1.25。

❸"符号和箭头"选项卡设置如图 4-44 所示，"箭头大小"设置为 2，"折弯角度"设置为 90°。

图4-41 "标注样式管理器"对话框   图4-42 "创建新标注样式"对话框

图4-43 "线"选项卡设置

图4-44 "符号和箭头"选项卡设置

❹ "文字"选项卡设置如图 4-45 所示，"文字高度"设置为 2，"从尺寸线偏移"设置为 0.625，"文字对齐"采用"水平"。

❺ "主单位"选项卡设置如图 4-46 所示，"舍入"设置为 0.0，小数分隔符为"句点"。

❻ "调整"和"换算单位"选项卡不进行设置，后面用到的时候再进行设置。设置完毕后，回到"标注样式管理器"对话框，单击"置为当前"按钮，将新建的标注样式设置为当前使用的标注样式。

图4-45 "文字"选项卡设置

图4-46 "主单位"选项卡设置

02 标注直径尺寸。

❶单击"默认"选项卡"注释"面板中的"直径"按钮◯，标注如图 4-47 所示的直径。命令行操作如下：

> 命令: _dimdiameter
>
> 选择圆弧或圆:（选择小圆）
>
> 标注文字 = 17.5
>
> 指定尺寸线位置或 [多行文字(M)/文字(T)/角度(A)]:（适当指定一个位置）

❷双击欲修改的直径标注文字，系统弹出文字格式编辑器，在已有的文字前面输入"4-"，标注结果如图 4-48 所示。

图4-47　标注直径　　　　　　　　　　图4-48　修改标注

03 重新设置标注样式。使用相同方法，重新设置用于标注半径的标注样式，具体参数和直径标注相同。

04 标注半径尺寸。单击"默认"选项卡"注释"面板中的"半径"按钮◯，标注如图 4-49 所示的半径。命令行操作如下：

> 命令: _dimradius
>
> 选择圆弧或圆:（选择俯视图圆弧）
>
> 标注文字 = 96
>
> 指定尺寸线位置或 [多行文字(M)/文字(T)/角度(A)]: （适当指定一个位置）

图4-49　标注半径

05 重新设置标注样式。使用相同方法，重新设置用于线性标注的标注样式，"文字"选项卡的"文字对齐"选择"与尺寸线对齐"，其他参数和直径标注相同。

06 标注线性尺寸。单击"默认"选项卡"注释"面板中的"线性"按钮┌┐，标注如图 4-50 所示的线性尺寸。命令行操作如下：

> 命令: _dimlinear
>
> 指定第一个尺寸界线原点或 <选择对象>:（捕捉适当位置点）
>
> 指定第二条尺寸界线原点: （捕捉适当位置点）

创建了无关联的标注。

指定尺寸线位置或[多行文字(M)/文字(T)/角度(A)/水平(H)/垂直(V)/旋转(R)]: t↙

输入标注文字 <21.5>: %%C21.5↙

指定尺寸线位置或[多行文字(M)/文字(T)/角度(A)/水平(H)/垂直(V)/旋转(R)]:（指定适当位置）

使用相同方法，标注其他线性尺寸。

图4-50　标注线性尺寸

07 重新设置标注样式。使用相同方法，重新设置用于连续标注的标注样式，参数设置和线性标注相同。

08 标注连续尺寸。单击"注释"选项卡"标注"面板中的"连续"按钮，标注连续尺寸。命令行操作如下：

命令: _dimcontinue

选择连续标注:（选择尺寸为 150 的标注）

指定第二条尺寸界线原点或 [放弃(U)/选择(S)] <选择>:（捕捉合适的位置点）

标注文字 = 85

指定第二条尺寸界线原点或 [放弃(U)/选择(S)] <选择>:↙

使用相同方法，绘制另一个连续标注尺寸 40。结果如图 4-51 所示。

图4-51　标注连续尺寸

09 添加文字。

❶创建文字样式。单击"默认"选项卡"注释"面板中的"文字样式"按钮 ，弹出"文字样式"对话框，创建一个样式名为"防雷平面图"的文字样式。"字体名"为"仿宋_GB2312"，"字体样式"为"常规"，"高度"为 15，宽度因子为 1，如图 4-52 所示。

❷添加注释文字。单击"默认"选项卡"注释"面板中的"多行文字"按钮 A，一次输入几行文字，然后调整其位置，以对齐文字。调整位置的时候，结合使用正交命令。

❸使用文字编辑命令修改文字来得到需要的文字。

添加注释文字后，利用"直线"命令绘制几条指引线，即完成了整张图样的绘制。

图4-52 "文字样式"对话框

4.3 表格

4.3.1 设置表格样式

【执行方式】

命令行：TABLESTYLE

菜单：格式→表格样式

工具栏：样式→表格样式管理器

功能区：单击"默认"选项卡"注释"面板中的"表格样式"按钮 或单击"注释"选项卡"表格"面板上的"表格样式"下拉菜单中的"管理表格样式"按钮或单击"注释"选项卡"表格"面板中"对话框启动器"按钮

【操作步骤】

执行上述命令，系统打开"表格样式"对话框，如图 4-53 所示。

【选项说明】

1. 新建

　　单击该按钮，系统打开"创建新的表格样式"对话框，如图 4-54 所示。输入新的表格样式名后，单击"继续"按钮，系统打开"新建表格样式"对话框，如图 4-55 所示。从中可以定义新的表样式。分别控制表格中数据、列标题和总标题的有关参数。

图4-53　"表格样式"对话框　　　　　　图4-54　"创建新的表格样式"对话框

图4-55　"新建表格样式"对话框

（1）"常规"选项卡：

1）"特性"选项组：

● 填充颜色：指定填充颜色。

● 对齐：为单元内容指定一种对齐方式。

● 格式：设置表格中各行的数据类型和格式。

● 类型：将单元样式指定为标签或数据，在包含起始表格的表格样式中插入默认文字时使用，也用于在工具选项板上创建表格工具的情况。

2）"页边距"选项组：

● 水平：设置单元中的文字或块与左右单元边界之间的距离。

● 垂直：设置单元中的文字或块与上下单元边界之间的距离。

● 创建行/列时合并单元：将使用当前单元样式创建的所有新行或列合并到一个单

元中。

（2）"文字"选项卡（见图 4-56）

● 文字样式：指定文字样式。

● 文字高度：指定文字高度。

● 文字颜色：指定文字颜色。

● 文字角度：设置文字角度。

（3）"边框"选项卡（见图 4-57）

● 线宽：设置要用于显示边界的线宽。

● 线型：通过单击边框按钮，设置线型以应用于指定边框。

● 颜色：指定颜色以应用于显示的边界。

● 双线：指定选定的边框为双线型。

2. 修改对当前表格样式进行修改，方式与新建表格样式相同。

图4-56　"文字"选项卡

图4-57　"边框"选项卡

4.3.2　创建表格

【执行方式】

命令行：TABLE

菜单：绘图→表格

工具栏：绘图→表格

功能区：单击"默认"选项卡"注释"面板中的"表格"按钮或单击"注释"选项卡"表格"面板中的"表格"按钮

【操作步骤】

执行上述命令，系统打开"插入表格"对话框，如图 4-58 所示。

【选项说明】

（1）"表格样式"选项组：可以在"表格样式"下拉列表框中选择一种表格样式，也可以单击后面的"…"按钮新建或修改表格样式。

（2）"插入方式"选项组：

● "指定插入点"单选按钮：指定表左上角的位置。可以使用定点设备，也可以在命令行输入坐标值。如果表样式将表的方向设置为由下而上读取，则插入点位于表的左下角。

● "指定窗口"单选按钮：指定表的大小和位置。可以使用定点设备，也可以在命令行输入坐标值。选定此选项时，行数、列数、列宽和行高取决于窗口的大小以及列和行的设置。

（3）"列和行设置"选项组：指定列和行的数目以及列宽与行高。

在上面的"插入表格"对话框中进行相应设置后，单击"确定"按钮，系统在指定的插入点或窗口自动插入一个空表格，并显示多行文字编辑器，用户可以逐行逐列输入相应的文字或数据，如图 4-59 所示。

图4-58　"插入表格"对话框

图4-59　多行文字编辑器

4.3.3　编辑表格文字

【执行方式】

命令行：TABLEDIT
定点设备：表格内双击
快捷菜单：编辑单元文字

【操作步骤】

执行上述命令，系统打开"多行文字编辑器"对话框，用户可以对指定表格单元的文字进行编辑。

4.4 综合演练——绘制电气 A3 样板图

在创建前应先设置图幅，之后利用矩形命令绘制图框，再利用表格命令绘制标题栏，最后利用多行文字命令输入文字并调整，如图 4-60 所示。

01 绘制图框。单击"默认"选项卡"绘图"面板中的"矩形"按钮 ⬜，绘制一个矩形，指定矩形两个角点的坐标分别为（25，10）和（410，287），如图 4-61 所示。

实讲实训
多媒体演示

多媒体演示参见配套光盘中的\\动画演示\第4章\绘制电气A3样板图.avi。

图4-60 绘制电气A3样板图

图4-61 绘制矩形

⚠️ 注意

国家标准规定 A3 图纸的幅面大小是 420mm×297mm，这里留出了带装订边的图框到纸面边界的距离。

02 绘制标题栏。标题栏结构如图 4-62 所示，由于分隔线并不整齐，所以可以先绘制一个 28×4（每个单元格的尺寸是 5×8）的标准表格，然后在此基础上编辑合并单元格形成图 4-62 所示形式。

❶ 单击"默认"选项卡"注释"面板中的"表格样式"按钮 📇，打开"表格样式"对话框，如图 4-63 所示。

❷单击"修改"按钮，系统打开"修改表格样式"对话框，在"单元样式"下拉列表框中选择"数据"选项，在下面的"文字"选项卡中将文字高度设置为3，如图4-64所示。再打开"常规"选项卡，将"页边距"选项组中的"水平"和"垂直"都设置成1，如图4-65所示。

图4-62 标题栏示意图

图4-63 "表格样式"对话框

图4-64 "修改表格样式"对话框　　图4-65 设置"常规"选项卡

注意

表格的行高=文字高度+2×垂直页边距，此处设置为 3+2×1=5。

❸系统回到"表格样式"对话框，单击"关闭"按钮退出。

❹单击"默认"选项卡"注释"面板中的"表格"按钮⊞，系统打开"插入表格"对

话框，在"列和行设置"选项组中将"列数"设置为28，将"列宽"设置为5，将"数据行数"设置为2（加上标题行和表头行共4行），将"行高"设置为1行（即为10）；在"设置单元样式"选项组中将"第一行单元样式"与"第二行单元样式"和"所有其他行单元样式"都设置为"数据"，如图4-66所示。

图4-66 "插入表格"对话框

❺在图框线右下角附近指定表格位置，系统生成表格，同时打开多行文字编辑器，如图4-67所示，直接按Enter键，不输入文字，生成的表格如图4-68所示。

图4-67 表格和文字编辑器

图4-68 生成表格

❻单击表格一个单元格，系统显示其编辑夹点，单击鼠标右键，在打开的快捷菜单中选择"特性"命令，如图4-69所示，系统打开"特性"对话框，将单元高度参数改为8，如图4-70所示，这样该单元格所在行的高度就统一改为8。使用同样方法将其他行的高度改为8，如图4-71所示。

❼选择 A1 单元格，按住 Shift 键，同时选择右边的 12 个单元格以及下面的 13 个单元格，单击鼠标右键，打开快捷菜单，选择其中的"合并"→"全部"命令，如图 4-72 所示，这些单元格完成合并，如图 4-73 所示。

图4-69　快捷菜单

图4-70　"特性"对话框

图4-71　修改表格高度

图4-72　快捷菜单

使用同样方法合并其他单元格，结果如图 4-74 所示。

图4-73　合并单元格

图4-74　完成表格绘制

❽在单元格三击鼠标左键，打开文字编辑器，在单元格中输入文字，将文字大小改为4，如图 4-75 所示。

图4-75　输入文字

使用同样方法，输入其他单元格文字，结果如图4-76所示。

		材料		比例	
		数量		共　张第　张	
制图					
审核					

图4-76　完成标题栏文字输入

03 移动标题栏。刚生成的标题栏无法准确确定与图框的相对位置，需要移动。命令行提示和操作如下：

> 命令: move↙
>
> 选择对象: （选择刚绘制的表格）
>
> 选择对象: ↙
>
> 指定基点或 [位移(D)] <位移>: （捕捉表格的右下角点）
>
> 指定第二个点或 <使用第一个点作为位移>:（捕捉图框的右下角点）

这样，就将表格准确放置在图框的右下角，如图4-77所示。

图4-77　移动表格

04 保存样板图。单击"快速访问"工具栏中的"另存为"按钮，打开"图形另存为"对话框，将图形保存为 DWT 格式文件即可，如图4-78所示。

图4-78　"图形另存为"对话框

第 **5** 章

快速绘图工具

为了方便绘图，提高绘图效率，AutoCAD 提供了一些快速绘图工具，包括图块及其属性、设计中心、工具选项板等。这些工具的一个共同特点是可以将分散的图形通过一定的方式组织成一个单元，在绘图时将这些单元插入到图形中，达到提高绘图速度和图形标准化的目的。

学 习 要 点

- 图块及其属性
- 设计中心与工具选项板

5.1 图块及其属性

把一组图形对象组合成图块加以保存，需要的时候可以把图块作为一个整体以任意比例和旋转角度插入到图中任意位置，这样不仅避免了大量的重复工作，提高了绘图速度和工作效率，而且可大大节省了磁盘空间。

5.1.1 图块定义

【执行方式】

命令行：BLOCK

菜单：绘图→块→创建

工具栏：绘图→创建块🔲

功能区：单击"默认"选项卡"块"面板中的"创建"按钮🔲或单击"插入"选项卡"块定义"面板中的"创建块"按钮🔲

【操作步骤】

执行上述命令，系统打开"块定义"对话框，如图 5-1 所示，利用该对话框指定定义对象和基点以及其他参数，可定义图块并命名。

图5-1 "块定义"对话框

5.1.2 图块保存

【执行方式】

命令行：WBLOCK

功能区：单击"插入"选项卡"块定义"面板中的"写块"按钮✍

【操作步骤】

执行上述命令，系统打开"写块"对话框，如图 5-2 所示。利用此对话框可把图形对象保存为图块或把图块转换成图形文件。

图 5-2 "写块"对话框

🚫注意

以"*BLOCK*"命令定义的图块只能插入到当前图形。以"*WBLOCK*"保存的图块则既可以插入到当前图形，也可以插入到其他图形。

📖5.1.3 实例——绘制 PNP 半导体管

绘制如图 5-3 所示 PNP 半导体管。

图5-3 PNP半导体管

实讲实训
多媒体演示

多媒体演示参见配套光盘中的\\动画演示\第5章\绘制 PNP 半导体管.avi。

01 绘制等腰三角形。

❶绘制竖直直线。单击"默认"选项卡"绘图"面板中的"直线"按钮，在"正交"绘图方式下，绘制长度为 6mm 的竖直直线 1，如图 5-4a 所示。

❷绘制水平直线。单击"默认"选项卡"绘图"面板中的"直线"按钮，激活"对象捕捉"功能，用鼠标捕捉直线 1 的下端点，以其为起点，向右绘制长度为 35.4mm 的水平直线 2，如图 5-4b 所示。

❸绘制斜线。单击"默认"选项卡"绘图"面板中的"直线"按钮，用鼠标捕捉直线 1 的上端点和直线 2 的右端点，分别作为直线的起点和终点，绘制直线 3，如图 5-4c 所示。

a)   b)   c)

图5-4　绘制三角形

❹镜像直线。单击"默认"选项卡"修改"面板中的"镜像"按钮⚖，以直线2为镜像线，对直线1和直线3做镜像操作，镜像后的结果如图5-5a所示。

❺删除直线。单击"默认"选项卡"修改"面板中的"删除"按钮✍，将竖直直线删除，结果如图5-5b所示。

a)   b)

图5-5　完成箭头绘制

02 存储为块。

❶在命令行中输入"WBLOCK"命令，打开"写块"对话框，如图5-6所示。

图5-6　"写块"对话框

❷单击"拾取点"按钮，暂时回到绘图屏幕，利用"对象捕捉"功能，用光标捕捉等腰三角形的顶点作为插入点，按Enter键回到"写块"对话框。

❸单击"选择对象"按钮，暂时回到绘图屏幕，用光标框选等腰三角形3条边及填充部分作为填充对象，按Enter键，回到"写块"对话框。

❹选择图块保存的路径，并在后面输入文件名为"箭头"。

❺插入单位，在下拉列表中选择"毫米"。

❻单击"确定"按钮，前面绘制完成并填充的等腰三角形就被保存为"箭头"块，可随时调用。

03 旋转图形。单击"默认"选项卡"绘图"面板中的"多边形"按钮⬠，绘制边长为 8 的三角形，如图 5-7a 所示，单击"默认"选项卡"修改"面板中的"旋转"按钮◎，选择等边三角形为旋转对象，绕其几何中心点旋转-30º，如图 5-7b 所示。

04 绘制水平直线。单击"默认"选项卡"绘图"面板中的"直线"按钮╱，在"对象捕捉"和"正交"绘图方式下，用鼠标捕捉三角形的顶点 A，以其为起点，向左绘制长度为 8mm 的水平直线 4，如图 5-7c 所示。

05 拉长水平直线。单击"默认"选项卡"修改"面板中的"拉长"按钮╱，将直线 4 向右拉长 10mm，拉长后的直线如图 5-8a 所示。

06 修剪直线。单击"默认"选项卡"修改"面板中的"修剪"按钮╱，以直线 5 为剪切边，对直线 4 进行修剪，修剪后的结果如图 5-8b 所示。分解多边形，单击"默认"选项卡"修改"面板中的"分解"按钮▣，将多边形进行分解。

图5-7 绘制三角形

图5-8 添加直线

07 偏移直线。单击"默认"选项卡"修改"面板中的"偏移"按钮▣，将竖直直线 5 向左偏移 6mm，结果如图 5-9a 所示。

08 修剪图形。单击"默认"选项卡"修改"面板中的"修剪"按钮╱和"删除"按钮✐，对图形进行修剪，得到如图 5-9b 所示的结果。

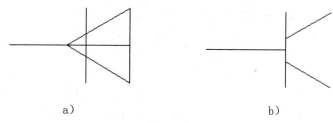

图5-9 完成绘制

09 插入"箭头"块。

❶单击"默认"选项卡"块"面板中的"插入"按钮▣，打开"插入"对话框，如图 5-10 所示（下面将会讲到"插入块"命令的使用）。

❷在"名称"后面的下拉列表选择"箭头"块。

❸路径："插入点"选择"在屏幕上指定"；"缩放比例"选择"统一比例"；在"X"

后面的空白格输入 0.1；"旋转"选择"在屏幕上指定"，"块单位"为"毫米"，"比例"为 1，在"旋转角度"空白格输入旋转角度为 210°。单击"确定"按钮，回到绘图屏幕。

图5-10 "插入"对话框

10 在屏幕上捕捉一直线的下端点为插入点，如图 5-11 所示，插入"箭头"后的结果如图 5-12a 所示。

11 平移箭头。单击"默认"选项卡"修改"面板中的"移动"按钮，将箭头平移到合适的位置，得到如图 5-12b 所示的结果，这就是绘制完成的半导体管的图形符号。

a)　　　　　　　　　　b)

图5-11 旋转箭头　　　　　　　　图5-12 半导体管符号

5.1.4 图块插入

【执行方式】

命令行：INSERT

菜单：插入→块

工具栏：插入→插入块 或 绘图→插入块

功能区：单击"插入"选项卡"块"面板中的"插入"按钮

【操作步骤】

执行上述命令，系统打开"插入"对话框，如图 5-13 所示。利用此对话框设置插入点位置、插入比例以及旋转角度，可以指定要插入的图块及插入位置。

图 5-14～图 5-16 所示为取不同参数插入图块的情形。

5.1.5 实例——绘制隔离开关

绘制如图 5-17 所示隔离开关。

图5-13 "插入"对话框

图5-14 取不同比例系数插入图块的结果

x比例=1，y比例=1　x比例= -1，y比例=1　x比例=1，y比例= -1　x比例= -1，y比例= -1

图5-15 取比例系数为负值插入图块的结果

图5-16 以不同旋转角度插入图块的结果

图5-17 隔离开关

01 单击"默认"选项卡"块"面板中的"插入"按钮 ，系统打开"插入"对话框，如图 5-18a 所示。单击"浏览"按钮，选择"普通开关"图块为插入对象，"插入点"选择在屏幕上指定，其他按照默认值即可，然后单击"确定"按钮。插入的普通开关如图 5-18b 所示。

02 绘制水平直线。单击"默认"选项卡"绘图"面板中的"直线"按钮 ，以端点 1 为起始点向右绘制长度为 3mm 水平的直线，绘制结果如图 5-19a 所示。

实讲实训
多媒体演示

多媒体演示参见配套光盘中的\\动画演示\第5章\绘制隔离开关.avi。

a)   b)

图5-18   "插入"对话框

03 镜像直线。单击"默认"选项卡"修改"面板中的"镜像"按钮，镜像直线
2，命令行中的提示与操作如下：

命令：_mirror↙

选择对象： 找到 1 个 ↙ （选中直线2）

选择对象： ↙ （右键或者按 Enter 键）

指定镜像线的第一点： 指定镜像线的第二点：   （分别选择直线1的两个端点作为轴线）

要删除源对象吗？[是(Y)/否(N)] <N>： ↙（N：不删除原有直线；Y 删除原有直线）

镜像后的结果图如图 5-19b 所示。

04 阵列图形。单击"默认"选项卡"修改"面板中的"矩形阵列"按钮，选择
如图 5-19b 所示的图形为阵列对象，在命令行中设置"行数"为 1，"列数"为 3，"列
间距"为 24，结果如图 5-20a 所示。

05 绘制水平直线。单击"默认"选项卡"绘图"面板中的"直线"按钮，以图
5-20 中的右侧斜线中点为起始点水平向左绘制长度为 48mm 直线，绘制结果如图 5-21 所示。

06 更改图形对象的图层属性。选中上步绘制的水平直线，选择"默认"选项卡"特
性"面板中"线型"下拉列表处的"其他"命令，打开"线型管理器"对话框，选择虚线
线型，单击"确定"按钮，更改线型后的结果如图 5-17 所示。

a)   b)
图5-19   镜像直线   图5-20   阵列结果   图5-21   隔离开关

5.1.6 属性定义

【执行方式】

命令行：ATTDEF

菜单：绘图→块→定义属性

142

功能区：单击"插入"选项卡"块定义"面板中的"定义属性"按钮

【操作步骤】

执行上述命令，系统打开"属性定义"对话框，如图 5-22 所示。

【选项说明】

1．"模式"选项组

（1）"不可见"复选框：选中此复选框则属性为不可见显示方式，即插入图块并输入属性值后，属性值在图中并不显示出来。

（2）"固定"复选框：选中此复选框则属性值为常量，即属性值在属性定义时给定，在插入图块时 AutoCAD 不再提示输入属性值。

（3）"验证"复选框：选中此复选框，当插入图块时 AutoCAD 重新显示属性值让用户验证该值是否正确。

（4）"预设"复选框：选中

图5-22 "属性定义"对话框

此复选框，当插入图块时 AutoCAD 自动把事先设置好的默认值赋予属性，而不再提示输入属性值。

（5）"锁定位置"复选框：选中此复选框，当插入图块时 AutoCAD 锁定块参照中属性的位置。解锁后，属性可以相对于使用夹点编辑的块的其他部分移动，并且可以调整多行属性的大小。

（6）"多行"复选框：指定属性值可以包含多行文字。

2．"属性"选项组

（1）"标记"文本框：输入属性标签。属性标签可由除空格和感叹号以外的所有字符组成。AutoCAD 自动把小写字母改为大写字母。

（2）"提示"文本框：输入属性提示。属性提示是插入图块时 AutoCAD 要求输入属性值的提示。如果不在此文本框内输入文本，则以属性标签作为提示。如果在"模式"选项组选中"固定"复选框，即设置属性为常量，则不需设置属性提示。

（3）"默认"文本框：设置默认的属性值。可把使用次数较多的属性值作为默认值，也可不设默认值。

其他各选项组比较简单，不再赘述。

5.1.7 修改属性定义

【执行方式】

命令行：TEXTEDIT

菜单：修改→对象→文字→编辑

【操作步骤】

命令: DDEDIT✓

选择注释对象或 [放弃(U)]:

在此提示下选择要修改的属性定义，AutoCAD 打开"编辑属性定义"对话框，如图 5-23 所示。可以在该对话框中修改属性定义。

5.1.8 图块属性编辑

【执行方式】

命令行：EATTEDIT

菜单：修改→对象→属性→单个

工具栏：修改 II→编辑属性

功能区：单击"默认"选项卡"块"面板中的"编辑属性"按钮

【操作步骤】

命令: EATTEDIT✓

选择块:

选择块后，系统打开"增强属性编辑器"对话框，如图 5-24 所示。该对话框不仅可以编辑属性值，还可以编辑属性的文字选项和图层、线型、颜色等特性值。

图5-23　"编辑属性定义"对话框　　　图5-24　"增强属性编辑器"对话框

5.2 设计中心与工具选项板

使用 AutoCAD 2018 设计中心可以很容易地组织设计内容，并把它们拖动到当前图形中。工具选项板是"工具选项板"窗口中选项卡形式的区域，提供组织、共享和放置块及填充图案的有效方法。工具选项板还可以包含由第三方开发人员提供的自定义工具。也可以利用设置来组织内容，并将其创建为工具选项板。设计中心与工具选项板的使用大大方便了绘图，加快了绘图的效率。

5.2.1 启动设计中心

【执行方式】

命令行：ADCENTER

菜单：工具→选项板→设计中心

工具栏：标准→设计中心

快捷键：Ctrl+2

功能区：单击"视图"选项卡"选项板"面板中的"设计中心"按钮

【操作步骤】

执行上述命令，系统打开设计中心。第一次启动设计中心时，它默认打开的选项卡为"文件夹"。内容显示区采用大图标显示，左边的资源管理器采用 tree view 显示方式显示系统的树形结构，浏览资源的同时，在内容显示区显示所浏览资源的有关细目或内容，如图 5-25 所示。也可以搜索资源，方法与 Windows 资源管理器类似。

5.2.2 利用设计中心插入图形

设计中心最大的优点是可以将系统文件夹中的 DWG 图形当成图块插入到当前图形中去。

1）从文件夹列表或查找结果列表框选择要插入的对象。

2）单击鼠标右键，从快捷菜单选择插入为块命令，如图 5-26 所示。

图5-25 AutoCAD 2018设计中心的资源管理器和内容显示区

图5-26 右键快捷菜单

3）在弹出的插入块对话框中输入比例和旋转角度等数值。被选择的对象根据指定的参数插入到图形当中。

5.2.3 打开工具选项板

【执行方式】

命令行：TOOLPALETTES

菜单：工具→选项板→工具选项板

工具栏：标准→工具选项板窗口

快捷键：Ctrl+3

功能区：单击"视图"选项卡"选项板"面板中的"工具选项板"按钮

【操作步骤】

执行上述命令，系统自动打开工具选项板窗口，如图 5-27 所示。该工具选项板上有系统预设置的选项卡。可以单击鼠标右键，在系统打开的快捷菜单中选择"新建选项板"命令，如图 5-28 所示。系统新建一个空白选项卡，可以命名该选项卡，如图 5-29 所示。

图5-27　工具选项板　　　　　图5-28　快捷菜单　　　　　图5-29　新建选项卡

5.2.4　将设计中心内容添加到工具选项板

在 Designcenter 文件夹上单击鼠标右键，系统打开快捷菜单，从中选择"创建块的工具选项板"命令，如图 5-30 所示。设计中心中储存的图元就出现在工具选项板中新建的 Designcenter 选项卡上，如图 5-31 所示。这样就可以将设计中心与工具选项板结合起来，建立一个快捷方便的工具选项板。

5.2.5　利用工具选项板绘图

只需要将工具选项板中的图形单元拖动到当前图形，该图形单元就以图块的形式插入到当前图形中。

图5-30 快捷菜单

图5-31 创建工具选项板

5.3 综合实例——手动串联电阻起动控制电路图

本节主要考虑怎样利用设计中心与工具选项板来绘制手动串联电阻起动控制电路图，从中感受设计中心与工具选项板使用的便捷性，结果如图 5-32 所示。

图5-32 手动串联电阻起动控制电路图

实讲实训
多媒体演示

多媒体演示参见配套光盘中的\\动画演示\第5章\绘制手动串联电阻起动控制电路图.avi。

5.3.1 创建电气元件图形

01 利用各种绘图和编辑命令绘制如图 5-33 所示的各个电气元件图形，并按图 5-33 所示代号分别保存到"电气元件"文件夹中。

注意

这里绘制的电气元件只作为DWG图形保存，不必保存成图块。

02 也可利用源文件/第 5 章中绘制好的电气元件图形。

图5-33 电气元件

5.3.2 创建选项板

01 分别单击"视图"选项卡"选项板"面板中的"设计中心"按钮▦和"工具选项板"按钮▤，打开设计中心和工具选项板，如图 5-34 所示。

图5-34 设计中心和工具选项板

02 在设计中心的"文件夹"选项卡下找到刚才绘制的电器元件保存的"电气元件"文件夹，在该文件夹上单击鼠标右键，打开快捷菜单，选择"创建块的工具选项板"命令，如图 5-35 所示。

03 系统自动在工具选项板上创建一个名为"电气元件"的工具选项板，如图 5-36 所示，该选项板上列出了"电气元件"文件夹中各个图形，并将每一个图形自动转换成图块。

图5-35　设计中心操作　　　　　图5-36　"电气元件"工具选项

5.3.3　绘制图形

01 按住鼠标左键，将"电气元件"工具选项板中的"交流电动机"图块拖动到绘图区域，电动机图块就插入到新的图形文件中了，如图 5-37 所示。

02 如果工具选项板中插入的图块不能旋转，对需要旋转的图块，可单独利用"旋转"命令结合"移动"命令进行旋转和移动操作，也可以采用直接从设计中心拖动图块的方法实现。单击"默认"选项卡"块"面板中的"插入"按钮，插入手动串联电阻，如图 5-38 所示。以图 5-38 所示绘制水平引线后需要插入旋转的图块为例，讲述本方法。

❶打开设计中心，找到"电气元件"文件夹，选择该文件夹，设计中心右边的显示框列表显示该文件夹中的各图形文件，如图 5-39 所示。

❷选择其中的 FU1.dwg 文件，按住鼠标左键，拖动到当前绘制图形中，系统提示如下：

命令:_INSERT

输入块名或 [?]:"D:\...\源文件\电气元件\FU.dwg"

单位: 毫米　　转换:　　0.0394

指定插入点或 [基点(B)/比例(S)/X/Y/Z/旋转(R)]: （捕捉图 5-38 中的 1 点）

输入 X 比例因子，指定对角点，或 [角点(C)/XYZ(XYZ)] <1>: 1↙

输入 Y 比例因子或 <使用 X 比例因子>:↙

指定旋转角度 <0>: -90↙（也可以通过拖动鼠标动态控制旋转角度，如图 5-40 所示）

插入结果如图 5-41 所示。

图5-37　插入电动机图块

图5-38　绘制水平引线

图5-39　设计中心

继续利用工具选项板和设计中心插入各图块，利用直线命令将电路图补充完成，最终结果如图 5-42 所示。

03 如果不想保存"电气元件"工具选项板，可以在"电气元件"工具选项板上单击鼠标右键，打开快捷菜单，选择"删除选项板"命令，如图 5-42 所示，系统打开提示框，如图 5-43 所示，选择"确定"按钮，系统自动将"电气元件"工具选项板删除。

删除后的工具选项板如图 5-44 所示。

图5-40 控制旋转角度

图5-41 插入结果

图5-42 快捷菜单

图5-43 提示框

图5-44 删除后的工具选项板

第 **6** 章

电气图制图规则和表示方法

　　AutoCAD 电气设计是计算机辅助设计与电气设计结合的交叉学科。虽然在现代电气设计中，应用 AutoCAD 辅助设计是顺理成章的事，但国内专门对利用 AutoCAD 进行电气设计的方法和技巧进行讲解的书很少。

　　本章将介绍电气工程制图的有关基础知识，包括电气工程图的种类、特点以及电气工程 CAD 制图的相关规则，并对电气图的基本表示方法和连接线的表示方法加以说明。

 学 习 要 点

◎ 电气图 CAD 制图规则

◎ 电气图基本表示方法

◎ 电气图中连接线的表示方法

◎ 电气图形符号的构成和分类

6.1 电气图分类及特点

对于用电设备来说，电气图主要是主电路图和控制电路图；对于供配电设备来说，主要电气图是指一次回路和二次回路的电路图。但要表示清楚一项电气工程或一种电气设备的功能、用途、工作原理、安装和使用方法等，光有这两种图是不够的。电气图的种类很多，下面分别介绍几种常用的电气图。

📖 6.1.1 电气图分类

根据各电气图所表示的电气设备、工程内容及表达形式的不同，电气图通常分为以下几类。

1. 系统图或框图

系统图或框图就是用符号或带注释的框概略表示系统或分系统的基本组成、相互关系及其主要特征的一种简图。例如，电动机的主电路（见图6-1）就表示了它的供电关系，它的供电过程是由电源L1、L2、L3三相→熔断器FU→接触器KM→热继电器热元件FR→电动机。又如，某供电系统图（见图6-2）表示这个变电所把10kV电压通过变压器变换为380V电压，经断路器QF和母线后通过FU-QK$_1$、FU-QK$_2$、FU-QK$_3$分别供给3条支路。系统图或框图常用来表示整个工程或其中某一项目的供电方式和电能输送关系，也可表示某一装置或设备各主要组成部分的关系。

图6-1 电动机供电系统图

图6-2 某变电所供电系统图

2. 电路图

电路图就是按工作顺序将图形符号从上而下、从左到右排列，详细表示电路、设备或成套装置的全部组成和连接关系，而不考虑其实际位置的一种简图。其目的是便于详细理解设备工作原理，分析和计算电路特性及参数，所以这种图又称为电气原理或原理接线图。例如，电磁起动器电路图中（见图6-3），当按下启动按钮SB2时，接触器KM的线圈将得电，它的常开主触点闭合，使电动机得电，起动运行；另一个辅助常开触点闭合，进行自锁。当按下停止按钮SB1或热继电器FR动作时，KM线圈失电，常开主触点断开，电动机停止。可见它表示了电动机的操作控制原理。

3. 接线图

接线图主要用于表示电气装置内部元件之间及其外部其他装置之间的连接关系，它是便于制作、安装及维修人员接线和检查的一种简图或表格。图 6-4 所示为电磁启动器控制电动机的主电路接线图，它清楚地表示了各元件之间的实际位置和连接关系：电源(L1、L2、L3)由 BX-3×6 的导线接至端子排 X 的 1、2、3 号，然后通过熔断器 FU1～FU3 接至交流接触器 KM 的主触点，再经过继电器的发热元件接到端子排的 4、5、6 号，最后用导线接入电动机的 U、V、W 端子。当一个装置比较复杂时，接线图又可分解为以下几种。

图6-3　电磁起动器电路　　　　　　图6-4　电磁起动器接线图

（1）单元接线图：它是表示成套装置或设备中一个结构单元内的各元件之间的连接关系的一种接线图。这里所指"结构单元"是指在各种情况下可独立运行的组件或某种组合体，如电动机、开关柜等。

（2）互连接线图：它是表示成套装置或设备的不同单元之间连接关系的一种接线图。

（3）端子接线图：它是表示成套装置或设备的端子以及接在端子上外部接线(必要时包括内部接线)的一种接线图，如图 6-5 所示。

图6-5　端子接线图

（4）电线电缆配置图：它是表示电线电缆两端位置，必要时还包括电线电缆功能、特性和路径等信息的一种接线图。

4．电气平面图

电气平面图是表示电气工程项目的电气设备、装置和线路的平面布置图，它一般是在建筑平面图的基础上绘制出来的。常见的电气平面图有供电线路平面图、变配电所平面图、电力平面图、照明平面图、弱电系统平面图以及防雷与接地平面图等。图6-6 所示为某车间的动力电气平面图，它表示了各车床的具体平面位置和供电线路。

图6-6　某车间动力电气平面图

5．设备布置图

设备布置图表示各种设备和装置的布置形式、安装方式以及相互之间的尺寸关系，通常由平面图、主面图、断面图、剖面图等组成。这种图按三视图原理绘制，与一般机械图没有大的区别。

6．设备元件和材料表

设备元件和材料表就是把成套装置、设备、装置中各组成部分和相应数据列成表格，来表示各组成部分的名称、型号、规格和数量等，便于读图者阅读，了解各元器件在装置中的作用和功能，从而读懂装置的工作原理。设备元件和材料表是电气图中的重要组成部分，它可置于图中的某一位置，也可单列一页(视元器件材料多少而定)。为了方便书写，通常是从下而上排序。表 6-1 列出了某开关柜上的设备元件表。

7．产品使用说明书上的电气图

生产厂家往往随产品使用说明书附上电气图，供用户了解该产品的组成和工作过程及注意事项，以达到正确使用、维护和检修的目的。

8．其他电气图

上述电气图是常用的主要电气图，但对于较为复杂的成套装置或设备，为了便于制造，有局部的大样图、印制电路板图等；而若为了装置的技术保密，往往只给出装置或系统的功能图、流程图、逻辑图等。所以，电气图种类很多，但这并不意味着所有的电气设备或装置都应具备这些图。根据表达的对象、目的和用途不同，所需图的种类和数量也不一样，对于简单的装置，可把电路图和接线图二合一，对于复杂装置或设备应分解为几个系统，每个系统也有以上各种类型图。总之，电气图作为一种工程语言，在表达清楚的前提下越简单越好。

表6-1 设备元件表

符号	名称	型号	数量
ISA-351D	微机保护装置	=220V	1
KS	自动加热除湿控制器	KS-3-2	1
SA	跳、合闸控制开关	LW-Z-1a, 4, 6a, 20/F8	1
QC	指令开关	LS1-2	1
QF	自动空气开关	GM31-2PR3, 0A	1
FU1-2	熔断器	AM1 16/6A	2
FU3	熔断器	AM1 16/2A	1
1-2DJR	加热器	DJR-76-220V	2
HLT	手车开关状态指示器	MGZ-96-1-220V	1
HLQ	断路器状态指示器	MGZ-96-1-220V	1
HL	信号灯	AD11-25/41-5G-220V	1
M	储能电动机		1

📖6.1.2 电气图特点

电气图与其他工程图有着本质的区别，它表示系统或装置中的电气关系，所以具有其独特的一面，其主要具有以下特点。

1. 清楚

电气图是用图形符号、连线或简化外形来表示系统或设备中各组成部分之间的相互电气关系及其连接关系的一种图。如某一变电所电气图（见图6-7），10kV 电压变换为 0.38kV 低压，分配给 4 条支路，用文字符号表示，并给出了变电所各设备的名称、功能和电流方向及各设备连接关系和相互位置关系，但没有给出具体位置和尺寸。

图6-7 某变电所电气图

2. 简洁

电气图是采用电气元器件或设备的图形符号、文字符号和连线来表示的，没有必要画出电气元器件的外形结构，所以对于系统构成、功能及电气接线等，通常都采用图形符号、文字符号来表示。

3. 独特性

电气图主要是表示成套装置或设备中各元器件之间的电气连接关系，不论是说明电气设备工作原理的电路图、供电关系的电气系统图，还是表明安装位置和接线关系的平面图和连线图等，都表达了各元器件之间的连接关系，如图6-1～图6-4所示。

4. 布局

电气图的布局依据图所表达的内容而定。电路图、系统图是按功能布局，只考虑便于看出元件之间的功能关系，而不考虑元器件的实际位置，要突出设备的工作原理和操作过程，按照元器件动作顺序和功能作用，从上而下，从左到右布局。而对于接线图、平面布置图，则要考虑元器件的实际位置，所以应按位置布局，如图6-4和图6-6所示。

5. 多样性

对系统的元件和连接线描述方法不同，构成了电气图的多样性，如元件可采用集中表示法、半集中表示法、分散表示法，连线可采用多线表示、单线表示和混合表示。同时，对于一个电气系统中各种电气设备和装置之间，从不同角度、不同侧面去考虑，存在不同关系。例如，在图6-1所示的某电动机供电系统图中，就存在着不同关系：

1）电能是通过 FU、KM、FR 送到电动机 M，它们存在能量传递关系，如图6-8所示。

图6-8　能量传递关系

2）从逻辑关系上，只有当 FU、KM、FR 都正常时，M 才能得到电能，所以它们之间存在"与"的关系：M=FU·KM·FR。即只有 FU 正常为"1"、KM 合上为"1"、FR 没有烧断为"1"时，M 才能为"1"，表示可得到电能。其逻辑图如图6-9所示。

3）从保护角度表示，FU 进行短路保护。当电路电流突然增大发生短路时，FU 烧断，使电动机失电。它们就存在信息传递关系："电流"输入 FU，FU 输出"烧断"或"不烧断"，取决于电流的大小，可用图6-10表示。

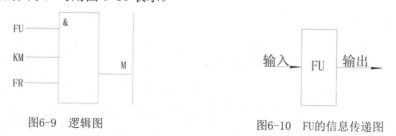

图6-9　逻辑图　　　　　　　　　图6-10　FU的信息传递图

6.2　电气图 CAD 制图规则

电气图是一种特殊的专业技术图，它除必须遵守国家标准局颁布的相关标准外，还要遵守"机械制图""建筑制图"的有关规定，制图和读图人员有必要了解这些规则或标准。由于国家标准局所颁布的标准很多，这里只能简单介绍电气图制图相关的规则和标准。

6.2.1　图纸格式和幅面尺寸

1. 图纸格式

电气图的格式和机械图、建筑图的格式基本相同，通常由边框线、图框线、标题线、会签栏组成，其格式如图6-11所示。

图6-11 电气图图纸格式

图 6-11 所示的标题栏相当于一个设备的铭牌，标示着这张图的名称、图号张次、制图者、审核者等有关人员的签名，其一般格式见表 6-2。标题栏通常放在右下角位置，也可放在其他位置，但必须在本张图纸上，而且标题栏的文字方向与看图方向一致。会签栏是留给相关的水、暖、建筑和工艺等专业设计人员会审图时签名用的。

2. 幅面尺寸

由边框线围成的图画称为图纸的幅面。幅面大小共分 5 类：A0～A4，其尺寸见表 6-3，根据需要可对 A3、A4 号图加长，加长幅面尺寸见表 6-4。

表6-2 标题栏一般格式

××电力勘察设计院			××区域10kV开闭及出线电缆工程		施工图
所长		校核			
主任工程师		设计	10kV配电装备电缆联系及屏顶小母线布置图		
专业组长		CAD制图			
项目负责人		会签			
日期	年 月 日	比例		图号	B812S-D01-14

表6-3 基本幅面尺寸 　　　　　　　　　　　　（单位：mm）

幅面代号	A0	A1	A2	A3	A4
宽×长（B×L）	841×1189	594×841	420×594	297×420	210×297
留装订边边宽（c）	10	10	10	5	5
不留装订边边宽（e）	20	20	10	10	10
装订侧边宽（a）	25				

当表 6-3 和表 6-4 所列幅面系列不能满足需要时可按相应规定选用其他加长幅面的图纸。

表6-4 加长幅面尺寸 　　　　　　　　　　　　（单位：mm）

序号	代号	尺寸
1	A3×3	420×891
2	A3×4	420×1189
3	A4×3	297×630
4	A4×4	297×841
5	A4×5	297×1051

6.2.2 图幅分区

为了确定图上内容的位置及其他用途,应对一些幅面较大、内容复杂的电气图进行分区。图幅分区的方法是将图纸相互垂直的两边各自加以等分,分区数为偶数。每一分区的长度为25～75mm。分区线用细实线,每个分区内竖边方向用大写英文字母编号,横边方向用阿拉伯数字编号,编号顺序应以标题栏相对的左上角开始。

图幅分区后,相当于建立了一个坐标,分区代号用该区域的字母和数字表示,字母在前,数字在后,如B3、C4,也可用行(如A、B)或列(如 1、2)表示。这样,在说明设备工作元件时,就可让读者很方便地找出所指元件。

图 6-12 中将图幅分成 4 行(A～D)和 6 列(1～6)。图幅内所绘制的元件 KM、SB、R 在图上的位置被唯一地确定下来了,其位置代号列于表 6-5 中。

图6-12 图幅分区示例

表6-5 图上元件的位置代号

序号	元件名称	符号	行号	列号	区号
1	继电器线圈	KM	B	4	B4
2	继电器触点	KM	C	2	C2
3	开关（按钮）	SB	B	2	B2
4	电阻器	R	C	4	C4

6.2.3 图线、字体及其他图

1. 图线

图中所用的各种线条称为图线。机械制图规定了 8 种基本图线,即粗实线、细实线、波浪线、双折线、虚线、细点画线、粗点画线和双点画线,并分别用代号 A、B、C、D、F、G、J 和 K 表示,见表 6-6。

表6-6 图线及应用

序号	图线名称	图线型式	代号	图线宽度/mm	一般应用
1	粗实线	▬▬▬▬	A	b=0.5～2	可见轮廓线,可见过渡线
2	细实线	————	B	约b/3	尺寸线和尺寸界线,剖面线,重合剖面轮廓线,螺纹的牙底线及齿轮的齿根线,引出线,分界线及范围线,弯折线,辅助线,不连续的同一表面的连线,成规律分布的相同要素的连线
3	波浪线	～～～	C	约b/3	断裂处的边界线,视图与剖视的分线
4	双折线	─/\/─	D	约b/3	断裂处的边界线

（续）

序号	图线名称	图线型式	代号	图线宽度/mm	一般应用
5	虚线		F	约b/3	不可见轮廓线，不可见过渡线
6	细点画线		G	约b/3	轴线，对称中心线，轨迹线，节圆及节线
7	粗点画线		J	b	有特殊要求的线或表面的表示线
8	双点画线		K	约b/3	相邻辅助零件的轮廓线，极限位置的轮廓线，坯料轮廓线或毛坯图中制成品的轮廓线，假想投影轮廓线，试验或工艺用结构（成品上不存在）的轮廓线，中断线

2. 字体

图中的文字，如汉字，字母和数字，是图的重要组成部分，是读图的重要内容。按《技术制图 字体》（GB/T 14691-1993）的规定，汉字采用长仿宋体，字母、数字可用直体、斜体；字体号数，即字体高度(单位为 mm)，分为 20、14、10、7、5、3.5、2.5 七种，字体的宽度约等于字体高度的 2/3，而数字和字母的笔画宽度约为字体高度的 1/10。因汉字笔画较多，所以不宜用 2.5 号字。

3. 箭头和指引线

电气图中有两种形式的箭头：开口箭头〔见图 6-13a〕表示电气连接上能量或信号的流向，而实心箭头〔见图 6-13b〕表示力、运动、可变性方向。

指引线用于指示注释的对象，其末端指向被注释处，并在某末端加注以下标记（如图 6-14 所示）：，若指在轮廓线内，用一黑点表示，见图 6-14a，若指在轮廓线上，用一箭头表示，见图 6-14b，若指在电气线路上，用一短线表示，见图 6-14c，图中指明导线分别为 $3 \times 10mm^2$ 和 $2 \times 2.5mm^2$。

图6-13　箭头　　　　　　　　　　图6-14　指引线

4. 围框

当需要在图上显示其中的一部分所表示的是功能单元、结构单元或项目组(电器组、继电器装置)时，可以用点画线围框表示。为了图面清楚，围框的形状可以是不规则的，如图 6-15 所示。围框内有两个继电器，每个继电器分别有 3 对触点，用一个围框表示这两个继电器 KM1、KM2 的作用关系会更加清楚，且具有互锁和自锁功能。

当用围框表示一个单元时，若在围框内给出了可在其他图样或文件上查阅更详细资料的标记，则其内的电路等可用简化形式表示或省略。如果在表示一个单元的围框内的图上含有不属于该单元的元件符号，则必须对这些符号加双点画线的围框并加代号或注解。例如，图 6-16 的—A 单元内包含有熔断器 FU、按钮 SB、接触器 KM 和功能单元—B 等，它们在一个框内。而—B 单元在功能上与—A 单元有关，但不装在—A 单元内，所以用双点画线围起来，并且加了注释，表明—B单元在图6-16左侧中给出了详细资料，这里将其内部连接线省略。但应注意，在采用围框表示时，围框线不应与元件符号相交。

图6-15 围框例图　　　　　　　　　　图6-16 含双点画线围框

5. 比例

图上所画图形符号的大小与物体实际大小的比值，称为比例。大部分的电气线路图都是不按比例绘制的，但位置平面图等则按比例绘制或部分按比例绘制，这样在平面图上测出两点距离就可按比例值计算出两者间的实际距离(如线长度、设备间距等)，这对导线的放线、设备机座和控制设备等安装都有利。

电气图采用的比例一般为1:10、1:20、1:50、1:100、1:200、1:500。

6. 尺寸标注

在一些电气图上标注了尺寸。尺寸数据是有关电气工程施工和构件加工的重要依据。

尺寸由尺寸线、尺寸界线、尺寸起点（实心箭头和45°斜短画线）和尺寸数字4个要素组成，如图6-17所示。

图6-17 尺寸标注示例

图纸上的尺寸通常以毫米（mm）为单位，除特殊情况外，图上一般不另标注单位。

7. 建筑物电气平面图专用标志

在电力、电气照明平面布置和线路敷设等建筑电气平面图上，往往画有一些专用的标志，以提示建筑物的位置、方向、风向、标高、高程和结构等。这些标志对电气设备安装、线路敷设有着密切关系，了解了这些标志的含义，对阅读电气图十分有用。

（1）方位：建筑电气平面图一般按"上北下南，左西右东"表示建筑物的方位，但在许多情况下，都是用方位标记表示其朝向。方位标记如图6-18所示，其箭头方向表示正北方向(N)。

（2）风向频率标记：它是根据这一地区多年统计出的各方向刮风次数的平均百分值，并按一定比例绘制而成的，如图6-19所示。它像一朵玫瑰花，故又称风向玫瑰图，其中实线表示全年的风向频率，虚线表示夏季(6～8月)的风向频率。由图6-19可见，该地区常年以西北风为主，夏季以西北风和东南风为主。

（3）标高：分为绝对标高和相对标高。绝对标高又称海拔高度，我国是以青岛市外黄海平面作为零点来确定标高尺寸的。相对标高是选定某一参考面或参考点为零点而确定的高度尺寸，建筑电气平面图均采用相对标高，它一般采用室外某一平面或某层楼平面作为零点而确定标高，这一标高又称安装标高或敷设标高，其符号及标高尺寸示例如图 6-20 所示。其中图 6-20a 用于室内平面图和剖面图上，标注的数字表示高出室内平面某一确定的参考点 2.50m，图 6-20b 用于总平面图上的室外地面，其数字表示高出地面 6.10m。

图6-18　方位标记　　　图6-19　风向频率标记　　　图6-20　安装标高例图

（4）建筑物定位轴线：定位轴线一般都是根据载重墙、柱、梁等主要载重构件的位置所画的轴线。定位轴线编号的方法是：水平方向，从左到右，用数字编号；垂直方向，由下而上用字母（易造成混淆的 I、O、Z 不用）编号，数字和字母分别用点画线引出，如图 6-21 所示。其轴线分别为A、B、C和1、2、3、4、5。

有了这个定位轴线，就可确定图上所画的设备位置，计算出电气管线长度，便于下料和施工。

图6-21　定位轴线标注方法示例

8．注释、详图

（1）注释：用图形符号表达不清楚或不便表达的地方，可在图上加注释。注释可采用两种方式：一是直接放在所要说明的对象附近，二是加标记，将注释放在另外位置或另一页。当图中出现多个注释时，应把这些注释按编号顺序放在图样边框附近。如果是多张图样，一般性注释放在第一张图上，其他注释则放在与其内容相关的图上，注释方法采用文字、图形或表格等形式，其目的就是把对象表达清楚。

（2）详图：实质上是用图形来注释。这相当于机械制图的剖面图，就是把电气装置中某些零部件和连接点等结构、做法及安装工艺要求放大并详细表示出来。详图位置可放在要详细表示对象的图上，也可放在另一张图上，但必须要用一标志将它们联系起来。标注在总图上的标志称为详图索引标志，标注在详图位置上的标志称为详图标志。例如，11号图上 1 号详图在 18 号图上，则在 11 号图上的索引标志为"1/18"，在 18 号图同上的标注为"1/11"，即采用相对标注法。

📖 6.2.4　电气图布局方法

图的布局应从有利于对图的理解出发，做到布局突出图的本意、结构合理、排列均匀、图面清晰和便于读图。

1. 图线布局

电气图的图线一般用于表示导线、信号通路、连接线等，要求用直线，即横竖直，尽可能减少交叉和弯折，图线的布局方法有两种：

（1）水平布局：是将元件和设备按行布置，使其连接线处于水平布置，如图6-22所示。

（2）垂直布局：是将元件和设备按列布置，使其连接线处于竖直布置，如图6-23所示。

图6-22　图线水平布局范例

图6-23　图线垂直布局范例

2. 元件布局

元件在电路中的排列一般是按因果关系和动作顺序从左到右，自上而下布置，看图时也要按这一排列规律来分析。例如，图6-24所示为水平布局，从左向右分析，SB1、FR、KM都处于常闭状态，KT线圈才能得电。经延时后，KT的常开触点闭合，KM得电。不按这一规律来分析，就不易看懂这个电路图的动作过程。

如果元件在接线图或布局图等图中，它是按实际元件位置来布局，这样便于看出各元件间的相对位置和导线走向。例如，图6-25所示为某两个单元的接线图，它表示了两个单元的相对位置和导线走向。

图6-24　元件布局范例　　　　　　　　图6-25　某两个单元按位置布局范例

6.3　电气图基本表示方法

6.3.1　线路表示方法

线路的表示方法通常有多线表示法、单线表示法和混合表示法3种。

1. 多线表示法

在图中，电气设备的每根连接线或导线各用一条图线表示的方法，称为多线表示法。图 6-26 所示为一个具有正、反转的电动机主电路，多线表示法能比较清楚地看出电路工作原理，但图线太多，对于比较复杂的设备，交叉就多，反而有阻碍看懂图。多线表示法一般用于表示各相或各线内容的不对称和要详细表示各相和各线的具体连接方法的场合。

2．单线表示法

在图中，电气设备的两根或两根以上的连接线或导线，只用一根线表示的方法，称为单线表示法，图 6-27 所示为用单线表示的具有正、反转的电动机主电路图。这种表示法主要适用于三相电路或各线基本对称的电路图中。对于不对称的部分在图中注释，例如图 6-27 中热继电器是两相的，图中标注了"2"。

3．混合表示法

在一个图中，一部分采用单线表示法，一部分采用多线表示法，称为混合表示法，如图 6-28 所示。为了表示三相绕组的连接情况，该图用了多线表示法；为了说明两相热继电器，也用了多线表示法；其余的断路器 QF、熔断器 FU、接触器 KM1 都是三相对称，采用单线表示。这种表示法具有单线表示法简洁精练的优点，又有多线表示法描述精确、充分的优点。

图6-26　多线表示法例图　　图6-27　单线表示法例图　图6-28　Y-△切换主电路混合表示

6.3.2　电气元件表示方法

电气元件在电气图中通常采用图形符号来表示，绘出其电气连接，在符号旁标注项目代号（文字符号），必要时还标注有关的技术数据。

一个元件在电气图中完整图形符号的表示方法有：集中表示法和半集中表示法。

1．集中表示法

把设备或成套装置中的一个项目各组成部分的图形符号在简图上绘制在一起的方法，称为集中表示法。在集中表示法中，各组成部分用机械连接线(虚线)互相连接起来，连接线必须是一条直线。可见这种表示法只适用于简单的电路图。图 6-29 所示为两个项目，继电器 KA 有一个线圈和一对触点，接触器 KM 有一个线圈和三对触头，它们分别用机械连接线联系起来，各自构成一体。

2．半集中表示法

把一个项目中某些部分的图形符号在简图中分开布置，并用机械连接符号把它们连接起来，称为半集中表示法。例如，图 6-30 中，KM 具有一个线圈、3 对主触头和一对辅助触头，表达清楚。在半集中表示中，机械连接线可以弯折、分支和交叉。

3. 分开表示法

把一个项目中某些部分的图形符号在简图中分开布置，并使用项目代号（文字符号）表示它们之间关系的方法，称为分开表示法，分开表示法也称为展开法。若图 6-30 采用分开表示法，就成为图 6-31，可见分开表示法只要把半集中表示法中的机械连接线去掉，在同一个项目图形符号上标注同样的项目代号就行了。这样图中的点画线就少，图面更简洁，但是在看图中，要寻找各组成部分比较困难，必须综观全局图。把同一项目的图形符号在图中全部找出，否则在看图时就可能会遗漏。为了看清

图6-29　集中表示法示例

元件、器件和设备各组成部分，便于寻找 其在图中的位置，分开表示法可与半集中表示法结合起来，或者采用插图、表格表示各部分的位置。

4. 项目代号的标注方法

采用集中表示法和半集中表示法绘制元件，其项目代号只在图形符号旁标出并与机械连接线对齐，如图 6-29 和图 6-30 所示的 KM。

采用分开表示法绘制的元件，其项目代号应在项目的每一部分自身符号旁标注，如图 6-31 所示。必要时，对同一项目的同类部件(如各辅助开关、各触点)可加注序号。

标注项目代号时应注意：

1）项目代号的标注位置尽量靠近图形符号。

2）图线水平布局的图，项目代号应标注在符号上方。图线垂直布局的图，项目代号标注在符号的左方。

图6-30　半集中表示法示例

图6-31　分开表示法示例

3）项目代号中的端子代号应标注在端子或端子位置的旁边。

4）对围框的项目代号应标注在其上方或右方。

6.3.3　元器件触头和工作状态表示方法

1. 电器触头位置

电器触头的位置在同一电路中，当它们加电和受力作用后，各触点符号的动作方向应取向一致，对于分开表示法绘制的图，触头位置可以灵活运用，没有严格规定。

2．元器件工作状态的表示方法

在电气图中元器件和设备可动部分通常应表示在非激励或不工作的状态或位置，例如：

1）继电器和接触器在非激励的状态，图中的触头状态是非受电下的状态。

2）断路器、负荷开关和隔离开关在断开位置。

3）带零位的手动控制开关在零位置，不带零位的手动控制开关在图中规定位置。

4）机械操作开关（如行程开关)在非工作的状态或位置（即搁置)时的情况，及机械操作开关在工作位置的对应关系，一般表示在触点符号的附近或另附说明。

5）温度继电器、压力继电器都处于常温和常压(一个大气压)状态。

6）事故、备用、报警等开关或继电器的触点应该表示在设备正常使用的位置，如有特定位置，应在图中另加说明。

7）多重开闭器件的各组成部分必须表示在相互一致位置上。而不管电路的工作状态。

3．元器件技术数据的标志

电路中的元器件的技术数据(如型号、规格、整定值、额定值等)一般标在图形符号的近旁，对于图线水平布局图，尽可能标在图形符号下方；对于图线垂直布局图，则标在项目代号的右方；对于像继电器、仪表、集成块等方框符号或简化外形符号，则可标在方框内，如图 6-32 所示。

图6-32　元器件技术数据的标志

6.4　电气图中连接线的表示方法

6.4.1　连接线一般表示法

在电气线路图中，各元件之间都采用导线连接，起到传输电能、传递信息的作用，所以看图者应了解它的表示方法。

1．导线一般表示法

一般的图线就可表示单根导线。对于多根导线，可以分别画出，也可以只画一根图线，但需加标志。若导线少于 4 根，可用短划线数量代表根数；若多于 4 根，可在短划线旁加数字表示，如图 6-33a 所示。表示导线特征的方法是在横线上面标出电流种类、配电系统、频率和电压等；在横线下面标出电路的导线数乘以每根导线截面积（mm^2)，当导线的截面不同时，可用"+"将其分开，如图 6-33b 所示。要表示导线的型号、截面、安装方法等，可采用短划指引线，加标导线属性和敷设方法，如图 6-33c 所示。图 6-33c 表示导线的型号为 BLV(铝芯塑料绝缘线)；其中 3 根截面积为 25 mm^2，1 根截面积为 16 mm^2；敷设方法为穿入塑料管（VG)，塑料管管径为 40mm，沿地板暗敷。要表示电路相序的变换、极性的反向、导线的交换等，可采用交换号表示，如图 6-33d 所示。

2．图线的粗细

一般而言，电源主电路、一次电路、主信号通路等采用粗线，控制回路，二次回路等采用细线表示。

图6-33　导线的表示方法

3．连接线分组和标记

为了方便看图，对多根平行连接线，应按功能分组。若不能按功能分组，可任意分组，但每组不多于 3 条，组间距应大于线间距。

为了便于看出连接线的功能或去向，可在连接线上方或连接线中断处做信号名标记或其他标记，如图 6-34 所示。

图6-34　连接线标志示例

4．导线连接点的表示

导线的连接点有 T 形连接点和多线的"+"形连接点。对于 T 形连接点可加实心圆点，也可不加实心圆点，如图 6-35a 所示。对于"+"形连接点。必须加实心圆点，如图 6-35b 所示。而交叉不连接的，不能加实心圆点，如图 6-35c 所示。

图6-35　导线连接点表示例图

📖6.4.2　连接线连续表示法和中断表示法

1．连续表示法及其标志

连接线可用多线或单线表示，为了避免线条太多，以保持图面的清晰。对于多条去向相同的连接线，常采用单线表示法，如图 6-36 所示。

当导线汇入用单线表示的一组平行连接线时，在汇入处应折向导线走向，而且每根导线两端应采用相同的标记号，如图 6-37 所示。

连续表示法中导线的两端应采用相同的标记号。

2．中断表示法及其标志

为了简化线路图或使多张图采用相同的连接表示，连接线一般采用中断表示法。

在同张图中断处的两端给出相同的标记号，并给出导线连接线去向的箭号，如图 6-38 中的 G 标记号。对于不同张的图，应在中断处采用相对标记法，即中断处标记名相同，并

标注"图序号/图区位置",如图 6-38 所示。图中断点 L 标记名,在第 20 号图样上标有
"L3/C4",它表示 L 中断处与第 3 号图样的 C 行 4 列处的 L 断点连接;而在第 3 号图样标
有"L20/A4",它表示 L 中断处与第 20 号图样的 A 行 4 列处的 L 断点相连。

a)	b)
图6-36　连接线表示法	图6-37　汇入导线表示法

对于接线图,中断表示法的标注采用相对标注法,即在本元件的出线端标注去连接的
对方元件的端子号。如图 6-39 所示,PJ 元件的 1 号端子与 CT 元件的 2 号端子相连接,而
PJ 元件的 2 号端子与 CT 元件的 1 号端子相连接。

图6-38　中断面表示法及其标志　　　　　图6-39　中断表示法的相对标注

6.5　电气图形符号的构成和分类

按简图形式绘制的电气工程图中,元件、设备、线路及其安装方法等都是借用图形符
号、文字符号和项目代号来表达的。分析电气工程图,首先要明了这些符号的形式、内容、
含义以及它们之间的相互关系。

6.5.1　电气图形符号的构成

电气图形符号包括一般符号、符号要素、限定符号和方框符号。

1. 一般符号

一般符号是用来表示一类产品或此类产品特征的简单符号,如电阻、电容、电感等,
如图 6-40 所示。

2. 符号要素

图6-40　电阻、电容、电感符号

符号要素是一种具有确定意义的简单图形，必须同其他图形组成组合构成一个设备或概念的完成符号。例如，真空二极管是由外壳、阴极、阳极和灯丝 4 个符号要素组成的。符号要素一般不能单独使用，只有按照一定方式组合起来才能构成完整的符号。符号要素的不同组合可以构成不同的符号。

3. 限定符号

一种用以提供附加信息的加在其他符号上的符号，称为限定符号。限定符号一般不代表独立的设备、器件和元件，仅用来说明某些特征、功能和作用等。限定符号一般不单独使用，当一般符号加上不同的限定符号，可得到不同的专用符号。例如，在开关的一般符号上加不同的限定符号可分别得到隔离开关、断路器、接触器、按钮开关、转换开关。

4. 方框符号

用以表示元件、设备等的组合及其功能，既不给出元件、设备的细节，也不考虑所有这些连接的一种简单图形符号。方框符号在系统图和框图中使用最多，读者可在第 5 章中见到详细的设计实例。另外，电路图中的外购件、不可修理件也可用方框符号表示。

6.5.2　电气图形符号的分类

新的《电气简图用图形符号　第 1 部分：一般要求》（GB/T4728.1-2005），采用国际电工委员会（IEC）标准，在国际上具有通用性。GB/T 4728 电气简图用图形符号共分 13 部分。

1. 一般要求

本部分内容按数据库标准介绍，包括数据查询、库结构说明、如何使用库中数据、新数据如何申请入库等。

2. 符号要素、限定符号和其他常用符号

内容包括轮廓和外壳、电流和电压的种类、可变性、力或运动的方向、流动方向、材料的类型、效应或相关性、辐射、信号波形、机械控制、操作件和操作方法、非电量控制、接地、接机壳和等电位、理想电路元件等。

3. 导体和连接件

内容包括电线、屏蔽或绞合导线、同轴电缆、端子与导线连接、插头和插座、电缆终端头等。

4. 基本无源件

内容包括电阻器、电容器、铁氧体磁心、压电晶体、驻极体等。

5. 半导体管和电子管

如二极管、三极管、晶体闸流管、半导体管、电子管等。

6．电能的发生与转换

内容包括绕组、发电机、变压器等。

7．开关、控制和保护器件

内容包括触点、开关、控制装置、启动器、继电器、接触器和保护器件等。

8．测量仪表、灯和信号器件

内容包括指示仪表、记录仪表、热电偶、遥测装置、传感器、灯、电铃、蜂鸣器、喇叭等。

9．电信：交换和外围设备

内容包括交换系统、选择器、电话机、电报和数据处理设备、传真机等。

10．电信：传输

内容包括通信电路、天线、波导管器件、信号发生器、激光器、调制器、解调器、光纤传输线路等。

11．建筑安装平面布置图

内容包括发电站、变电所、网络、音响和电视的分配系统、建筑用设备、露天设备。

12．二进制逻辑件

内容包括计算器、存储器等。

13．模拟件

内容包括放大器、函数器、电子开关等。

第2篇

设计实例篇

本篇主要结合实例讲解利用 AutoCAD2018 进行各种电气设计的操作步骤、方法技巧等，包括机械电气设计、通信工程图设计、电力电气工程图设计、电路图设计、控制电气工程图设计和建筑电气工程图设计。

本篇内容通过实例加深读者对 AutoCAD 功能的理解和掌握，更主要的是向读者传授一种电气设计的系统的思想。

第 **7** 章

机械电气设计

机械电气是电气工程的重要组成部分。随着
相关技术的发展，机械电气的使用日益广泛。本
章主要着眼于机械电气的设计，通过几个具体的
实例由浅到深地讲述了在 AutoCAD 2018 环境下做
机械电气设计的过程。

 学 习 要 点

◎ KE-Jetronic 的电路图

◎ 三相异步电动机控制电气设计

◎ 铣床电气设计

7.1 机械电气简介

机械电气是一类比较特殊的电气，主要指应用在机床上的电气系统，故也可以称为机床电气，包括应用在车床、磨床、钻床、铣床以及镗床上的电气，也包括机床的电气控制系统、伺服驱动系统和计算机控制系统等。

随着数控系统的发展，机床电气也成为电气工程的一个重要组成部分。机床电气系统的组成如下：

1. 电力拖动系统

以电动机为动力驱动控制对象（工作机构）做机械运动。

（1）直流拖动与交流拖动

直流电动机：具有良好的起动、制动性能和调速性能，可以方便地在很宽的范围内平滑调速，尺寸大，价格高，运行可靠性差。

交流电动机：具有单机容量大，转速高，体积小，价钱便宜，工作可靠和维修方便等优点，但调速困难。

（2）单电动机拖动和多电动机拖动

单电动机拖动：每台机床上安装一台电动机，再通过机械传动机构装置将机械能传递到机床的各运动部件。

多电动机拖动：一台机床上安装多台电动机，分别拖动各运动部件。

2. 电气控制系统

对各拖动电动机进行控制，使它们按规定的状态、程序运动，并使机床各运动部件的运动得到合乎要求的静、动态特性。

（1）继电器-接触器控制系统：这种控制系统由按钮开关、行程开关、继电器、接触器等电气元件组成，控制方法简单直接，价格低。

（2）计算机控制系统：由数字计算机控制，高柔性，高精度，高效率，高成本。

（3）可编程控制器控制系统：克服了继电器-接触器控制系统的缺点，又具有计算机的优点，并且编程方便，可靠性高，价格便宜。

7.2 KE-Jetronic 的电路图

☞ 制作思路

图 7-1 所示为 KE-Jetronic 的电路图，其绘制思路为首先设置绘图环境，然后再利用绘图命令绘制主要连接导线和主要电气元件并将它们组合在一起，最后对图形添加文字注释。

>
> **实讲实训**
> **多媒体演示**
>
> 多媒体演示参见配套光盘中的\\动画演示\第7章\KE-Jetronic的电路图.avi。

图7-1　KE-Jetronic的电路图

📖7.2.1　设置绘图环境

01 建立新文件。打开 AutoCAD 2018 应用程序，单击"快速访问"工具栏中的"新建"按钮🗋，以"无样板打开-公制"建立新文件，将新文件命名为"KE-Jetronic. dwg"并保存。

02 设置图层。单击"默认"选项卡"图层"面板中的"图层特性"按钮🔚，设置"连接线层""实体符号层"和"虚线层"3 个图层，各图层的颜色、线型及线宽分别如图 7-2 所示，将"连接线层"图层设置为当前图层。

图7-2　设置图层

📖7.2.2　绘制图样结构图

01 绘制主导线和接线模块。

❶单击"默认"选项卡"绘图"面板中的"直线"按钮✏，绘制长度为 300mm 的直线 1。

❷单击"默认"选项卡"修改"面板中的"偏移"按钮📳，将直线 1 向下偏移 10mm 得到直线 2，再将直线 2 向下偏移 150mm 得到直线 3。

❸单击"默认"选项卡"绘图"面板中的"直线"按钮╱，绘制长度为160mm的直线4，如图7-3所示。

❹单击"默认"选项卡"绘图"面板中的"矩形"按钮▢，在图7-3中适当位置绘制结构图中的主导线和接线模块，长度分别为230mm和40mm，宽度分别为15mm和10mm，结果如图7-4所示。

图7-3　绘制主导线和接线模块

图7-4　添加主要连接导线

02 添加主要连接导线。在上步绘制好的结构图中添加连接导线。由于本图对各导线之间的尺寸关系并不十分严格，只要能大体表达各电气元件之间的位置关系即可，可以根据具体情况调整，只要能大致体现相对关系即可。

📖7.2.3　绘制各主要电气元件

01 绘制 λ 探测器。

❶绘制竖直直线。将实体符号层设为当前图层，单击"默认"选项卡"绘图"面板中的"直线"按钮╱，绘制竖直直线1{(100,30)，(100,57)}，如图7-5a所示。

❷绘制水平直线。单击"默认"选项卡"绘图"面板中的"直线"按钮╱，绘制水平直线2{(100,42)，(105,42)}，如图7-5b所示。

❸偏移直线。单击"默认"选项卡"修改"面板中的"偏移"按钮▣，以直线2为起始，向上依次绘制直线3和直线4，偏移量依次为2mm和2mm，如图7-5c所示。

❹拉长直线。单击"默认"选项卡"修改"面板中的"拉长"按钮╱，将直线3和直线4分别向右拉长1mm和2mm，如图7-5d所示。

图7-5　绘制直线

❺更改图形对象的图层属性。选中直线3，单击"默认"选项卡"图层"面板中的"图层特性"下拉列表框处的"虚线层"，将其图层属性设置为"虚线层"。更改后的结果如图7-6a所示。

❻镜像直线。单击"默认"选项卡"修改"面板中的"镜像"按钮⚐，选择直线2、直线3和直线4为镜像对象，直线1为镜像线，作镜像操作，得到的结果如图7-6b所示。

❼绘制倾斜直线。单击"默认"选项卡"绘图"面板中的"直线"按钮╱，在"对象捕捉"与"极轴"绘图方式下，用光标捕捉O点，以其为起点，绘制一条与水平方向成60º

角，长度为 6mm 的倾斜直线 5，如图 7-6c 所示。

❽拉长直线。单击"默认"选项卡"修改"面板中的"拉长"按钮，将直线 5 向下拉长 6mm，如图 7-6d 所示。

图7-6　添加斜线

❾绘制水平直线。关闭"极轴"功能，打开"正交"绘图方式。单击"默认"选项卡"绘图"面板中的"直线"按钮，用光标捕捉直线 5 的下端点，以其为起点，向左绘制长度为 2mm 的水平直线，如图 7-7a 所示。

❿修剪图形。单击"默认"选项卡"修改"面板中的"修剪"按钮，选择直线 1 为剪切边，对水平直线 2、直线 3 和直线 4 进行修剪，得到如图 7-7b 所示的结果。

⓫添加文字。单击"默认"选项卡"注释"面板中的"多行文字"按钮 A，在图形的左上角和右下角分别添加文字"λ"和"t°"，绘制完成的 λ 探测器的图形符号如图 7-7c 所示。

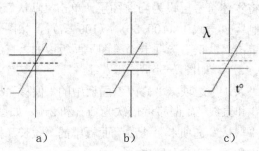

图7-7　完成绘制

（02）绘制双极开关。

❶绘制水平直线。单击"默认"选项卡"绘图"面板中的"直线"按钮，绘制直线 1{(50, 50)，(58, 50)}，如图 7-8a 所示。

❷绘制竖直直线。单击"默认"选项卡"绘图"面板中的"直线"按钮，在"对象追踪"和"正交"绘图方式下，用光标捕捉直线 1 的左端点，以其为起点，向下依次绘制直线 2、直线 3 和直线 4，长度分别为 2 mm、8 mm 和 6mm，如图 7-8b 所示。

❸偏移直线。单击"默认"选项卡"修改"面板中的"偏移"按钮，分别将直线 2、3 和 4 向右偏移 8mm，得到直线 5、直线 6 和直线 7，如图 7-8c 所示。

❹旋转直线。单击"默认"选项卡"修改"面板中的"旋转"按钮，选择直线 3，用光标捕捉 A 点为基点，将直线 3 绕 A 点顺时针旋转 20°。用同样的方法将直线 6 绕 B 点顺时针旋转 20°，如图 7-9a 所示。

❺绘制水平直线。单击"默认"选项卡"绘图"面板中的"直线"按钮，在"对象追踪"和"正交"绘图方式下，用光标捕捉点 A，并以其为起点，绘制一条长度为 10.5mm

的水平直线 8，如图 7-9b 所示。

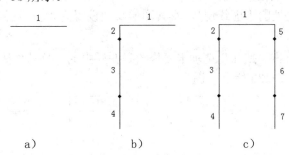

图7-8　绘制直线

❻平移直线。单击"默认"选项卡"修改"面板中的"移动"按钮✛，在"正交"绘图方式下，将直线 8 先向下平移 3mm，再向左平移 1mm，如图 7-10a 所示。

❼更改图形对象的图层属性。选中直线 8，单击"默认"选项卡"图层"面板中的"图层特性"下拉列表框处的"虚线层"，将其图层属性设置为"虚线层"。绘制完成的双极开关的图形符号如图 7-10b 所示。

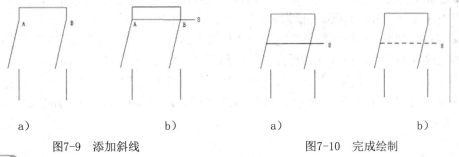

图7-9　添加斜线　　　　　　　　　　图7-10　完成绘制

03 绘制磁阀。

❶绘制矩形。单击"默认"选项卡"绘图"面板中的"矩形"按钮▭，绘制一个长为 12mm、宽为 4mm 的矩形，如图 7-11a 所示。

❷分解矩形。单击"默认"选项卡"修改"面板中的"分解"按钮，将绘制的矩形分解为直线 1、直线 2、直线 3、直线 4。

❸偏移直线。单击"默认"选项卡"修改"面板中的"偏移"按钮，将直线 1 向下偏移 2mm，得到直线 5，将直线 2 向右偏移 6mm，得到直线 6，如图 7-11b 所示。

❹旋转直线。单击"默认"选项卡"修改"面板中的"旋转"按钮，选择 0 为基点，将直线 6 绕 0 点沿顺时针旋转-30º，得到如图 7-12a 所示的图形。

❺修改图形。单击"默认"选项卡"修改"面板中的"拉长"按钮，将直线 6 分别向两端拉长 3mm；单击"默认"选项卡"修改"面板中的"修剪"按钮，以直线 1 和直线 3 为剪切边，对直线 6 进行修剪，得到如图 7-12b 所示图形。

图7-11　绘制矩形　　　　　　　　　　图7-12　添加斜线

❻更改图形对象的图层属性。选中直线5，单击"默认"选项卡"图层"面板中的"图层特性"下拉列表框处的"虚线层"，将其图层属性设置为"虚线层"，单击结束。更改后的结果如图 7-13a 所示。

❼平移直线。单击"默认"选项卡"修改"面板中的"移动"按钮✥，将直线5向右平移 8mm，得到如图 7-13b 所示的图形。

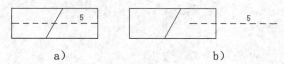

图7-13 添加虚线

❽修剪图形。单击"默认"选项卡"修改"面板中的"修剪"按钮✂，以直线4为剪切边，对直线5进行修剪，得到图 7-14a 所示结果。

❾绘制竖直直线。单击"默认"选项卡"绘图"面板中的"直线"按钮✐，在"对象捕捉"和"正交"绘图方式下，用光标捕捉直线5的右端点，分别向上绘制长度为 6mm 的竖直直线7，向下绘制长度也为 6mm 的竖直直线8，如图 7-14b 所示。

❿绘制等边三角形：单击"默认"选项卡"绘图"面板中的"多边形"按钮⬡，绘制中心点为（70，70），内接圆半径为 2 的一个等边三角形，结果如图 7-15a 所示。

⓫平移三角形。单击"默认"选项卡"修改"面板中的"移动"按钮✥，选择等边三角形的上顶点为基点，点 N 为目标点，将三角形平移到水平虚直线的右端。

⓬镜像三角形。单击"默认"选项卡"修改"面板中的"镜像"按钮◭，选择等边三角形为镜像对象，水平虚直线为镜像线，做镜像操作，绘制完成的磁阀的图形符号如图 7-15b 所示。

图7-14 添加竖直线   图7-15 完成绘制

04 绘制电动机（带燃油泵）。

❶绘制圆。单击"默认"选项卡"绘图"面板中的"圆"按钮⊘，绘制一个圆心坐标为（200，50），半径为 10mm 的圆 0，如图 7-16a 所示。

❷绘制竖直直线。单击"默认"选项卡"绘图"面板中的"直线"按钮✐，在"对象捕捉"和"正交"绘图方式下，用光标捕捉点 0，以其为起点，向上绘制一条长度为 15mm 的竖直直线1，如图 7-16b 所示。

❸拉长直线。单击"默认"选项卡"修改"面板中的"拉长"按钮✐，将直线1向下拉长 15mm，结果如图 7-16c 所示。

❹复制图形。单击"默认"选项卡"修改"面板中的"复制"按钮⊡，将前面绘制的圆 0 与直线 1 复制一份，并向右平移 14mm，如图 7-17a 所示。

❺绘制水平直线。单击"默认"选项卡"绘图"面板中的"直线"按钮✐，在"对象捕捉"绘图方式下，用光标分别捕捉圆心 0 和 P，绘制水平直线3，如图 7-17b 所示。

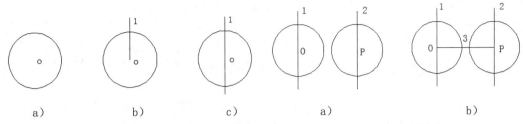

图7-16　绘制圆　　　　　　　　　　　　　图7-17　复制图形

❻偏移直线。单击"默认"选项卡"修改"面板中的"偏移"按钮，以直线 3 为起始，分别向上和向下绘制直线 4 和直线 5，偏移量都为 1.5mm，如图 7-18a 所示。

❼删除直线。单击"默认"选项卡"修改"面板中的"删除"按钮，删除直线 3。或者选中直线 3，按 Delete 键将其删除。

❽修剪图形。单击"默认"选项卡"修改"面板中的"修剪"按钮，以圆弧为剪切边，对直线 1、直线 2、直线 4 和直线 5 进行修剪，得到如图 7-18b 所示的结果。

❾绘制等边三角形。单击"默认"选项卡"绘图"面板中的"多边形"按钮，以直线 2 的下端点为上顶点，绘制一个边长为 7.5mm 的等边三角形，如图 7-19a 所示。

图7-18　修剪图形　　　　　　　　　　　　图7-19　完成绘制

❿填充等边三角形。单击"默认"选项卡"绘图"面板中的"图案填充"按钮，打开"图案填充创建"选项卡，如图 7-20 所示。设置填充图案为"SOLID"图案，将"角度"设置为 0，"比例"设置为 1，其他为默认值。拾取三角形内一点，按 Enter 键，完成三角形的填充，如图 7-19b 所示。

图7-20　"图案填充创建"选项卡

⓫添加文字。单击"默认"选项卡"注释"面板中的"多行文字"按钮 **A**，在圆 0 的中心输入文字"M"，并在文字编辑对话框选择 **U**，使文字带下划线。文字高度为 12，单击"默认"选项卡"绘图"面板中的"直线"按钮，在文字下划线下方绘制水平直线，并

设置线型为虚线"ACAD_ISO02W100"，绘制完成的带燃油泵的电动机的
图形符号如图 7-21 所示。

📖7.2.4 组合图形

各主要电气元件的绘制方法前面已经介绍过，本小节将介绍怎样 图7-21 添加文字
将如此繁多的电气元件插入到已经绘制完成的线路连接图中。

实际上各电气元器件插入到线路图中的方法大同小异，以电动机为例介绍方法。

01 单击"默认"选项卡"修改"面板中的"移动"按钮✥，选择如图 7-21 所示电
动机符号为平移对象，用光标捕捉点 P 为平移基点，移动光标，用光标捕捉如图 7-22 所
示图形中的点 Q 为目标点，将指示灯平移到连接线图中。

02 单击"默认"选项卡"修改"面板中的"移动"按钮✥，将电动机符号沿竖直
方向向上平移 15mm，这样电动机符号就被平移到了合适的位置。

03 单击"默认"选项卡"修改"面板中的"修剪"按钮⊬，以电动机符号左边的
圆为剪切边，对竖直导线做修剪操作，得到的结果如图 7-23 所示。

图7-22 添加电动机符号   图7-23 平移电动机符号

至此，就完成了电动机符号的插入工作。用同样的方法将其他的各电气元件插入到连
接线路图中，结果如图 7-24 所示。

图7-24 连接线路图

📖7.2.5 添加注释

01 创建文字样式。单击"默认"选项卡"注释"面板中的"文字样式"按钮🅰，
打开"文字样式"对话框，如图 7-25 所示，设置"字体名"为"仿宋_GB2312""字体样
式"为"常规"、"高度"为 50、"宽度因子"为 0.7，然后单击"确定"按钮。

02 添加注释文字。单击"默认"选项卡"注释"面板中的"多行文字"按钮🅰，

输入几行文字，然后再调整其位置，以对齐文字。调整位置的时候，结合使用正交命令。

添加注释文字后，即完成整张图的绘制，如图 7-1 所示。

图7-25　"文字样式"对话框

📖7.2.6　小结与引申

通过绘制 KE-Jetronic 的电路图，学习 AutoCAD 2018 的以下操作：掌握"直线 LINE""偏移 OFFSET""修剪 TRIM""旋转 ROTATE""移动 MOVE""复制 COPY""拉长 LENGTHEN""填充 BHATCH""矩形 RECTANG"命令的使用方法。

本小结主要详细讲述了 KE-Jetronic 的电路图的设计过程。首先绘制图样结构图，然后绘制各主要电气元件，再组合图形，最后为线路图添加文字说明便于阅读和交流图样。

7.3　三相异步电动机控制电气设计

👉绘制思路

三相异步电动机是工业环境中最常用的电动驱动器，具有体积小驱动转矩大的特点，因此，设计其控制电路，保证电动机可靠正反转起动，停止和过载保护在工业领域具有重要意义。三相异步电动机直接输入三相工频电，将电能转化为电动机主轴旋转动能。其控制电路主要采用交流接触器，实现异地控制。只要交换三相异步电动机的两相就可以实现电动机的正反转起动。当电动机过载时，相电流会显著增加，熔断器熔丝断开，对电动机实现过载保护。本节分供电简图、供电系统图和控制电路图 3 个逐步深入的步骤完成三相异步电动机控制电路的设计，如图 7-26 所示。

实讲实训
多媒体演示

多媒体演示参见配套光盘中的\\动画演示\第7章\三相异步电动机控制电气设计.avi。

图7-26　三相异步电动机控制电路

📖7.3.1　三相异步电动机供电简图

三相异步电动机供电简图旨在说明电动机的电流走向，示意性的表示的起动和停止，表达电动机的基本功能。供电简图的价值在于它忽略其他复杂的电气元件和电气规则，以十分简单而且直观的方式传递一定的电气工程信息。

01 双击桌面的 AutoCAD 2018 快捷方式，进入 AutoCAD 2018 绘图环境。单击"快速访问"工具栏中的"新建"按钮 □，以"无样板打开-公制"创建一个新的文件，将其另存为"电动机简图.dwg"，并保存。

02 单击"默认"选项卡"块"面板中的"插入"按钮 □，在当前绘图空间依次插入 "三相交流电动机"和"单极开关"块，如图 7-27 所示。在当前绘图窗口上单击图块放置点，结果如图 7-28 所示。调用已有的图块，能够大大节省绘图的工作量，提高绘图效率，专业的电气设计人员都有一个自己的常用图块库。

03 单击"默认"选项卡"修改"面板中的"移动"按钮 ✛，选中单极开关图块，以其端点为基点，调整单极开关的位置，使其在电动机的正上方。单击绘图窗口下面的绘图模式按钮，打开"对象捕捉"和"对象追踪"，按图 7-29 所示，把光标放在电动机图块圆心附近，系统提示捕捉到圆心；向上拉动光标，开关图块拖到圆心的正上方，单击"确认"按钮，得到如图 7-29 所示的结果。

图7-27　块插入后　　　图7-28　捕捉圆心　　　图7-29　平移结果

04 单击"默认"选项卡"绘图"面板中的"圆"按钮 ⊙，以单极开关的端点为圆心，画半径为 2mm 的圆，作为电源端子符号，结果如图 7-30 所示。

05 单击"默认"选项卡"修改"面板中的"分解"按钮 ，分解单极开关和电动机图块，单击"默认"选项卡"修改"面板中的"延伸"按钮 ，以电动机符号的圆为延伸边界，单极开关的一端引线为延伸对象，将单极开关一端引线延伸至圆周，结果如图 7-31 所示。

06 单击"默认"选项卡"绘图"面板中的"直线"按钮 ，单击右键捕捉延伸线中点，画与 x 轴成 60°，长 5mm 的直线段，如图 7-32 所示。

图7-30　画圆　　　　　图7-31　延伸结果　　　　图7-32　画直线段

07 单击"默认"选项卡"修改"面板中的"复制"按钮 ，将直线段分别向上、向下复制 5 个单位，结果如图 7-33 所示，表示交流电动机为三相交流供电。完成以上步骤，就得到了三相异步电动机供电简图。

图7-33　供电简图

7.3.2　三相异步电动机供电系统图

供电系统图比简图更加详细，专业性也更强，不仅停留在说明电动机的电流走向，示意性地表示的起动和停止，还要表达利用热熔断器实现过载保护，机壳接地等信息，更加详细地说明电动机的电气接线。

01 单击"快速访问"工具栏中的"新建"按钮 ，以"无样板打开-公制"创建一个新的文件，将其另存为"电动机供电系统图.dwg"，并保存。

02 单击"默认"选项卡"块"面板中的"插入"按钮 ，在绘图界面插入"三相交流电动机"和"多极开关"块，结果如图 7-34 所示。

03 单击"默认"选项卡"修改"面板中的"移动"按钮 ，调整多极开关与电动机的相对位置，使其在电动机的正上方，打开"对象捕捉"和"对象追踪"，调整后的结果如图 7-35 所示。

04 绘制断流器符号。

❶单击"默认"选项卡"绘图"面板中的"矩形"按钮▢，捕捉多极开关最左边的端点为矩形的一个对角点，采用相对输入法绘制一个长 50mm，宽 20mm 的矩形，如图 7-36 所示。

❷单击"默认"选项卡"修改"面板中的"移动"按钮✛，把❶中绘制的矩形向 x 轴负方向移动 10mm，使得熔断器在多极开关的正下方，结果如图 7-37 所示。

图7-34 块插入　　　图7-35 调整块位置　　　　图7-36 绘矩形　　　　图7-37 移动矩形

❸单击"默认"选项卡"绘图"面板中的"矩形"按钮▢，以❷中绘制的矩形上边为中点，绘制长 10mm，宽 6mm 的矩形，结果如图 7-38 所示。

❹单击"默认"选项卡"修改"面板中的"移动"按钮✛，把新绘制的矩形向 y 轴负方向平移 7mm，结果如图 7-39 所示。

❺单击"默认"选项卡"修改"面板中的"分解"按钮🗗，分解该矩形，选中矩形的右边，按 Delete 键删除左边，结果如图 7-40 所示。

图7-38 绘小矩形　　　图7-39 平移矩形　　　图7-40 分解并删除一边

❻单击"默认"选项卡"绘图"面板中的"直线"按钮╱，绘制相同长度的两小段直线，结果如图 7-41 所示。

05 绘制连接导线。

❶单击"默认"选项卡"修改"面板中的"分解"按钮🗗，依次分解电动机图块和多极开关图块。

❷单击"默认"选项卡"修改"面板中的"延伸"按钮⊸，以电动机符号的圆为延伸

边界，多极开关的一端引线为延伸对象，将多极开关一端引线延伸至与电动机相交，结果如图7-42所示。

❸单击"默认"选项卡"修改"面板中的"修剪"按钮，将图形复制并以大矩形为剪刀线，将延伸获得的导线在矩形内部的部分裁剪掉，结果如图7-43所示。

图7-41 连通断路器　　　图7-42 延伸　　　图7-43 复制裁剪图形

06 绘制机壳接地。

❶单击"默认"选项卡"绘图"面板中的"直线"按钮，绘制如图7-44所示的连续折线段，也可以调用"多段线"命令来绘制这段折线，但是过程要稍微麻烦一些，读者可以自行验证。

❷单击"默认"选项卡"修改"面板中的"镜像"按钮，以竖直直线为对称轴生成另一半地平线符号，如图7-45所示。

❸单击"默认"选项卡"绘图"面板中的"直线"按钮，过❷中绘制地平线右端点绘制与x轴正方向成-135º，长3mm的斜线段，结果如图7-46所示。

图7-44 画折线　　　图7-45 画地平线　　　图7-46 画一条斜线

❹单击"默认"选项卡"修改"面板中的"复制"按钮，把斜线向左复制移动2份，偏移距离为5mm，结果如图7-47所示。

07 绘制输入端子。

❶单击"默认"选项卡"绘图"面板中的"圆"按钮，在多极开关端点处绘制一个半径2mm的圆，作为电源的引入端子。

❷单击"默认"选项卡"修改"面板中的"复制"按钮，复制移动生成另外两个端子，如图7-48所示。选择❶中绘制的圆的圆心为复制基点，另外两根三相导线的端点为

放置点。

08 新建图层，取名为"文字说明"，颜色为蓝色，其他为默认值。

09 将"文字说明"图层置位当前图层，添加文字说明，为各器件和导线添加上标示符号，便于图样的阅读和校核。字体选择"仿宋_GB2312"，字号选择 10 号字。完成以上步骤后，就得到了三相异步电动机供电系统图，结果如图 7-49 所示。

图7-47　复制斜线　　　　图7-48　画接线端子　　　　图7-49　三相异步电动机供电系统图

7.3.3　三相异步电动机控制电路图

上小节得到了电动机供电系统图，没有控制电路，电动机不能实现正反转起动，是不能按人们的控制意图运行的。本节将详细设计三相异步电动机的正反转起动控制电路及自锁电路。

01 设计正向起动控制电路。

❶打开源文件/第 7 章/电动机供电系统图.dwg 文件，设置保存路径，另存为"电动机控制电路图.dwg"。

❷新建一个图层，取图层名为"控制线路"。在一个图层上绘制三相交流异步电动机的控制线路，在另一个图层上绘制控制线路的文字标示，分层绘制电气工程图的组成部分，有利于工程图的管理。

❸在"控制线路"层中绘制正向起动线路。

1）单击"默认"选项卡"绘图"面板中的"直线"按钮，从供电线上引出两条直线，为控制系统供电。两直线的长度分别为 250㎜、70㎜。

2）单击"默认"选项卡"修改"面板中的"移动"按钮，把 FR 向下平移，交流接触器在器件 FR 的上游，为绘制交流接触器主触点留出绘图空间，结果如图 7-50 所示。

3）单击"默认"选项卡"修改"面板中的"修剪"按钮，以器件 FR 的矩形为剪刀线裁掉器件 FR 内部和删除其以上的导线段，结果如图 7-51 所示。

4）单击"默认"选项卡"绘图"面板中的"直线"按钮，绘制如图 7-52 所示的两段连接的直线，为画主触点做准备。

5）单击"默认"选项卡"修改"面板中的"旋转"按钮，把 4）中绘制直线绕其下方端点旋转 30º，如图 7-53 所示，即得到一对常开主触点。

图7-50　FR平移　　　　　　　　　　　　　图7-51　修剪复制结果

图7-52　画两段直线　　　　　　　　　　　图7-53　旋转结果

6）单击"默认"选项卡"修改"面板中的"复制"按钮 ，复制 5）中得到的两条直线两份，结果如图 7-54 所示，至此完成接触器 3 对常开的主触点。

7）单击"默认"选项卡"绘图"面板中的"直线"按钮 ，绘制常闭急停按钮，结果如图 7-55 所示。单击"默认"选项卡"块"面板中的"创建"按钮 ，把常闭急停按钮生成图块，供后面设计调用。

图7-54　复制移动　　　　　　　　　　　图7-55　急停开关

8）单击"默认"选项卡"块"面板中的"插入"按钮 ，插入手动单极开关作为正向起动按钮，调整比例，保证手动开关在本图中比例合适，如图 7-56 所示。

9）绘制熔断器开关。

①单击"默认"选项卡"绘图"面板中的"多段线"按钮 ，绘制如图 7-57 所示的多段线一条。

②单击"默认"选项卡"修改"面板中的"分解"按钮 ，分解绘制的多段线。

③将线型选择为虚线，单击"默认"选项卡"绘图"面板中的"直线"按钮 ，按住 Shift 键单击右键选择捕捉中点。捕捉到斜线的中点，绘制长 9mm 的直线一段如图 7-58 所示。

图7-56　插入手动单极开关

图7-57　多段线　　　　　　　　　　　图7-58　绘制虚线段

④将线型选择为实线，单击"默认"选项卡"绘图"面板中的"多段线"按钮⌐⊃，绘制一段如图7-59所示的折线。

⑤单击"默认"选项卡"修改"面板中的"镜像"按钮⚠，把D中绘制的折线沿C中绘制的虚线镜像复制一份，结果如图7-60所示。

⑥关闭"对象捕捉"模式，开启"正交"模式，选中图7-61所示的直线。

图7-59　折线　　　　　　图7-60　镜像　　　　　图7-61　选中直线

⑦按住其下边的端点，往下拖拽，结果如图7-62所示。在命令行输入（0，-2）指定拉伸点，确认命令后的结果如图7-63所示。

图7-62　拖拽　　　　　　　　　　图7-63　拖拽结果

⑧选中如图7-64所示的斜线，开启对象捕捉模式，按住左边端点，拖拽至如图7-65所示位置。

⑨单击确认后，热熔断器绘制完毕，如图7-66所示。单击"默认"选项卡"块"面板中的"创建"按钮⊡，生成热熔断器符号图块，以便后面调用。

把熔断器开关图块调入当前设计界面，如图 7-67 所示，当主回路电流过大，发热，FR 熔断，常开变为常闭，控制线路失电，主回路失电停止运行。

图7-64　选中斜线　　　　图7-65　拖拽到　　　　图7-66　热熔断器符号

图7-67　熔断器开关

⑩单击"默认"选项卡"绘图"面板中的"矩形"按钮▭，绘制正向起动接触器符号，如图 7-68 所示。

图7-68　正向起动继电器

⑪单击"默认"选项卡"修改"面板中的"复制"按钮，把主触点复制一份，如图 7-69 所示。绘制正向起动辅助触点，作为自锁开关。

图7-69　正向起动自锁继电器开关

02 设计反向起动线路。在"控制线路"层中绘制反向起动线路。绘制方法和过程同正向起动线路。注意：反向起动需交换两相电压，主回路线路应该适当做出修改，只要电动机反转主触点闭合交换了 U、W 相，就可以达到电动机反转，如图 7-70 所示。正反转线路如图 7-71 所示。

03 绘制圆。单击"默认"选项卡"绘图"面板中的"圆"按钮 ，在导线交点处绘制一个圆，并用"solid"填充，单击"默认"选项卡"修改"面板中的"复制"按钮 ，复制移动到每一个导线导通处，结果如图 7-72 所示。

在正向起动控制线路中，接触器辅助触点 FKM 是自锁触点。其作用是，当放开起动按钮 FSB 后，仍可保证线圈 FKM 通电，电动机运行。通常将这种用接触器或者继电器本身的触点来使其线圈保护通电的环节称为自锁环节，在电气设计中经常见到。最后整理图形并标注文字，完成三相异步电动机控制电气设计的绘制，结果如图 7-26 所示。

图7-70　反向供电电路

图7-71　反向起动电路

图7-72　绘制导通点

📖 7.3.4 小结与引申

通过三相异步电动机控制电路图的绘制,学习以下一些 CAD 绘图和编辑命令:使用"直线 LINE、移动 MOVE"命令;使用"剪切 TRIM、旋转 ROTATE"命令;使用"拉长 LENGTHEN、插入块 INSERT"命令;使用"圆 CIRCLE、矩形 RECTANG、延伸 EXTEND"命令;使用"分解 EXPLODE、延伸 EXTEND"命令;使用"多行文字 MTEXT"命令等。

本节详细介绍了电动机控制电气图的设计过程,具体分为 3 个步骤进行:首先设计电动机供电简图,然后设计电动机供电系统图;最后设计电动机控制电路图,由粗糙到精细,由高层次到低层次地完成了整个设计过程。按照上述方法绘制如图 7-73 所示的电路图。

图7-73 某发动机点火装置电路图

7.4 铣床电气设计

👉 绘制思路

铣床可以加工平面、斜面和沟槽等。装上分度头,还可以铣切直齿轮和螺旋面。铣床的运动方式可分为主运动、进给运动和辅助运动。由于铣床的工艺范围广,运动形式也很多,因此其控制系统比较复杂,主要特点有:

1)中小型铣床一般采用三相交流异步电动机拖动。

2)铣床工艺分有顺铣和逆铣之分,故要求主轴电动机可以正反转。

3)铣床主轴装有飞轮,停车时候惯性较大,一般采用制动停车方式。

4)为避免铣刀碰伤工件,要求起动时,先开动主轴电动机,然后才可以开动进给电动机;停车时,最好先停进给电动机,后停主轴电动机。

 实讲实训
多媒体演示

多媒体演示参见配套光盘中的\\动画演示\第7章\铣床电气设计.avi。

X62W 型万能铣床在铣床中具有代表型，下面以图 7-74 所示 X62W 型万能铣床为例讨论铣床电气设计过程。

7.4.1 主回路设计

主回路包括 3 台三相交流异步电动机，主轴电动机 M1，进给电动机 M2，冷却泵电动机 M3。其中 M1 和 M2 要求能够正反向起动，M1 的正反转由手动换向开关实现，M2 的正反转由辅助触点控制线路的接通与断开来实现。只有在 M1 接通时，才有必要打开 M3。M3 的接通由手动开关控制。

01 进入 AutoCAD 2018 绘图环境，单击"快速访问"工具栏中的"新建"按钮，以"A3 title"样板文件为模板，新建文件"X62W 型铣床电气设计.dwg"。

02 在文件中新建"主回路层""控制回路层"和"文字说明层"3 个图层。各层属性设置如图 7-75 所示。

图7-74 X62W型铣床电气原理图

图7-75　图层设置

03 主回路和控制回路由三相交流总电源供电，通断由总开关控制，各相电流设熔断器，防止短路，保证电路安全，如图 7-76 所示。

04 主轴电动机接通与断开由接触器主触点 KM1 控制，防止主轴过载，在各相电流上装有熔断器 FR1，主轴换向由手动换向开关 SA3 控制如图 7-77 所示。

图7-76　总电源　　　　　　图7-77　主轴电动机

05 进给电动机 M2 要求正反转起动，防止过载，如图 7-78 所示。

06 冷却泵电动机在 KM1 的下游，保证主轴电动机接通，才可以手动打开冷却泵，防止过载设有熔断器，如图 7-79 所示。

7.4.2　控制回路设计

01 主轴制动是通过电磁离合器 YC1 吸合，摩擦片压紧，对主轴电动机进行制动。

❶在控制回路图层中，设计整流变压器为电磁摩擦片供电，如图 7-80 所示。

❷设计制动按钮，当 YC1 得电时，摩擦片抱紧，铣床制动；YC2、YC3 分别用于正常进给和快速进给，如图 7-81 所示。

02 设计变压器为控制系统供电，如图 7-82 所示。

03 为控制线路设置急停开关和热继电器触点等安全装置，如图 7-83 所示。

图7-78　进给电动机

图7-79　冷却泵电动机

图7-80　变压器供电

图7-81　制动控制

图7-82　控制系统变压器

图7-83　控制线路安全装置

04 主轴起动控制设计，SB1，SB2，SQ1 接通，KM1 得电并自锁，主轴电动机运转，如图 7-84 所示。

05 快速进给由 SB3、SB4 控制，当某一按钮接通时，KM2 得电，其辅助触点闭合，YC3 得电，如图 7-85 所示。

图7-84 主轴起动

图7-85 快速进给

7.4.3 照明指示回路设计

变压器次级 24V 为照明灯供电，熔断器起到保护作用，手动开关控制亮灭，如图 7-86 所示。

7.4.4 工作台进给控制回路设计

工作台进给控制包括冲动、上下、左右和前后移动控制，设计回路如图 7-87 所示。

图7-86 照明线路   图7-87 绘制工作台进给控制回路

📖7.4.5 添加文字说明

01 在"文字说明层"的各个功能块正上边绘制矩形区域，如图 7-88 所示。

图7-88 矩形区域

02 在相应的区域填写文字，如图 7-89 所示。

主轴电动机	冷却泵电动机	进给电动机	主轴制动	整流器	工作台快速移动	主轴控制	快速进给	工作台进给控制
								冲动、上下左右前后移动

图7-89 文字分块说明

至此，X62W 型铣床电气原理图设计完毕，总图如图 7-90 所示。

📖7.4.6 电路原理说明

01 主轴电动机 M1 的控制。

❶主轴电动机的起动。X62W 型铣床采用两地控制方式,起动按钮 SB1 和停止按钮 SB7-1 为一组；起动按钮 SB2 和停止按钮 SB7-1 为另一组，分别安装在工作台和机床床身上，以便于操作。

起动前，选择好主轴转速，并将 SA3 扳到需要的转向上，然后按 SB1 或者 SB2，KM1 得电，其常开主触点闭合，M1 起动，其常开辅助触点闭合起到自锁作用。

❷主轴电动机的制动。当按下停车按钮 SB5 或 SB6 时，接触器 KM1 断电释放，M1 断电减速，同时按下常开触点 SB7-2 或 SB7-2 接通电磁离合器 YC1，离合器吸合，摩擦片抱紧，对主轴电动机进行制动。

02 冷却泵电动机的控制。由主回路可以看出，只有主轴电动机起动后，冷却泵电动机 M3 才能起动。再按下 QS2 冷却泵电动机才可以起动。

03 照明电路。变压器 TC3 将 380V 交流变为 24V 安全电压供给照明，转换开关 SA4 控制其亮灭。

04 摇臂升降控制。摇臂升降控制时在零压继电器 FV 得电并自锁的前提下进行的，用来调整工件与钻头的相对高度。这些动作是通过十字开关 SA，接触器 KM2、KM3、位置开关 SQ1、SQ2 控制电动机 M3 来实现的。SQ1 是能够自动复位的鼓形转换开关，其两对触点都调整在常闭状态。SQ2 是不能自动复位的鼓形转换开关，它的两对触点常开，由机械装置来带动其通断。

图7-90　X62W型铣床电气原理图

为了使摇臂上升或下降时不致超过允许的极限位置，在摇臂上升和下降的控制电路中，分别串入位置开关 SQ1-1、SQ1-2 的常闭触点。当摇臂上升或下降到极限位置时，挡块将相应的位置开关压下，使电动机停转，从而避免事故发生。

05 立柱夹紧与松开的控制。立柱的夹紧与放松是通过接触器 KM4 和 KM5 控制电动机 M4 的正反来实现的。当需要摇臂和外立柱绕内立柱移动时，应先按下按钮 SB1，使接触器 KM4 得电吸合，电动机 M4 正转，通过齿式离合器驱动齿轮式液压泵送出高压油，经一定油路系统和传动机构将内外立柱松开。

7.4.7 小结与引申

通过铣床电气设计的绘制，学习了 CAD 绘图和编辑命令，并掌握怎么绘制电气原理图。

本节详细介绍了铣床电气原理图的设计过程，具体分为以下几个步骤进行：首先设计主回路；然后设计控制回路；再设置照明指示回路，最后设计工作台进给控制回路。按照上述方法绘制如图 7-91 所示的电路图。

图7-91　Z35型摇臂钻床电气原理图

第 **8** 章

通信工程图设计

通信工程图是一类比较特殊的电气图，和传统的电气图不同，通信工程图是最近发展起来的一类电气图，主要应用于通信领域。本章将介绍通信系统的相关基础知识，并通过几个通信工程的实例来学习绘制通信工程图的一般方法。

学 习 要 点

- 综合布线系统图
- 通信光缆施工图

8.1　通信工程图简介

通信就是信息的传递与交流。通信系统是传递信息所需要的一切技术设备和传输媒介，通信系统的原理如图 8-1 所示。通信工程主要分为移动通信和固定通信，但无论是移动通信还是固定通信，它们在通信原理上都是相同的。通信的核心是交换机，在通信过程中，数据通过传输设备传输到交换机上，在交换机上进行交换，选择目的地．这就是通信的基本过程。

通信系统工作流程如图 8-2 所示。

图8-1　通信原理

图8-2　通信系统工作流程

8.2　综合布线系统图

绘制思路

综合布线图指的是为楼宇进行网络和电话布线。图 8-3 所示为一个大楼的综合布线图，图 8-3 的绘制过程为：第一绘制电话配线间本楼主配线架，第二绘制内外网机房，第三绘制其中一层的配线结构图然后复制出其他层的配线结构图，最后调整个部分之间的相互位置，并用直线将它们连接起来，本图绘制完成。

8.2.1　设置绘图环境

01 建立新文件。打开 AutoCAD 2018 应用程序，单击"快速访问"工具栏中的"新建"按钮，以"无样板打开-公制"建立新文件，将新文件命名为"综合布线系统图.dwg"并保存。

02 设置图层。单击"默认"选项卡"图层"面板中的"图层特性"按钮，新建两个图层，分别为"母线层"和"电气线层"，将"电气线层"图层设置为当前图层。设置好的各图层的属性如图 8-4 所示。

实讲实训
多媒体演示

多媒体演示参见配套光盘中的\\动画演示\第8章\综合布线系统图.avi。

图8-3　综合布线图

图8-4　图层设置

8.2.2　绘制图形符号

01 绘制电话配线间主配线架。

❶单击"默认"选项卡"绘图"面板中的"矩形"按钮▭，绘制3个矩形，大矩形的尺寸为500mm×500mm，小矩形的尺寸为200mm×100mm，绘制结果如图8-5a所示。

❷单击"默认"选项卡"绘图"面板中的"直线"按钮╱，绘制两条交叉直线，结果如图8-5b所示。单击"默认"选项卡"注释"面板中的"多行文字"按钮**A**，在矩形内添加字体"电话配线间主配线架"，字体的高度为40mm，添加字体"6×100，21×100"，字体高度为30mm，绘制结果如图8-5b所示。

02 绘制内外网机房。内外网机房的绘制与电话配线间主配线架的绘制方法类似，单击"默认"选项卡"绘图"面板中的"矩形"按钮▭，先绘制两个矩形，大矩形的尺寸为350mm×400mm，小矩形的尺寸为150mm×200mm，然后单击"默认"选项卡"注释"面板中的"多行文字"按钮 **A**，添加字体"光纤配线架 MDF""9×24 口"和"内外网机房"，大字体的高度为 40mm，小字体的高度为 30mm，结果如图 8-6 所示。

a)   b)

图8-5　电话配线间主配线架图   图8-6　内外网机房图

03 绘制配线结构图。首先要绘制各部件的示意图，然后将它们摆放在适当的位置上，再用直线将它们连接起来。

❶绘制数据信息出线座。单击"默认"选项卡"绘图"面板中的"直线"按钮 ✏，绘制 4 条直线，直线的长度分别为 20mm、40mm、20mm、20mm，单击"默认"选项卡"注释"面板中的"多行文字"按钮 **A**，添加字体"PS"，字体高度为 15mm，结果如图 8-7a 所示。将数据信息出线座绘制为块，选择"工具"中的"块编辑器"，将块的名字定义为"PCG1"，单击"确定"按钮进入块编辑器中，在编辑器中编辑块。绘制完成后，关闭块编辑器。

a)   b)   c)   d)

图8-7　出线座图

❷绘制光纤信息出线座。光纤信息出线座的绘制是在数据信息出线座的基础上进行绘制的，因为数据信息出线座是在块中进行绘制的，所以首先要将块打散，单击"默认"选项卡"修改"面板中的"分解"按钮 ✎，选中块，将块打散，选择菜单栏中的"修改"→"对象"→"文字"→"编辑"命令，将"PS"改为"FD"，结果如图 8-7b 所示。

❸绘制外线电话出线座。外线电话出线座是在光纤信息出线座的基础上绘制的，选择菜单栏中的"修改"→"对象"→"文字"→"编辑"命令，将"FD"改为"TP"，结果如图 8-7c 所示。

❹绘制内线电话出线座。内线电话出线座是在外线电话出线座的基础上进行绘制的，单击"默认"选项卡"修改"面板中的"偏移"按钮 ☞，将水平线向下方偏移 5mm，单击"默认"选项卡"绘图"面板中的"图案填充"按钮 ▨，填充图案选择"ANSI38"，填充后的结果如图 8-7d 所示。

❺绘制预留接口图。单击"默认"选项卡"绘图"面板中的"矩形"按钮 ▭，绘制两个矩形，矩形的尺寸为 500mm×500mm 和 500mm×450mm，结果如图 8-8a 所示。绘制两条垂直线，垂直线长为 400mm，这两条直线到矩形两边的距离为 80mm。单击"默认"选项卡"绘图"面板中的"圆"按钮 ⊙，绘制两个小圆，两个小圆的直径为 10mm，两个小圆的位置

尺寸如图 8-8b 所示。单击"默认"选项卡"修改"面板中的"圆角"按钮，倒圆角，选择圆角的半径为 100mm，倒圆后结果如图 8-8c 所示。

图8-8　预留接口图

❻绘制楼层接线盒。单击"默认"选项卡"绘图"面板中的"矩形"按钮，绘制两个矩形，大矩形尺寸为 200mm×800mm，小矩形尺寸为 220mm×440mm，单击"默认"选项卡"绘图"面板中的"直线"按钮，绘制两条斜线，连接矩形的两个端点，结果如图 8-9a 所示。重复"直线"命令，绘制如图 8-9b 所示的图形 1，图形 1 的外形和位置尺寸如图 8-9b 所示。单击"默认"选项卡"修改"面板中的"复制"按钮，将图形 1 复制两个，两个图形间的距离为 120mm，单击"默认"选项卡"绘图"面板中的"圆"按钮，绘制一个圆，圆的直径和位置尺寸如图 8-9c 所示。

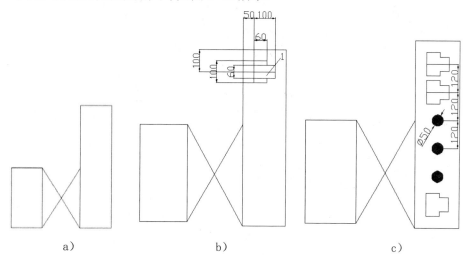

图8-9　楼层接线盒图

❼绘制光电转换器和交换机示意图。单击"默认"选项卡"绘图"面板中的"矩形"按钮，绘制两个矩形，矩形的尺寸为 100mm×200mm 和 100mm×300mm，然后单击"默认"选项卡"注释"面板中的"多行文字"按钮，在矩形内加入字体"LIU"和"SWITCH"，字体高度为 70mm，"LIU"表示光电转换器，"SWITCH"表示交换机，结果如图 8-10 所示。

图8-10　光电转换器和交换机示意图

将"母线层"图层置为当前图层，先将数据信息出线座，外线电话出线座，内线电话出线座，单击"默认"选项卡"修改"面板中的"旋转"按钮○，以中心为基点，旋转180°，单击"默认"选项卡"绘图"面板中的"多段线"按钮⇆，将以上各部分连接起来，连接完成后在图上加上注释，绘制结果如图 8-11 所示。

图8-11　楼层接线图

将以上几部分摆放到适当的位置上，其中因为地下一层没有接线盒，所以将数据信息出线座、外线电话出线座以及内线电话出线座，这 3 部分直接连接到首层的接线盒上，摆放的位置如图 8-12 所示。

单击"默认"选项卡"绘图"面板中的"多段线"按钮⇆，将以上这几部分连接起来，并在图中将接地符号、避雷器和光纤信息出线座等摆放到适当的位置，结果如图 8-3 所示。

图8-12　部件布置图

8.2.3　小结与引申

通过综合布线系统图的绘制，学习一些 AutoCAD 2018 的绘图和编辑命令：掌握"直线 LINE、移动 MOVE""剪切 TRIM、复制 COPY""矩形 RECTANG、多段线 PLINE""圆 CIRCLE、镜像 MIRROR""多行文字 MTEXT""图层"命令的使用方法。

　　本节讲述了综合布线系统图的绘制过程，首先绘制各元器件的图形符号，再连接各个元器件，最后添加文字和注释说明。促进读者对电气原理的理解，加深设计印象。根据上述方法绘制如图 8-13 所示的数字交换机系统结构图。

图8-13　数字交换机系统结构图

8.3　通信光缆施工图

绘制思路

　　以下介绍通信光缆施工图的绘制，如图 8-14 所示，首先还是设计图样布局，确定各主要部件在图中的位置，绘制各种示意图，最后把绘制好的各种示意图插入到布局图的相应位置。

图8-14　通信光缆施工图

> **实讲实训**
> **多媒体演示**
>
> 多媒体演示参见配套光盘中的\\动画演示\第8章\通信光缆施工图.avi。

8.3.1 设置绘图环境

01 建立新文件。打开 AutoCAD 2018 应用程序，单击"快速访问"工具栏中的"新建"按钮 ，以"无样板打开-公制"建立新文件，将新文件命名为"通信光缆施工图.dwg"并保存。

02 设置图层。单击"默认"选项卡"图层"面板中的"图层特性"按钮 ，设置"公路线层"和"部件层"共两个图层，并将"部件层"图层设置为当前图层。设置好的各图层的属性如图 8-15 所示。

图8-15　通信光缆施工图图层设置

8.3.2　绘制部件符号

01 绘制分局示意图。单击"默认"选项卡"绘图"面板中的"矩形"按钮 ，绘制一个矩形，矩形的尺寸为 20mm×60mm，结果如图 8-16a 所示。单击"默认"选项卡"绘图"面板中的"直线"按钮 ，过矩形的 4 个端点绘制两条直线，结果如图 8-16b 所示。单击"默认"选项卡"绘图"面板中的"图案填充"按钮 ，选择"SOLID"填充图案，填充两直线相交的部分，结果如图 8-16c 所示。

02 绘制井盖示意图。单击"默认"选项卡"绘图"面板中的"矩形"按钮 ，绘制一个矩形，矩形的尺寸为 10mm×30mm，单击"默认"选项卡"注释"面板中的"多行文字"按钮 **A**，在矩形内添加字体"小"，字体的高度为 6mm，结果如图 8-17a 所示，然后将它逆时针方向旋转 90°，结果如图 8-17b 所示。

a)　　　　　b)　　　　　c)　　　　　　　a)　　　　　　　b)

图8-16　分局标识图　　　　　　　图8-17　井盖示意图

03 绘制光配架示意图。单击"默认"选项卡"绘图"面板中的"圆"按钮 ，绘制两个圆，圆的直径为 10mm，两个圆之间的距离为 12mm，单击"默认"选项卡"绘图"面板中的"直线"按钮 ╱，绘制两个圆的切线，结果如图 8-18 所示。

04 绘制用户机房示意图。单击"默认"选项卡"绘图"面板中的"矩形"按钮 ▢，先绘制两个矩形，大矩形的尺寸为 100mm×60mm，小矩形的尺寸为 40mm×20mm，单击"默认"选项卡"注释"面板中的"多行文字"按钮 **A**，在矩形内添加字体 "3层机房"和"终端盒"，字体高度分别为 10mm 和 8mm，结果如图 8-19 所示。

05 绘制井内电缆占用位置图。单击"默认"选项卡"绘图"面板中的"矩形"按钮 ▢，绘制一个矩形，矩形的尺寸为 10mm×10mm，单击"默认"选项卡"修改"面板中的"矩形阵列"按钮 ▦，设置行数为 4，列数为 6，行间距为 10mm，列间距为 10mm。单击"绘图"工具栏中的"圆"按钮 ⊙，绘制 3 个直径为 5mm 的圆，3 个圆的位置如图 8-20 所示。

图8-18　井盖示意图

图8-19　用户机房示意图

图8-20　井内电缆占用位置图

8.3.3　绘制主图

先将图层更换至"公路线"图层，绘制公路线，确定各部件的大概位置，公路线的绘制结果如图 8-21 所示，绘制完公路线后，将已经绘制好的部件添加到公路线中适当的位置中，本节绘制完成。

图8-21　公路线图

8.3.4　小结与引申

通过通信光缆施工图的绘制，学习以下一些 AutoCAD 2018 的绘图和编辑命令：掌握"直线 LINE、移动 MOVE""剪切 TRIM、复制 COPY""矩形 RECTANG""圆 CIRCLE""图层""块"命令的使用方法。

本节详细地讲述了通信光缆施工图的绘制过程，其绘制思路如下：先根据需要图形的几条公路线，作为定位线，然后将绘制好的部件填入到图中，并调整它们的位置，最后添加注释文字及标注，完成绘图。根据上述方法绘制如图 8-22 所示的天线馈线系统图。

图8-22   天线馈线系统图

第 **9** 章

电力电气工程图设计

电能的生产，传输和使用是同时进行的。从发电厂出来的电，需要经过升压后才能够输送给远方的用户。输电电压一般很高，用户一般不能直接使用，高压电要经过变电所变压才能分配给电能用户使用。

本章将对变电所防雷平面图、架空线路图进行讲解。

- ◎ 变电所主接线图的绘制
- ◎ 架空线路图
- ◎ 输电工程图
- ◎ 绝缘端子装配图

9.1 电力电气工程图简介

电能的生产、传输和使用是同时进行的。发电厂生产的电能，有一小部分供给本厂和附近用户使用，其余绝大部分要经过升压变电站将电压升高，由高压输电线路送至距离很远的负荷中心，再经过降压变电站将电压降低到用户所需要的电压等级，分配给电能用户使用。由此可知，电能从生产到应用，一般需要 5 个环节来完成，即发电→输电→变电→配电→用电，其中配电又根据电压等级不同分为高压配电和低压配电。

由各种电压等级的电力线路，将各种类型的发电厂、变电站和电力用户联系起来的一个发电、输电、变电、配电和用电的整体，称为电力系统。电力系统由发电厂、变电所、线路和用户组成。变电所和输电线路是联系发电厂和用户的中间环节，起着变换和分配电能作用。

9.1.1 变电工程

系统中的变电所，通常按其在系统中的地位和供电范围，分成以下几类。

1．枢纽变电所

枢纽变电所是电力系统的枢纽点，连接电力系统高压和中压的几个部分，汇集多个电源，电压为 330～500kV 的变电所称为枢纽变电所。全所停电后，将引起系统解列，甚至出现瘫痪。

2．中间变电所

中间变电所起系统交换功率的作用，或使长距离输电线路分段，一般汇集 2～3 个电源，电压为 220～330kV，同时又降压供给当地用电。这样的变电所主要起中间环节的作用，所以叫作中间变电所。全所停电后，将引起区域网络解列。

3．地区变电所

高压侧电压一般为 110～220kV，是对地区用户供电为主的变电所。全所停电后，仅使该地区中断供电。

4．终端变电所

在输电线路的终端，接近负荷点，高压侧电压多为 110kV。经降压后直接向用户供电的变电所即为终端变电所。全所停电后，只是用户受到损失。

9.1.2 变电工程图

为了能够准确清晰地表达电力变电工程各种设计意图，就必须采用变电工程图。简单来说变电工程图也就是对变电站，输电线路各种接线形式，各种具体情况的描述。它的意义就在于用统一直观的标准来表达变电工程的各方面。

变电工程图的种类很多，包括主接线图、二次接线图、变电所平面布置图、变电所断面图、高压开关柜原理图及布置图等很多种，每种情况各不相同。

9.1.3 输电工程及输电工程图

1. 输电线路任务

发电厂、输电线路、升降压变电站以及配电设备和用电设备构成电力系统。为了减少系统备用容量，错开高峰负荷，实现跨区域跨流域调节，增强系统的稳定性，提高抗冲击负荷的能力，在电力系统之间采用高压输电线路进行联网。电力系统联网，既提高了系统的安全性，可靠性和稳定性，又可实现经济调度，使各种能源得到充分利用。起系统联络作用的输电线路，可进行电能的双向输送，实现系统间的电能交换和调节。

2. 输电线路的分类

输送电能的线路通称为电力线路。电力线路有输电线路和配电线路之分。由发电厂向电力负荷中心输送电能的线路以及电力系统之间的联络线路称为输电线路。由电力负荷中心向各个电力用户分配电能的线路称为配电线路。电力线路按电压等级分为低压、高压、超高压和特高压线路。一般地，输送电能容量越大，线路采用的电压等级就越高。

输电线路按结构特点分为架空线路和电缆线路。架空线路由于结构简单，施工简便，建设费用低，施工周期短，检修维护方便，技术要求较低等优点，得到了广泛的应用。电缆线路受外界环境因素的影响小，但需用特殊加工的电力电缆，费用高，施工及运行检修的技术要求高。目前我国电力系统广泛采用的是架空输电线路，架空输电线路一般由导线、避雷线、绝缘子、金具、杆塔、杆塔基础、接地装置和拉线这几部分组成。

（1）导线：是固定在杆塔上输送电流用的金属线，目前在输电线路设计中，一般采用钢芯铝绞线，局部地区采用铝合金线。

（2）避雷线：是防止雷电直接击于导线上，并把雷电流引入大地。避雷线常用镀锌钢绞线，也有采用铝包钢绞线。目前国内外采用了绝缘避雷线。

（3）绝缘子：输电线路用的绝缘子主要有针式绝缘子、悬式绝缘子和瓷横担等。

（4）金具：通常把输电线路使用的金属部件总称为金具，它的类型繁多，主要有连接金具、连续金具、固定金具、防震锤、间隔棒、均压屏蔽环等几种类型。

（5）杆塔：线路杆塔是支撑导线和避雷线的。按照杆塔材料的不同，分为木杆、铁杆、钢筋混凝杆，国外还采用了铝合金塔。杆塔可分为直线型和耐张型两类。

（6）杆塔基础：用来支撑杆塔的，分为钢筋混凝土杆塔基础和铁塔基础两类。

（7）接地装置：埋没在基础土壤中的圆钢、扁钢、角钢、钢管或其组合式结构均称接地装置。其与避雷线或杆塔直接相连，当雷击杆塔或避雷线时，能将雷电引入大地，可防止雷电击穿绝缘子串的事故发生。

（8）拉线：为了节省杆塔钢材，广泛使用带拉线杆塔。拉线材料一般用镀锌钢绞线。

9.2 变电所主接线图的绘制

绘制思路

图 9-1 所示为 110kV 变电所电气主接线图，绘制此类电气工程图的大致思路如下：首

先设计图样布局,确定各主要部件在图中的位置,然后分别绘制各电气符号,最后把绘制好的电气符号插入到布局图的相应位置。

实讲实训
多媒体演示

多媒体演示参
见配套光盘中的\\
动画演示\第9章\
变电所主接线图的
绘制.avi。

图9-1 变电所主接线图

9.2.1 设置绘图环境

01 建立新文件。打开 AutoCAD 2018 应用程序,单击"快速访问"工具栏中的"新建"按钮,以"A4.dwt"样板文件为模板,建立新文件,将新文件命名为"110kV 变电所主接线图.dwg"并保存。

02 设置图层。单击"默认"选项卡"图层"面板中的"图层特性"按钮,设置"图框线层""母线层"和"绘图层"3 个图层,将"母线层"设置为当前图层。设置好的各图层的属性如图 9-2 所示。

图9-2 图层设置

9.2.2 图样布局

01 选择母线层。选择母线层后,注意观察图层状态,在图层对话框的状态栏中显

示 ✓ 的表示当前图层，我们要确认当前图层为打开状态，未冻结，图层线的颜色选为白色，线宽选择 0.2mm。选择结束后，要确定"图层"面板上的状态，图 9-3 所示为已选中母线层。

图9-3 面板中的图层状态

02 绘制母线。

❶单击"默认"选项卡"绘图"面板中的"直线"按钮 ✐，然后输入 350mm，注意状态栏上的"正交"按钮按下。选择完成后，状态栏的状态，如图 9-4 所示。

图9-4 绘制直线时的状态栏

❷绘制长度为 350mm 的直线后，选中直线，单击"默认"选项卡"修改"面板中的"偏移"按钮 ⌷，然后输入偏移距离 3mm，最后选择要偏移侧的任意一点，完成直线的偏移操作，最后按 Esc 键结束操作。命令行中的提示与操作如下：

命令：offset↙

当前设置：删除源=否　图层=源　offsetgaptype=0

指定偏移距离或[通过（T）/删除（E）/图层（L）]　通过：（指定适当距离）↙

指定要偏移的那一侧上的点，或[退出（E）/多个（M）/放弃（U）]<退出>：

选择要偏移的对象，或[退出（E）/放弃（U）]<退出>：*取消*

9.2.3 绘制图形符号

01 绘制隔离开关。

在母线层绘制完成后，选择图层状态栏中的绘图层，在绘图层内进行绘制。

❶绘制两条垂直线。单击"默认"选项卡"绘图"面板中的"直线"按钮 ✐，绘制一条长度为 8mm 的垂线，并在它左侧画一条 1.5mm 的平行线，如图 9-5a 所示。

❷旋转直线。选择 1.5mm 的平行线，单击"默认"选项卡"修改"面板中的"旋转"按钮 ○，状态栏上会提示选择基点，本图以平行线的上端点为基点，然后输入旋转角度为 -30º，结果如图 9-5b 所示。

a)　b)　c)　d)　e)　f)　g)

图9-5 隔离开关的绘制过程

❸平移直线。选中旋转后的斜线，单击"默认"选项卡"修改"面板中的"移动"按钮➕，以斜线的上端点为基点，将斜线的上端点移动到 8mm 的直线上，如图 9-5c 所示。

❹绘制垂线。单击"默认"选项卡"绘图"面板中的"直线"按钮／，以斜线的下端点为顶点绘制一条垂线，如图 9-5d 所示。

❺平移垂线。在状态栏的"对象捕捉"单击右键，然后选择"设置"命令，在对象捕捉的对话框中选中中点，如图 9-6 所示，单击"默认"选项卡"修改"面板中的"移动"按钮➕，将垂直于 8mm 的直线的中点平移到 8mm 直线上，如图 9-5e 所示。

❻修剪多余部分。单击"默认"选项卡"修改"面板中的"修剪"按钮／，将多余的线段删除，结果如图 9-5f 所示。

❼复制隔离开关。将如图 9-5f 所示图全部选中，单击"默认"选项卡"修改"面板中的"复制"按钮🗐，复制出图 9-5g 的一部分，并在两条母线间绘制直线，结果如图 9-5g 所示。

02 绘制接地刀闸。

❶旋转隔离开关。如图 9-7 所示，选中隔离开关，如图 9-7a 所示，单击"默认"选项卡"修改"面板中的"旋转"按钮〇，选择隔离开关的下端点为基点，然后输入-90º，确定后得到如图 9-7b 所示。

❷绘制平行线和斜线。绘制一条长 1mm 的垂直线，如图 9-7c 所示中的垂线 1，单击"默认"选项卡"修改"面板中的"偏移"按钮🕮，选择偏移距离为 0.3mm，偏移位置为线 1 的右端，得到垂线 2，以同样的方法可得到垂线 3。

图9-6　对象捕捉对话框的设置

❸绘制斜线。单击"默认"选项卡"绘图"面板中的"直线"按钮／，在"正交"绘图方式下，就可以画任意的角度线，选择合适的角度，做一条斜线，结果如图 9-7c 所示。

❹镜像斜线。选择要镜像的斜线，单击"默认"选项卡"修改"面板中的"镜像"按钮⚐，接着选择中心线上的两点来确定对称轴，确定后得到结果如图 9-7d 所示。

❺去除多余线段。单击"默认"选项卡"修改"面板中的"修剪"按钮／，将图中多余线段删除，最终结果如图 9-7e 所示。

03 绘制电流互感器。单击"默认"选项卡"绘图"面板中的"直线"按钮／，绘制一条垂线，单击"默认"选项卡"绘图"面板中的"圆"按钮⊘，以直线上一点作为圆心，输入半径 1mm 画圆 1，接着选中圆 1，单击"默认"选项卡"修改"面板中的"复制"按钮🔗，开启状态栏中的"正交"命令，将光标的位置放在圆 1 的上方，输入距离 3mm，可得圆 2，按照同样的做法，得到圆 3，结果如图 9-8 所示。

图9-7　绘制接地刀闸过程图

04 绘制断路器。

❶镜像全部线条。在隔离开关的基础上，单击"默认"选项卡"修改"面板中的"镜像"按钮⚎，将图中的水平线以其与竖线交点为基点旋转 45º，如图 9-9a 所示。

❷镜像旋转线。单击"默认"选项卡"修改"面板中的"镜像"按钮⚎，将旋转后的线以竖线为轴进行镜像处理，结果如图 9-9b 所示，此即为断路器。

图9-8　电流互感器　　　　　　图9-9　断路器

05 绘制手动接地刀闸。

❶绘制外形轮廓。在接地刀闸的基础上进行绘制，首先做接地刀闸上斜线的垂线，然后在垂线的一侧做一条与垂线成一定角度的斜线，单击"默认"选项卡"修改"面板中的"镜像"按钮⚎，得到两条对称的斜线，最后用两点线将两条斜线连接起来，组成闭合的三角形，结果如图 9-10a 所示。

❷填充外形轮廓。单击"默认"选项卡"绘图"面板中的"图案填充"按钮▨，选择要填充的图案，选择 SOLID 图案进行填充。绘制完成后结果如图 9-10b 所示。

06 绘制避雷器符号。

❶绘制竖直直线。单击"默认"选项卡"绘图"面板中的"直线"按钮╱，绘制竖直直线 1，长度为 12mm。

❷绘制水平直线。单击"默认"选项卡"绘图"面板中的"直线"按钮╱，在"正交"

绘图方式下，以直线 1 的端点 0 为起点绘制水平直线段 2，长度为 1mm，如图 9-11a 所示。

图9-10　手动接地刀闸

❸偏移水平直线。单击"默认"选项卡"修改"面板中的"偏移"按钮，以直线 2 为起始，绘制直线 3 和直线 4，偏移量均为 1mm，结果如图 9-11b 所示。

❹拉长水平直线。单击"默认"选项卡"修改"面板中的"拉长"按钮，分别拉长直线 3 和直线 4，拉长长度分别为 0.5mm 和 1mm，结果如图 9-11c 所示。

❺镜像水平直线。单击"默认"选项卡"修改"面板中的"镜像"按钮，镜像直线 2、直线 3 和直线 4，镜像线为直线 1，结果如图 9-11d 所示。

❻绘制矩形。单击"默认"选项卡"绘图"面板中的"矩形"按钮，绘制一个宽度为 2mm，高度为 4mm 的矩形，并将其移动到合适的位置，结果如图 9-11e 所示。

❼加入箭头。在矩形的中心位置加入箭头，绘制箭头时，可以先绘制一个小三角形，然后填充即可得到，如图 9-11e 所示。

❽修剪竖直直线。单击"默认"选项卡"修改"面板中的"修剪"按钮，修剪掉多余直线，如图 9-11f 所示，即为绘制得到的避雷器符号。

图9-11　绘制避雷器符号

07 绘制电压互感器符号。

❶单击"默认"选项卡"绘图"面板中的"圆"按钮，绘制直径为 1mm 的圆，过圆心画圆的水平直径，单击"默认"选项卡"修改"面板中的"旋转"按钮，将水平直径以圆心为基点旋转 45°，如图 9-12a 所示，重复"旋转"命令，做旋转后的线的垂线，如图 9-12b 所示。

❷单击"默认"选项卡"绘图"面板中的"直线"按钮，以圆的右端点为顶点做直线，然后再做直线的垂线，如图 9-12c 所示。

a)

b)

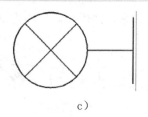
c)

图9-12　电压互感器符号

9.2.4　组合图形符号

将以上各部分图形符号放置到适当的位置并进行简单的修改，就得到局部接线图，如图 9-13 所示。

9.2.5　添加注释文字

01 创建文字样式。单击"默认"选项卡"注释"面板中的"文字样式"按钮 ，打开"文字样式"对话框，创建一个样式名为"标注"的文字样式。"字体名"为"仿宋_GB2312"，"字体样式"为"常规"，"高度"为 1.5，宽度因子为 1，如图 9-14 所示。

图9-13　局部部件图

02 添加注释文字。单击"默认"选项卡"注释"面板中的"多行文字"按钮 A，一次输入几行文字，调整其位置，以对齐文字。调整位置的时候，结合使用正交命令。

03 选择菜单栏中的"修改"→"对象"→"文字"→"编辑"命令，使用文字编辑命令修改文字来得到需要的文字。

04 绘制文字框线。单击"默认"选项卡"绘图"面板中的"直线"按钮 和"修改"面板中的"复制"按钮 、"偏移"按钮 。添加文字后的结果如图 9-15 所示。

05 单击"默认"选项卡"修改"面板中的"复制"按钮 、"镜像"按钮 和"移动"按钮 ，进行适当的组合即可得到我们想要的主体图。

9.2.6　绘制间隔室图

间隔室的图绘制相对比较简单，只需要绘制几个矩形，用直线或折线将矩形的相对关系连接起来，然后在矩形的内部用上一步所述的方法添加文字，绘制结果如图 9-16 所示。

图9-14 "文字样式"对话框

图9-15 添加注释后的局部部件图

图9-16 间隔室位置图

用同样的方法绘制其他两部分间隔室图，将这三部分间隔室图插入到主图的适当位置。

9.2.7 绘制图框线层

在整个图样绘制完成后，需要在其边缘加上图框，图框可以调用已有的模板图框，也可以自行绘制图框。下面介绍自行绘制图框，图形的尺寸可由 GB/T 14689—1993 确定。首先进入图框线层，在图框线层绘制矩形。绘制完后需要在图框的右下角绘制标题栏，标题栏可以根据自己的需要绘制，本图的标题栏如图 9-17 所示。

至此，一幅完整的 110kV 变电所主接线图的工程图就绘制完毕。

变电所主接线图		图号	
		比例	
制图人		单位	
审核		单位名称	
主管			
日期			

图9-17 标题栏

9.2.8 小结与引申

通过绘制变电所主接线图，学习 AutoCAD 2018 的以下操作：掌握"直线 LINE""偏移 OFFSET""圆 CIRCLE""修剪 TRIM""旋转 ROTATE""移动 MOVE""复制 COPY""镜像 MIRROR" "拉长 LENGTHEN""填充 BHATCH""矩形 RECTANG"命令的使用方法。

本小结主要详细讲述了电气主接线图的设计过程。首先进行图样布局，然后绘制图形符号和线路，最后为线路图添加文字说明以便于阅读和交流图样，结果如图 9-1 所示。

9.3 输电工程图

👉 绘制思路

为了把发电厂发出的电能（电力、电功率）送到用户，必须要有电力输送线路。本节通过电线杆的绘制来讲解如何绘制输电工程图。其绘制思路如下：把电线杆的绘制分成两部分，绘制基本图和标注基本图。先绘制基本图，然后标注基本图完成整个图形的绘制，如图 9-18 所示。

图9-18　电线杆

实讲实训 多媒体演示
多媒体演示参见配套光盘中的\\动画演示\第9章\输电工程图.avi。

9.3.1 设置绘图环境

01 建立新文件。打开 AutoCAD 2018 应用程序，单击"快速访问"工具栏中的"新建"按钮，以"无样板打开-公制"建立新文件，将新文件命名为"电线杆.dwg"，并保存。

02 开启栅格。单击状态栏中的"栅格"按钮，或者使用快捷键 F7，在绘图窗口中显示栅格，命令行中会提示"命令：〈栅格 开〉"。若想关闭栅格，可以再次单击状态栏中的"栅格"按钮，或者使用快捷键 F7。

9.3.2 绘制基本图

01 单击"默认"选项卡"绘图"面板中的"矩形"按钮□，绘制起点在原点的 150mm×3000mm 的矩形，结果如图 9-19 所示。

02 单击"默认"选项卡"绘图"面板中的"矩形"按钮□，绘制起点在图 9-20 的中点，1220mm×50mm 的矩形，结果如图 9-21 所示。

图9-19 150mm×3000mm的矩形 图9-20 捕捉中点 图9-21 1220mm×50mm的矩形

03 单击"默认"选项卡"修改"面板中的"镜像"按钮▲，以通过如图 9-20 所示中点的垂直直线为对称轴，把 1220mm×50mm 的矩形对称复制一份，结果如图 9-22 所示。

04 单击"默认"选项卡"修改"面板中的"移动"按钮✛，把两个 1220mm×50mm 的矩形垂直向下移动，移动距离为 300mm，结果如图 9-23 所示。

05 单击"默认"选项卡"修改"面板中的"复制"按钮□，把两个 1220mm×50mm 的矩形垂直向下复制一份，复制距离为 970mm，结果如图 9-24 所示。

图9-22 镜像复制矩形 图9-23 移动矩形 图9-24 复制矩形

06 绘制绝缘子。

❶单击"默认"选项卡"绘图"面板中的"矩形"按钮□，绘制长为 80mm、宽为 40 mm 的矩形，如图 9-25 所示。

❷单击"默认"选项卡"修改"面板中的"分解"按钮□，将图 9-25 所示的矩形进行分解，单击"默认"选项卡"修改"面板中的"偏移"按钮□，将直线 4 向下偏移，偏移距离为 48 mm，如图 9-26 所示。

❸单击"默认"选项卡"修改"面板中的"拉长"按钮/，将直线 4 向左右两端分别拉长 48mm，结果如图 9-27 所示。

❹单击"默认"选项卡"绘图"面板中的"圆弧"按钮/，选择"起点，圆心，端点"

方式，起点选择如图 9-27 所示的 A 点，圆心选择 B 点，端点选择 C 点，绘制如图 9-28a 所示的圆弧，用同样的方法绘制左边的圆弧，结果如图 9-28b 所示。

图9-25　绘制矩形　　　图9-26　偏移直线　　　　　图9-27　拉长直线

图9-28　绘制圆弧

❺ 单击"默认"选项卡"绘图"面板中的"矩形"按钮 ▭，以图 9-28b 中的 0 点为起点，绘制长为 80mm，宽为 20mm 的矩形，如图 9-29a 所示。

❻ 单击"默认"选项卡"绘图"面板中的"矩形"按钮 ▭，以图 9-29a 中的 M 点为起点，绘制长为 96mm，宽为 40mm 的矩形，如图 9-29b 所示。

❼ 单击"默认"选项卡"修改"面板中的"移动"按钮 ✛，将图 9-29b 绘制的矩形以 M 为基点向右移动 20mm，移动结果如图 9-29c 所示。

❽ 单击"默认"选项卡"修改"面板中的"删除"按钮 ✎，删除多余的直线，得到的结果即为绝缘子图形，如图 9-30 所示。

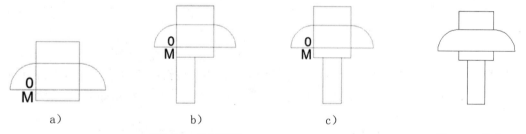

图9-29　绘制矩形　　　　　　　　　　　　　　　　图9-30　绝缘子

07 单击"默认"选项卡"修改"面板中的"移动"按钮 ✛，把绝缘子图形以如图 9-31 所示中点为移动基准点，以如图 9-32 所示的端点为移动目标点移动，结果如图 9-33 所示。

图9-31　捕捉中点　　　　图9-32　捕捉端点　　　　图9-33　移动绝缘子

08 单击"默认"选项卡"修改"面板中的"移动"按钮✛，把绝缘子图形向左边移动，移动距离为 40mm，结果如图 9-34 所示。

09 单击"默认"选项卡"修改"面板中的"复制"按钮❀，把绝缘子图形向左边复制一份，复制距离为 910mm，结果如图 9-35 所示。

图9-34 移动绝缘子   图9-35 复制绝缘子

10 单击"默认"选项卡"修改"面板中的"复制"按钮❀，以如图 9-36 所示端点为复制基准点，把两个绝缘子图形垂直向下复制到下边横栏上，结果如图 9-37 所示。

图9-36 捕捉中点   图9-37 复制绝缘子

11 单击"默认"选项卡"修改"面板中的"镜像"按钮⚎，以通过如图 9-38 所示的中点垂直直线为对称轴，把右边两个绝缘子图形对称复制一份，结果如图 9-39 所示。

图9-38 捕捉中点   图9-39 复制图形

12 单击"视图"选项卡"导航"面板中的"范围"下拉菜单中的"实时"按钮🔍，局部放大如图 9-40 所示的图形，预备下一步操作。

13 单击"默认"选项卡"绘图"面板中的"矩形"按钮▭，绘制起点在如图 9-41

所示的中点，85mm×10mm 的矩形，结果如图 9-42a 所示。

图9-40 框选图形　　　　　　　　　图9-41 捕捉中点

a)　　　　　　　　　　　　　　　　b)

图9-42 绘制矩形

14 单击"默认"选项卡"修改"面板中的"镜像"按钮 ，以 85mm×10mm 的矩形下边为对称轴，把该矩形对称复制一份，结果如图 9-42b 所示。

15 单击"默认"选项卡"修改"面板中的"分解"按钮 ，把两个 85mm×10mm 的矩形分解成线条。

16 单击"默认"选项卡"修改"面板中的"删除"按钮 ，删除两个 85mm×10mm 矩形的两边和中间的线条，结果如图 9-43 所示。

17 单击"默认"选项卡"修改"面板中的"圆角"按钮 ，然后单击如图 9-44 所示的虚线和光标所指的两条平行线，创造半圆弧，结果如图 9-45 所示。

18 单击"默认"选项卡"绘图"面板中的"圆"按钮 ，绘制直径为 10mm 的圆，结果如图 9-46 所示。

图9-43 分解并删除图形　　　　　　　图9-44 选择图形

图9-45　创建半圆弧　　　　　　　　　　　　图9-46　绘制圆

19 单击"默认"选项卡"修改"面板中的"镜像"按钮 ⚊，把半边螺栓套图形向左对称复制一份，结果如图 9-47 所示。

20 单击"默认"选项卡"修改"面板中的"移动"按钮 ✛，把螺栓套向下移动，移动距离为 325mm，结果如图 9-48 所示。

21 单击"默认"选项卡"修改"面板中的"复制"按钮 ⊙，把螺栓套向下复制一份，复制距离为 970mm，结果如图 9-49 所示。

22 单击"默认"选项卡"修改"面板中的"修剪"按钮 ⼁，以如图 9-50 所示矩形为修剪边，修剪掉光标所示的 4 段线头，结果如图 9-51 所示。

图9-47　镜像图形　　　　　　　　　　　　图9-48　移动图形

图9-49　复制螺栓套　　　　　　　　　　　图9-50　选择修剪边

23 单击"默认"选项卡"绘图"面板中的"矩形"按钮 ▭，绘制起点在如图 9-52 所示的端点，50mm×920mm 的矩形，结果如图 9-53 所示。

图9-51 修剪结果　　　　　图9-52 捕捉端点　　　　　图9-53 绘制矩形

24 单击"默认"选项卡"修改"面板中的"移动"按钮✛，将 50mm×920mm 的矩形向右移动 475mm，结果如图 9-54 所示。

25 单击"默认"选项卡"修改"面板中的"复制"按钮，将如图 9-55 所示的螺栓套向下复制一份，复制距离为 800mm，结果如图 9-56 所示。

图9-54 移动矩形　　　　　图9-55 捕捉图形　　　　　图9-56 复制图形

26 单击"视图"选项卡"导航"面板中的"范围"下拉菜单中的"实时"按钮，局部放大如图 9-57 所示的图形，预备下一步操作，结果如图 9-58 所示。

图9-57 捕捉图形　　　　　　　　图9-58 局部放大图形

27 单击"默认"选项卡"修改"面板中的"圆角"按钮，单击如图 9-59 所示虚线和光标所示的两条平行线，创造半圆弧，结果如图 9-60 所示。

图9-59 捕捉图形   图9-60 创造半圆弧

28 单击"默认"选项卡"绘图"面板中的"直线"按钮，绘制如图 9-61、图 9-62 所示的两个圆心的连线，结果如图 9-63 所示。

图9-61 捕捉起点   图9-62 捕捉终点   图9-63 绘制斜线

29 单击"默认"选项卡"修改"面板中的"偏移"按钮，把斜线向两边偏移复制一份，复制距离为25mm，结果如图 9-64 所示。

30 单击"默认"选项卡"修改"面板中的"删除"按钮，删除斜线和绘制的半圆弧，结果如图 9-65 所示。

31 单击"默认"选项卡"修改"面板中的"修剪"按钮，以如图 9-66 所示的矩形为修剪边，修剪掉光标所示的两段线头，结果如图 9-67 所示。

32 单击"默认"选项卡"修改"面板中的"圆角"按钮，单击如图 9-68 所示中虚线和光标所示的两条平行线，创造半圆弧，结果如图 9-69 所示。

图9-64 偏移复制斜线   图9-65 删除图形   图9-66 捕捉修剪边

33 单击"默认"选项卡"修改"面板中的"修剪"按钮，以如图 9-70 所示中虚线所示的矩形边为修剪边，修剪掉虚线左边的两段线头，结果如图 9-71 所示。

图9-67 修剪图形   图9-68 捕捉圆角边   图9-69 创建半圆弧

34 单击"默认"选项卡"修改"面板中的"镜像"按钮▲，以如图 9-72 所示中光标所示的通过电杆中点的垂直直线为对称轴，把右边虚线所示的图形对称复制一份，结果如图 9-73 所示。

图9-70 捕捉修剪边   图9-71 修剪图形

图9-72 选择对称轴   图9-73 对称复制图形

📖9.3.3 标注图形

标注样式的设置方法与上例基本相同，在此不再赘述，具体标注过程如下：

01 单击"默认"选项卡"注释"面板中的"线性"按钮┣┥，标注如图 9-74、图 9-75 所示两个端点之间的尺寸，其值为 970，阶段结果如图 9-76 所示。

02 单击"默认"选项卡"注释"面板中的"线性"按钮┣┥，标注绝缘子与横杆端部的尺寸，其值为 40，如图 9-77 所示。

03 单击"默认"选项卡"注释"面板中的"线性"按钮┣┥，标注绝缘子与横杆支架之间的尺寸，其值为 630，如图 9-78 所示。

04 单击"默认"选项卡"注释"面板中的"线性"按钮┣┥，标注绝缘子之间的尺寸，其值为 910，如图 9-79 所示。

05 单击"默认"选项卡"注释"面板中的"线性"按钮┣┥，标注绝缘子与电杆中心的尺寸，其值为 270，如图 9-80 所示。

图9-74　捕捉尺寸线起点

图9-75　捕捉尺寸线终点

图9-76　标注横杆距离

图9-77　标注绝缘子与横杆端部尺寸

图9-78　标注绝缘子与横杆支架间距离

图9-79　标注绝缘子之间的尺寸

06 单击"默认"选项卡"注释"面板中的"线性"按钮，标注左边绝缘子与横杆支架之间的尺寸，其值为 630，如图 9-81 所示。

07 单击"默认"选项卡"注释"面板中的"线性"按钮，标注如图 9-82 所示两个绝缘子之间的尺寸，其值为 1450。

08 单击"默认"选项卡"注释"面板中的"线性"按钮，标注左边绝缘子与横杆端部之间的尺寸，其值为 40，如图 9-83 所示。

09 单击"默认"选项卡"注释"面板中的"线性"按钮，标注如图 9-84 所示电杆顶部与横杆之间尺寸，其值为300。

10 单击"默认"选项卡"注释"面板中的"线性"按钮 ⊢⊣，标注如图9-85所示底部螺栓套与下边横杆之间的尺寸，其值为800。

至此就完成了整个图形的绘制。

图9-80　标注绝缘子与电杆中心的尺寸

图9-81　标注左边绝缘子与横杆支架之间的尺寸

图9-82　标注两个绝缘子之间的尺寸

图9-83　标注左边绝缘子与横杆端部的尺寸

图9-84　标注电杆顶部与横杆之间的尺寸

图9-85　标注螺栓套与横杆之间的尺

9.3.4　小结与引申

通过电线杆的绘制，学习 AutoCAD 2018 的以下操作："矩形 RECTANG""镜像 MIRROR""移动 MOVE""复制 COPY""拉长 LENGTHEN""圆弧 ARC""圆角 FILLET"命令的使用方法。

本小结主要详细讲述了电线杆的设计过程。首先绘制基本图，接着完成其他图形的绘制并标注尺寸，然后为线路图添加文字说明以便于阅读和交流图样。

9.4 绝缘端子装配图

绘制思路

实讲实训
多媒体演示

多媒体演示参见配套光盘中的\\动画演示\第9章\绝缘端子装配图.avi。

图 9-86 所示为绝缘端子的装配图，图形看上去比较复杂，其实整个视图是由许多部件组成，每个部件其实都是一个块，将某一部分绘制成块的优点在于，以后再使用这个零件时就可以直接调用原来的模块，或是在原来模块的基础上进行修改，这样就可以提高画图效率，节省出图时间，所以这个功能对以后使用 AutoCAD 是非常有用的。以下以其中一个模块为例，详细介绍模块的画法，其余的模块可仿照上述画法。

图9-86 绝缘子端子装配图

9.4.1 设置绘图环境

01 建立新文件。打开 AutoCAD 2018 应用程序，以"无样板打开-公制"建立新文件，将新文件命名为"绝缘端子装配图.dwg"并保存。

02 设置图层。单击"默认"选项卡"图层"面板中的"图层特性"按钮，设置"绘图线层""双点线层""中心线层"和"图框线层"4 个图层，将"中心线层"图层设置为当前图层。设置好的各图层的属性如图 9-87 所示。

9.4.2 绘制绝缘端子

01 绘制中心线。选择中心线层后，注意图层的状态，确认图层为打开状态，未冻结，图层线颜色为红色，线宽选择默认宽度。绘制中心线，单击"默认"选项卡"绘图"面板中的"直线"按钮 ∕，绘制长度为 33mm 长的直线，然后左键双击直线，在屏幕左上方出现直线属性对话框，双击"线型"菜单，将直线改为中心线线型，结果如图 9-88 所示。

图9-87　图层设置

02 选择绘图线层。选择绘图线层后，在面板上的显示如图 9-89 所示。

图9-88　图线属性设置

图9-89　图层选定

03 绘制直线。单击"默认"选项卡"绘图"面板中的"直线"按钮 ∕，绘制如下直线，距离中心线分别为 2mm 和 1mm，长度都是 15mm 得到如图 9-90 所示的结果。

图9-90　绘制直线

04 镜像直线。选择所有绘图线，单击"默认"选项卡"修改"面板中的"镜像"

按钮，接着选择中心线上的两点来确定对称轴，按 Enter 键后可得到如图 9-91 所示结果。

图9-91　镜像直线

05 绘制圆弧。单击"默认"选项卡"绘图"面板中的"圆弧"按钮，以右侧两直线端点和两直线的中心点为端点绘制圆弧，绘制结果如图 9-92 所示。

图9-92　绘制云线

06 绘制抛面线。单击"默认"选项卡"绘图"面板中的"图案填充"按钮，添加抛面线，选择的抛面线的类型，如图 9-93 所示。选择要添加抛面线的区域，注意区域一定要闭合，否则添加抛面线会失败。添加抛面线后，所得的结果如图 9-94 所示。

图9-93　填充图线选择

图9-94　添加抛面线

07 做垂线，然后旋转垂线。
在左端做垂线，单击"默认"选项卡"修改"面板中的"旋转"按钮，以两直线的焦点为基点，旋转 30°，旋转后的结果如图 9-95 所示。

08 做旋转垂线的平行线。选择上一步绘制的直线，绘制一条平行线，两条平行线之间的距离为 5mm。单击"默认"选项卡"修改"面板中的"镜像"按钮，选择旋转直线为镜像对象，以绘制的直线为镜像线进行镜像。

图9-95　垂线旋转图

09 倒圆。单击"默认"选项卡"修改"面板中的"圆角"按钮，选择修剪模式为半径(R)模式，然后输入修剪半径为 4mm，最后连续选择要修剪的两条直线，选择过程中注意状态栏命令提示，命令行中的提示与操作如下：

命令：fillet ✓

当前设置：模式=修剪，半径=3.0

选择第一个对象或［放弃(U)/多段线(P)/半径(R)/修剪(T)/多个(M)］:R↙

指定圆角半径<3.0>:4 ↙

选择第一个对象或［放弃(U)/多段线(P)/半径(R)/修剪(T)/多个(M)］:

选择第二个对象，或按住 Shift 键选择对象以应用角点或 [半径(R)]:

用同样的过程修剪另外两条相交直线，选择修剪半径为3mm，修剪后的结果如图 9-96 所示。

10 做两个同心圆。做一条弯轴的中心线，由图上的尺寸确定两个圆的中心，单击"默认"选项卡"绘图"面板中的"圆"按钮⊘，做一直径为2.5mm和一个直径为1.5mm的同心圆，选中两个同心圆，单击"默认"选项卡"修改"面板中的"复制"按钮，在另一个圆心复制出两个相同的同心圆，结果如图 9-97 所示。

图9-96　倒角圆角后　　　　　　　　　图9-97　绘制同心圆图

11 绘制矩形。单击"默认"选项卡"绘图"面板中的"矩形"按钮▢，绘制矩形，矩形尺寸 10mm×3.5mm，将绘制完的矩形旋转60°，放置在如图 9-97 所示的位置，单击"默认"选项卡"修改"面板中的"修剪"按钮，删去多余的线段，绘制结果如图 9-98 所示。

12 绘制两个半圆。单击"默认"选项卡"绘图"面板中的"圆"按钮⊘，在矩形的两个边绘制两个圆，单击"默认"选项卡"修改"面板中的"修剪"按钮，将多余的半圆删去，结果如图 9-99 所示。

13 绘制另一抛面线部分。单击"默认"选项卡"修改"面板中的"复制"按钮，将如图 9-98 所示的右端抛面线部分进行复制，单击"默认"选项卡"修改"面板中的"旋转"按钮，以复制部分的左端中心为端点，旋转至有抛面线部分的中心线与倾斜部分的中心线重合，结果如图 9-99 所示。

图9-98　绘制矩形　　　　　　　　　图9-99　旋转抛面线部分后

14 绘制其余部分。单击"默认"选项卡"绘图"面板中的"直线"按钮，绘制中心线一侧的两条线，单击"默认"选项卡"修改"面板中的"镜像"按钮，镜像出另一侧的对称线，最后删除多余的线段，结果如图 9-100 所示。

15 创建块。单击"默认"选项卡"块"面板中的"创建"按钮，弹出"块定义"

对话框，如图 9-101 所示，选择绘制的耐张线夹，在图形中指定一点作为基点，完成块的创建。

图9-100　完成耐张线夹的绘制

图9-101　"块定义"对话框

16 插入块。单击"默认"选项卡"块"面板中的"插入"按钮，弹出"插入"对话框，如图 9-102 所示。在该对话框中可设置插入点的位置、插入比例和旋转角度，本图块保持系统默认设置即可。

图9-102　"插入"对话框

9.4.3　绘制剖视图

下面介绍一下标注引出线及局部剖视图的绘制过程。

01 绘制剖视图。在主图中表示出剖切截面在主图中的位置，然后在图的空闲部分绘制剖视图，单击"默认"选项卡"注释"面板中的"多行文字"按钮 **A**，在剖视图的最上端标示抛视图的名字，本剖视图命名为A-A，然后绘制剖视图。

02 在剖视图上标注尺寸。单击"默认"选项卡"注释"面板中的"线性"按钮 **⊢**，标注两个圆心之间的距离，标注方法为，先点中标注命令，然后选择两个中心点，出现尺寸后，调整到适当位置，单击"确定"按钮。单击"默认"选项卡"注释"面板中的"角度"按钮 **△**，标注角度，标注方法为，依次点中要标注角度的两条边，出现尺寸后，单击鼠标左键确定。在剖开的部分要绘制剖面线，局部剖视图如图 9-103 所示。

至此，主图的全部图线绘制完毕，绘制完成后，还需要做以下工作：

❶单击"默认"选项卡"注释"面板中的"线性"按钮 **⊢**，标注主图中的重要位置尺寸及装配尺寸。

❷单击"默认"选项卡"注释"面板中的"多重引线"按钮 **↗**，标示出各部分的名称。

❸绘制各部分的明细栏。

❹单击"默认"选项卡"注释"面板中的"多行文字"按钮 **A**，标示出本图的特殊安装要求，或者特殊的加工工艺以及一些无法在图样上表示的特殊要求。

❺最后给图样加上图框及标题栏，其结果如本节最初的图样所示。

至此一张完整的装配图绘制完毕。

图9-103　局部剖视图

📖9.4.4　小结与引申

通过绘制绝缘端子装配图，学习 AutoCAD 2018 的以下操作：掌握块的编辑和插入的方法；掌握"直线 LINE""云线 REVCLOUD""偏移 OFFSET""圆 CIRCLE""修剪 TRIM""旋转 ROTATE""移动 MOVE""复制 COPY""镜像 MIRROR""分解 EXPLODE""填充 BHATCH""阵列 ARRAY""多重引线 MLEADER""标注 DIMLINEAR""倒圆 FILLET""字体 MTEXT"命令的使用方法。

第 **10** 章

电路图设计

　　随着电子技术的高速发展，电子技术和电子产品已经深入到生产、生活和社会活动的各个领域，所以正确、熟练地识读、绘制电子电路图，是对从事电气工程技术人员的基本要求。

学 习 要 点

- 微波炉电路
- 键盘显示器接口电路
- 停电来电自动告知线路图

10.1 电子电路简介

10.1.1 基本概念

电子电路一般是由电压较低的直流电源供电，通过电路中的电子元件（如电阻、电容和电感等），电子器件（如二极管、晶体管和集成电路等）的工作实现一定功能的电路。电子电路在各种电气设备和家用电器中具有广泛的应用。

10.1.2 电子电路图分类

（1）电子电路根据使用元器件形式不同，可分为分立元件电路图、集成电路图、分立元件和集成电路混合构成的电路图。早期的电子设备由分立元件构成，所以电路图也按分立元件绘制，这使得电路复杂，设备调试、检修不便。随着各种功能，不同规模的集成电路的产生、发展，各种单元电路得以集成化，大大简化了电路，提高了工作的可靠性，减少了设备的体积，这成为电子电路的主流。目前较多的还是由分立元件和集成电路混合构成的电子电路，这种电子电路图在家用电器、计算机和仪器仪表等设备中最为常见。

（2）电子电路按电路处理的信号不同，可分为模拟信号和数字信号两种。处理模拟信号的电路称为模拟电路，处理数字信号的电路称为数字电路，由它们构成的电路图亦可称为模拟电路图和数字电路图。当然这不是绝对的，有些较复杂的电路中既有模拟电路又有数字电路，它们是一种混合电路。

（3）电子电路功能很多，但按其基本功能可分为基本放大电路、信号产生电路、功率放大电路、组合逻辑电路、时序逻辑电路和整流电路等。因此，对应不同功能的电路会有不同的电路图，如固定偏置电路图、LC 振荡电路图和桥式整流电路图等。

10.2 微波炉电路

绘制思路

图 10-1 所示为微波炉电路图。绘图思路为首先观察并分析图样的结构，绘制出大体的结构框图，也就是绘制出主要的电路图导线即可，然后绘制出各个电子元件，接着将各个电子元件"安装"插入到结构图中相应的位置中，最后在电路图的适当位置添加相应文字和注释说明，即可完成电路图的绘制。

> **实讲实训**
> **多媒体演示**
> 多媒体演示参见配套光盘中的\\动画演示\第10章\微波炉电路.avi。

10.2.1 设置绘图环境

01 建立新文件。打开 AutoCAD 2018 应用程序，单击"快速访问"工具栏中的"新建"按钮，系统打开"选择样板"对话框，用户在该对话框中选择需要的样板图。

　　在"创建新图形"对话框中选择已经绘制好的样板图，然后单击"打开"按钮，则会返回绘图区域，同时选择的样板图也会出现在绘图区域内，其中样板图左下端点坐标为(0,0)。本实例选用 A3 样板图，如图 10-2 所示。

图10-1　微波炉电路图

图10-2　插入的A3样板图

　　02 设置图层。单击"默认"选项卡"图层"面板中的"图层特性"按钮，新建两个图层，分别命名为"连线图层"和"实体符号层"，图层的颜色、线型和线宽等属性状态设置如图 10-3 所示。

图10-3　新建图层

10.2.2　绘制线路结构图

图 10-4 所示为最后在 A3 样板中绘制成功的线路结构图。

绘制过程按照如下步骤进行：

单击"默认"选项卡"绘图"面板中的"直线"按钮，绘制若干条水平直线和竖直直线，在绘制的过程中，打开"对象捕捉"和"正交"绘图功能。绘制相邻直线时，可以用光标捕捉直线的端点作为起点，单击"默认"选项卡"修改"面板中的"偏移"按钮，将已经绘制好的直线进行平移并复制，同时保留原直线。观察图 10-4 可知，线路结构图中有多条折线，如连接线 NOPQ，这时可以先绘制水平和竖直直线，单击"默认"选项卡"修改"面板中的"修剪"按钮，有效地得到这些折线。

图10-4　在A3样板中绘制的线路结构图

另外在绘制接地线时，可先绘制处左边的一小段直线，单击"默认"选项卡"修改"面板中的"镜像"按钮，绘制出与左边直线对称的直线。

如图 10-4 所示的结构图中，各连接线段的长度分别为 AB=40mm，BC=50mm，CD=50mm，DE=60mm，EF=30mm，GH=60mm，JK=25mm，LM=25mm，NO=50mm，TU=30mm，PQ=30mm，RS=20mm，E1F1=45mm，F1G1=20mm，BJ=30mm，JB1=90mm，DN=30mm，OP=20mm，ES=70mm，GT=30mm，WT1=60mm。

📖10.2.3 绘制各实体符号

01 画熔断器。

❶单击"默认"选项卡"绘图"面板中的"矩形"按钮▢，绘制一个长度为 10mm，宽度为 5mm 的矩形，如图 10-5 所示。

❷单击"默认"选项卡"修改"面板中的"分解"按钮🗗，将矩形分解成为直线 1、直线 2、直线 3 和直线 4，如图 10-6 所示。

图10-5 矩形　　　　　　　　　图10-6 分解矩形

❸打开工具栏中的"对象捕捉"功能，单击"默认"选项卡"绘图"面板中的"直线"按钮／，捕捉直线 2 和直线 4 的中点作为直线 5 的起点和终点，如图 10-7 所示。

❹单击"默认"选项卡"修改"面板中的"拉长"按钮／，将直线 5 分别向左和向右拉长 5mm。得到的熔断器如图 10-8 所示。

图10-7 绘制直线5　　　　　　　图10-8 绘制成熔断器

02 绘制功能选择开关。

❶单击"默认"选项卡"绘图"面板中的"直线"按钮／，绘制一条长为 5mm 的直线 1，重复"直线"命令，打开"对象捕捉"功能，捕捉直线 1 的右端点作为新绘制直线的左端点，绘制出长度为 5mm 的直线 2，按照同样的方法绘制出长度为 5mm 的直线 3，绘制结果如图 10-9 所示。

❷单击"默认"选项卡"修改"面板中的"旋转"按钮〇，在"对象捕捉"绘图方式下，关闭"正交"功能，捕捉直线 2 的右端点，输入旋转的角度为 30°，结果如图 10-10 所示，即为功能开关的符号。

图10-9 3段线段　　　　　　　　图10-10 功能开关

03 绘制门联锁开关。

绘制门联锁开关的过程与绘制功能选择开关基本相似。

❶单击"默认"选项卡"绘图"面板中的"直线"按钮 ╱ ，绘制一条长为5mm的直线1，重复"直线"命令，在"对象捕捉"绘图方式下，捕捉直线1的右端点作为新绘制直线的左端点，绘制出长度为6mm的直线2，按照同样的方法绘制出长度为4mm的直线3，绘制结果如图10-11所示。

❷单击"默认"选项卡"修改"面板中的"旋转"按钮 ↻ ，在"对象捕捉"绘图方式下，关闭"正交"功能，捕捉直线2的右端点，输入旋转的角度为30°，结果如图10-12所示。

图10-11　3段直线　　　　　　图10-12　将直线2旋转30°

❸单击"默认"选项卡"修改"面板中的"拉长"按钮 ╱ ，将旋转后的直线2沿着左端点方向拉长2mm，如图10-13所示。

❹单击"默认"选项卡"绘图"面板中的"直线"按钮 ╱ ，同时打开"对象捕捉"和"正交"功能，用鼠标左键捕捉直线1的右端点，向下绘制一条长为5mm的直线，如图10-14所示，即为绘制成的门联锁开关。

图10-13　拉长直线2　　　　　　图10-14　门联锁开关

[04] 绘制炉灯。

❶单击"默认"选项卡"绘图"面板中的"圆"按钮 ⊙ ，绘制一个半径为5mm的圆形，如图10-15所示。

❷单击"默认"选项卡"绘图"面板中的"直线"按钮 ╱ ，打开"对象捕捉"和"正交"功能，用鼠标左键捕捉圆心作为直线的端点，输入直线的长度为5mm，使得该直线的另外一个端点落在圆周上，如图10-16所示。

❸按照步骤❷中的方法，绘制另外3条正交的线段，如图10-17所示。

❹单击"默认"选项卡"修改"面板中的"旋转"按钮 ↻ ，选择需要旋转的对象，可以选择多个对象，这里选择圆和4条线段，如图10-18所示。输入旋转角度为45°，得到炉灯的图形符号，如图10-19所示。

图10-15　圆　　　　　图10-16　绘制线段　　　　　图10-17　绘制4条线段

图10-18　选择需要旋转的对象　　　　　图10-19　炉灯

05 绘制电动机。

❶绘制圆。单击"默认"选项卡"绘图"面板中的"圆"按钮⊙，绘制一个半径为 5mm 的圆形，如图 10-20 所示。

❷输入文字。单击"默认"选项卡"注释"面板中的"多行文字"按钮**A**，在圆的中心位置划定一个矩形框，在合适的位置输入大写字母 M，如图 10-21 所示电动机就画成了。

图10-20　圆　　　　　　　　　　　　　图10-21　电动机绘成

06 绘制石英发热管。

❶绘制水平直线。单击"默认"选项卡"绘图"面板中的"直线"按钮╱，在"正交"绘图方式下，绘制一条长为 12mm 的水平直线 1，如图 10-22 所示。

❷偏移水平直线。单击"默认"选项卡"修改"面板中的"偏移"按钮⛬，选择直线 1 作为偏移对象，输入偏移的距离为 4mm，在直线 1 的下方绘制一条长度同样为 5mm 的水平直线 2，如图 10-23 所示。

❸绘制竖直直线 3。单击"默认"选项卡"绘图"面板中的"直线"按钮╱，在"对象捕捉"绘图方式下，用光标分别捕捉直线 1 和直线 2 的左端点作为竖直直线 3 的起点和终点，结果如图 10-24 所示。

图10-22　水平直线　　　　图10-23　偏移水平直线　　　　图10-24　绘制竖直直线

❹偏移竖直直线。单击"默认"选项卡"修改"面板中的"偏移"按钮⛬，选择直线 3 作为偏移对象，输入偏移的距离为 3mm，在直线 3 的右方绘制一条长度同样为 5mm 的竖直直线，重复"偏移"命令，依次再向右偏移 3 条竖直直线，如图 10-25 所示。

❺绘制水平直线。单击"默认"选项卡"绘图"面板中的"直线"按钮╱，用光标捕捉直线 3 的中点，输入长度 5mm，向左边绘制一条水平直线；重复"直线"命令，在直线 4 的右边绘制一条长度为 5mm 的水平直线，如图 10-26 所示。

07 绘制烧烤控制继电器。

❶绘制矩形。单击"默认"选项卡"绘图"面板中的"矩形"按钮▭，绘制一个长为 4mm，宽为 8mm 的矩形，如图 10-27 所示。

图10-25　偏移竖直直线　　　　　　　　图10-26　石英发热管符号

❷绘制水平直线。单击"默认"选项卡"绘图"面板中的"直线"按钮╱，在"对象捕捉"绘图方式下，用光标捕捉矩形的两条竖直直线的中点作为水平直线的起点，分别向

左边和右边绘制一条长度为 5mm 的水平直线，如图 10-28 所示，即为绘成的烧烤继电器。

08 绘制高压变压器。

在绘制高压变压器之前，先大概了解一下变压器的结构。

图10-27　矩形　　　　　　　　　　图10-28　烧烤继电器

变压器压器由套在一个闭合铁心上的两个或多个线圈（绕组）构成，铁心和线圈是变压器的基本组成部分。铁心构成了电磁感应所需的磁路。为了减少磁通变化时所引起的涡流损失，变压器的铁心要用厚度为 0.35～0.5mm 的硅钢片叠成，片间用绝缘漆隔开。铁心分为心式和客式两种。

变压器和电源相连的线圈称为原绕组（或二次绕组），其匝数为 $N1$，和负载相连的线圈称为副绕组（或二次绕组），其匝数为 $N2$。绕组与绕组及绕组与铁心之间都是互相绝缘的。

由变压器的组成结构看出，只需要单独绘制出线圈绕组和铁心即可，然后根据需要将它们安装在前面绘制的结构线路图中即可。这里分别绘制一个匝数为 3 和 6 的线圈。

❶绘制阵列圆。单击"默认"选项卡"绘图"面板中的"圆"按钮 ⊘，绘制一个半径为 2.5mm 的圆。单击"默认"选项卡"修改"面板中的"矩形阵列"按钮 ▦，设置"行数"为 1，"列数"为 3，"列间距"为 5mm，并选择之前画的圆作为阵列对象。绘成的阵列圆如图 10-29 所示。

❷绘制水平直线。单击"默认"选项卡"绘图"面板中的"直线"按钮 ✐，在"正交"和"对象捕捉"方式下，分别用光标捕捉第一个圆和第三个圆的圆心作为水平直线的起点和终点，如图 10-30 所示。

❸拉长水平直线。单击"默认"选项卡"修改"面板中的"拉长"按钮 ✐，选择水平直线作为拉长对象，分别将直线向左和向右拉长 2.5mm，命令行中的提示与操作如下：

命令:_lengthen↙

选择对象或 [增量(DE)/百分数(P)/全部(T)/动态(DY)]:

当前长度: 10.0000

选择对象或 [增量(DE)/百分数(P)/全部(T)/动态(DY)]: de↙

输入长度增量或 [角度(A)] <0.0000>: 2.5↙

选择要修改的对象或 [放弃(U)]:（用鼠标左键单击一下水平直线的左端点）

选择要修改的对象或 [放弃(U)]:（用鼠标左键单击一下水平直线的右端点）

选择要修改的对象或 [放弃(U)]:↙

绘制成的图形如图 10-31 所示。

❹修剪图形。单击"默认"选项卡"修改"面板中的"修剪"按钮 ⊁，将图中的多余部分进行修剪，修剪结果如图 10-32 所示。匝数为 3 的线圈绕组即画成了。

❺绘制匝数为 6 的线圈。单击"默认"选项卡"修改"面板中的"复制"按钮 ⊙，选

择已经画好的如图 10-33 所示的线圈绕组，确定后进行复制，绘成的阵列线圈如图 10-33 所示。

图10-29　阵列圆　　　　　图10-30　水平直线　　　　　图10-31　拉长直线

图10-32　匝数为3的线圈　　　　　　图10-33　匝数为6的线圈

09 绘制高压电容器。单击"默认"选项卡"绘图"面板中的"直线"按钮 ⁄，绘制高压电容器，如图 10-34 所示。

10 绘制高压二极管。单击"默认"选项卡"绘图"面板中的"直线"按钮 ⁄，绘制高压二极管，如图 10-35 所示。

图10-34　高压电容器　　　　　　图10-35　高压二极管

11 绘制磁控管。

❶绘制圆。单击"默认"选项卡"绘图"面板中的"圆"按钮 ⊘，绘制一个半径为 10mm 的圆，如图 10-36 所示。

❷绘制竖直直线。单击"默认"选项卡"绘图"面板中的"直线"按钮 ⁄，在"正交"和"对象捕捉"绘图方式下，用鼠标左键捕捉圆心作为直线的起点，分别向上和向下绘制一条长为 10mm 的直线，直线的另一个端点则落在圆周上，如图 10-37 所示。

图10-36　圆　　　　　　　图10-37　两条竖直直线

❸绘制若干条短小线段。单击"默认"选项卡"绘图"面板中的"直线"按钮 ⁄，关闭"正交"和"对象捕捉"功能，绘制 4 条短小直线，如图 10-38 所示。

❹镜像直线。单击"默认"选项卡"修改"面板中的"镜像"按钮 ⚎，在"捕捉对象"绘图方式下，选择刚才绘制的 4 条小线段为镜像对象，选择竖直直线为镜像线进行镜像，命令行中的提示与操作如下：

> 命令：_mirror↙
>
> 选择对象：找到 1 个
>
> 选择对象：找到 1 个，总计 2 个
>
> 选择对象：找到 1 个，总计 3 个
>
> 选择对象：找到 1 个，总计 4 个（用鼠标左键单击选择需要做镜像的直线）

选择对象:↙

指定镜像线的第一点: <对象捕捉 开> 指定镜像线的第二点:(用鼠标左键捕捉竖直直线的端点)

要删除源对象吗? [是(Y)/否(N)] <N>:↙

绘制出的结果如图 10-39 所示。

❺修剪图形。单击"默认"选项卡"修改"面板中的"修剪"按钮 ╱，选择需要修剪的对象，确定后，用鼠标单击需要修剪的部分，修剪后的结果如图 10-40 所示。

图10-38　绘制小线段　　　　　图10-39　镜像线段　　　　　图10-40　磁控管绘成

📖10.2.4　将实体符号插入到线路结构图中

根据微波炉的原理图，将前面绘制好的实体符号插入到结构线路图合适的位置上，由于在单独绘制实体符号的时候，大小以方便能看清楚为标准，所以插入到结构线路中时，可能会出现不协调，这个时候，可以根据实际需要调用"缩放"功能来及时调整。在插入实体符号的过程中，结合打开"对象捕捉""对象追踪"或"正交"等功能，选择合适的插入点。下面选择几个典型的实体符号插入结构线路图来介绍具体的操作步骤。

01 插入熔断器。我们需要做的工作是将如图 10-41 所示的熔断器插入到如图 10-42 所示的导线 AB 的合适的位置中去。具体步骤如下：

　　　　　图10-41　熔断器　　　　　　　　　　　图10-42　导线AB

❶移动实体符号。在"对象捕捉"绘图方式下，单击"默认"选项卡"修改"面板中的"移动"按钮 ✥，选择需要移动的熔断器，如图 10-43 所示。确定移动对象后，AutoCAD 2018 绘图界面会提示选择移动的基点，选择 A2 作为基点，如图 10-44 所示。用光标捕捉导线 AB 的左端点 A 作为移动熔断器时 A2 点的插入点，插入结果如图 10-45 所示。

　　图10-43　选择移动对象　　　　　　　　　图10-44　指定移动基点

❷调整平移位置。如图 10-45 所示的熔断器插入位置不够协调，这时需要将上一步的平移结果继续向右移动少许距离。单击"默认"选项卡"修改"面板中的"移动"按钮 ✥，将熔断器水平移动 5mm，命令行中的提示与操作如下：

命令:_move↙

选择对象: 指定对角点: 找到 4 个（用鼠标左键选择熔断器）

选择对象:↙

指定基点或 [位移(D)] <位移>:↙

指定位移 <0.0000, 0.0000, 0.0000>: 5,0,0（输入三维的距离，这里只是水平方向的移动）

调整移动距离后的结果如图 10-46 所示。

图10-45　插入熔断器　　　　　　　　　　图10-46　插入实体符号后的结果

02 插入定时开关。将如图 10-47 所示的定时开关插入到如图 10-48 所示的导线 BJ 中。

❶旋转定时开关。单击"默认"选项卡"修改"面板中的"旋转"按钮◎，选择开关作为旋转对象，绘图界面会提示选择旋转基点，这里选择开关的 B2 点作为基点，输入旋转角度为 90。命令行中的提示与操作如下：

命令: _rotate↙

UCS 当前的正角方向： ANGDIR=逆时针　ANGBASE=0

选择对象: 指定对角点: 找到 5 个（用鼠标左键选定开关）

选择对象:↙

指定基点:（用鼠标左键捕捉 B2 点作为旋转基点）

指定旋转角度，或 [复制(C)/参照(R)] <0>: 90↙

旋转后的开关符号如图 10-49 所示。

图10-47　定时开关　　　　　　图10-48　导线BJ　　　　　　图10-49　旋转后的开关

❷平移图形。单击"默认"选项卡"修改"面板中的"移动"按钮✛，在"对象捕捉"绘图方式下，首先选择开关符号为平移对象，然后选定移动基点 B2，最后用光标捕捉导线 BJ 的端点 B 作为插入点，插入图形后的结果如图 10-50 所示。

❸修剪图形。单击"默认"选项卡"修改"面板中的"修剪"按钮⊬，修剪多余的部分，修剪结果如图 10-51 所示。

按照同样的步骤，可以将其他门联锁开关、功能选择开关等插入到结构线路图中。

03 插入炉灯。将如图 10-52 所示的炉灯插入到如图 10-53 所示的导线 JB1 中。

图10-50　平移图形　　　　　　图10-51　修剪图形　　　　　图10-52　炉灯　　　图10-53　导线JB1

❶平移图形。单击"默认"选项卡"修改"面板中的"移动"按钮✛，在"对象捕捉"

绘图方式下，首先选择炉灯符号为平移对象，然后选定移动基点 J2，最后用光标捕捉竖直导线的中点作为插入点，插入图形后的结果如图 10-54 所示。

❷修剪图形。单击"默认"选项卡"修改"面板中的"修剪"按钮，选择需要修剪的对象范围，确定后，绘图界面提示选择需要修剪的对象，如图 10-55 所示。用鼠标单击，修剪掉多余的线段，修剪结果如图 10-56 所示。

按照同样的方法，可以插入电动机。

04 插入高压变压器。前面专门介绍过变压器的组成，在实际的绘图中，可以根据需要，将不同匝数的线圈插入到结构线路图的合适的位置即可。下面以将如图 10-57 所示的匝数为 3 的线圈插入到如图 10-58 所示的导线 GT 为例子，详细介绍其操作步骤。

图10-54　插入符号　　　　　图10-55　修剪图形　　　　　图10-56　修剪结果

❶旋转图形。单击"默认"选项卡"修改"面板中的"旋转"按钮，选择线圈作为旋转对象，绘图界面会提示选择旋转基点，这里选择线圈的 G2 点作为基点，输入旋转角度为 90。旋转后的结果如图 10-59 所示。

❷平移图形。单击"默认"选项卡"修改"面板中的"移动"按钮，在"对象捕捉"绘图方式下，首先选择线圈符号为平移对象，然后选定移动基点 G2，最后用光标捕捉竖直导线 GT 的端点 G 作为插入点，插入图形后的结果如图 10-60 所示。

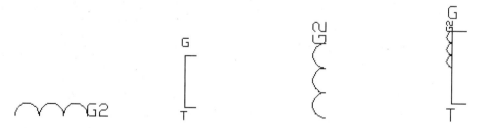

图10-57　线圈　　　　图10-58　导线GT　　　　图10-59　旋转图形　　　　图10-60　平移图形

❸平移图形。单击"默认"选项卡"修改"面板中的"移动"按钮，选择线圈符号为平移对象，然后选定移动基点 G2，输入竖直向下平移的距离为 7mm，命令行中的提示与操作如下：

命令:_move↙
选择对象: 指定对角点: 找到 7 个（用鼠标左键框定线圈作为平移对象）
选择对象:↙

指定基点或 [位移(D)] <位移>: d（选择输入平移距离）

指定位移 <5.0000, 0.0000, 0.0000>: 0,-7,0（即只在竖直方向向下平移 7mm）

平移结果如图 10-61 所示。

❹修剪图形。单击"默认"选项卡"修改"面板中的"修剪"按钮┴，选择需要修剪的对象范围，确定后，绘图界面提示选择需要修剪的对象，修剪掉多余的线段，修剪结果如图 10-62 所示。

按照同样的方法，可以插入匝数为 6 的线圈。

05 插入磁控管。将如图 10-63 所示的磁控管插入到如图 10-64 所示的导线 HV 中。

❶平移图形。单击"默认"选项卡"修改"面板中的"移动"按钮✛，在"对象捕捉"绘图方式下，关闭"正交"功能，选择磁控管为平移对象，用光标捕捉点 H2 为平移基点，将图形移动，另捕捉导线 HV 的端点 V 作为 H2 点的插入点。平移结果如图 10-65 所示。

❷修剪图形。单击"默认"选项卡"修改"面板中的"修剪"按钮┴，选择需要修剪的对象范围，确定后，绘图界面提示选择需要修剪的对象，修剪掉多余的线段，修剪结果如图 10-66 所示。

应用类似的方法将其他电气符号平移到合适的位置，并结合"移动""修剪"等命令对结果进行调整。

将所有实体符号插入到结构线路图后的结果如图 10-67 所示。

图10-61 继续平移图形　图10-62 修剪图形　　　图10-63 磁控管　　　图10-64 导线HV

图10-65 平移结果　　　　　　　　　　　图10-66 修剪结果

图10-67 完成绘制

在绘制过程当中，需要特别强调绘制导线交叉实心点。

在 A3 图形样板中的绘制结果如图 10-68 所示。

图10-68　A3样板中绘制成的图

10.2.5　添加文字和注释

01 新建文字样式。

❶单击"默认"选项卡"注释"面板中的"文字样式"按钮 🗛，打开"文字样式"对话框，如图 10-69 所示。

图10-69　"文字样式"对话框

❷新建文字样式。单击"新建"按钮，打开"新建样式"对话框，输入"注释"。确定后回到"文字样式"对话框。不要单击"使用大字体"一项，否则，无法在字体一项中选择汉字字体。我们在"字体"下拉框中选择"仿宋"，设置"宽度因子"为1，倾斜角度为默认值0。将"注释"置为当前文字样式，单击"应用"按钮以后回到绘图区。

02 添加文字和注释到图中。

❶单击"默认"选项卡"注释"面板中的"多行文字"按钮 **A**，在需要注释的地方划定一个矩形框，弹出如图 10-70 所示的对话框。

❷选择"注释"作为文字样式，根据需要可以调整文字的高度，还可以结合应用"左对齐""居中"和"右对齐"等功能。

图10-70 "文字编辑器"选项卡

❸按照以上的步骤给如图 10-68 所示的图添加文字和注释，得到的结果如图 10-71 所示。

图10-71 完整的电路图

10.3 键盘显示器接口电路

绘制思路

键盘和显示器是数控系统人机对话的外围设备，键盘完成数据输入，显示器显示计算机运行时的状态、数据。键盘和显示器接口电路使用 8155，接口电路如图 10-72 所示。

由于 8155 片内有地址锁存器，因此 8031 的 P0 口输出的低 8 位数据不需要另加锁存器，直接与 8155 的 AD7~AD0 相连，既做低 8 位地址总线又做数据总线，地址直接用 ALE 信号在 8155 中锁存，8031 用 ALE 信号实现对 8155 分时传送地址、数据信号。高 8 位地址由 8155 片选信号和 IO/$\overline{M}$ 决定。由于 8155 只作为并行接口使用，不使用内部 RAM，因此 8155

的 IO/$\overline{\text{M}}$ 引脚直接经电阻 R 接高电平。片选信号端接 74LS138 译码器输出线 $\overline{\text{Y}}_4$ 端，当 $\overline{\text{Y}}_4$ 为低电平时，选中该 8155 芯片。8155 的 $\overline{\text{RD}}$、$\overline{\text{WR}}$、ALE、RESET 引脚直接与 8031 的同名引脚相连。

绘制此电路图的大致思路如下：首先绘制连接线图，然后绘制主要元器件，最后将各个元器件插入到连接线图中，完成键盘显示器接口电路的绘制。

实讲实训
多媒体演示

多媒体演示参见配套光盘中的\\动画演示\第10章\键盘显示器接口电路.avi。

图10-72　键盘显示器接口电路

📖10.3.1　设置绘图环境

01 建立新文件。打开 AutoCAD 2018 应用程序，单击"快速访问"工具栏中的"新建"按钮，以"无样板打开-公制"建立新文件，将新文件命名为"键盘显示器接口电路.dwg"并保存。

02 设置图层。单击"默认"选项卡"图层"面板中的"图层特性"按钮，设置"连接线层"和"实体符号层"两个图层，各图层的颜色、线型、线宽及其他属性状态设置分别如图 10-73 所示。将"连接线层"图层设置为当前图层。

图10-73　图层设置

📖10.3.2 绘制连接线

01 绘制水平直线。单击"默认"选项卡"绘图"面板中的"直线"按钮／，绘制长度为 260mm 的水平直线，如图 10-74 所示。

图10-74 绘制直线

02 偏移水平直线。单击"默认"选项卡"修改"面板中的"偏移"按钮，将图 10-74 所示的直线依次向上偏移 10mm、10mm、10mm、10mm、20mm、6mm、6mm、6mm、6mm、6mm、6mm、6mm，然后将图 10-74 所示直线依次向下偏移 50mm、6mm、6mm、6mm、6mm、6mm、6mm、6mm，偏移后的结果如图 10-75 所示。

图10-75 偏移水平直线

03 绘制竖直直线。单击"默认"选项卡"绘图"面板中的"直线"按钮／，以图 10-75 中 a 点为起点，b 点为终点绘制竖直直线，如图 10-76a 所示。

04 偏移竖直直线。单击"默认"选项卡"修改"面板中的"偏移"按钮，将图 10-76a 所示的竖直直线依次向右偏移 60mm、20mm、20mm、20mm、20mm、20mm、20mm、20mm、60mm，偏移后的结果如图 10-76b 所示。

a)　　　　　　　　　　　　　　　　　b)

图10-76 偏移竖直直线

05 修剪图形。单击"默认"选项卡"修改"面板中的"修剪"按钮，对图 10-76b 进行修剪，得到结果如图 10-77 所示。

06 绘制竖直直线。单击"默认"选项卡"绘图"面板中的"直线"按钮／，以图 10-78 中 c 点为起点绘制竖直直线 cd，如图 10-78a 所示。

07 偏移竖直直线。单击"默认"选项卡"修改"面板中的"偏移"按钮，将图 10-78a 所示的竖直直线依次向右偏移 10mm、18mm、18mm、18mm、18mm、18mm、18mm、18mm，偏移后的结果如图 10-78b 所示。

图10-77　修剪结果

a)

b)

图10-78　偏移直线

08 修剪图形。单击"默认"选项卡"修改"面板中的"修剪"按钮 和"删除"按钮 ，对图 10-78b 进行修剪，同时单击"默认"选项卡"绘图"面板中的"直线"按钮 ，补充绘制直线，得到结果如图 10-79 所示。

图10-79　连接线图

10.3.3　绘制各个元器件

01 绘制 LED 数码显示器。

❶绘制矩形。单击"默认"选项卡"绘图"面板中的"矩形"按钮 ，绘制一个长为 8mm，宽为 8mm 的矩形，结果如图 10-80a 所示。

❷分解矩形。单击"默认"选项卡"修改"面板中的"分解"按钮 ，将绘制的矩形分解为直线 1、直线 2、直线 3、直线 4，如图 10-80a 所示。

❸倒角。单击"默认"选项卡"修改"面板中的"倒角"按钮 ，命令行中的提示与

操作如下：

命令：_chamfer↙

("修剪"模式) 当前倒角距离 1=0.0000，距离 2=0.0000

选择第一条直线或[放弃(U)/多段线(P)/距离(D)/角度(A)/修剪(T)/方式(E)/多个(M)]：（输入 d↙）

指定第一个倒角距离<1.0000>：↙

指定第一个倒角距离<1.0000>：↙

选择第一条直线或[放弃(U)/多段线(P)/距离(D)/角度(A)/修剪(T)/方式(E)/多个(M)]：（选择直线 1）

选择第二条直线，或按住 Shift 键选择要应用角点的直线：（选择直线 2）

重复上述操作，分别对直线 1 和直线 4，直线 3 和直线 4，直线 2 和直线 3 进行倒角，倒角后的结果如图 10-80b 所示。

❹复制倒角矩形。在"正交"绘图方式下，单击"默认"选项卡"修改"面板中的"复制"按钮，将图 10-81 所示的倒角矩形向 Y 轴负方向复制移动 8mm，如图 10-81a 所示。

❺删除倒角边。单击"默认"选项卡"修改"面板中的"删除"按钮，删除 4 个倒角，如图 10-81b 所示。

图10-80　绘制矩形　　　　　　　　　　图10-81　数码显示器

❻绘制矩形。

1）单击"默认"选项卡"绘图"面板中的"矩形"按钮，绘制一个长为 20mm，宽为 20mm 的矩形，如图 10-82a 所示。

2）单击"默认"选项卡"修改"面板中的"移动"按钮，将图 10-81b 所示的图形移动到矩形中，结果如图 10-82b 所示。

图10-82　平移图形图

❼阵列图形。单击"默认"选项卡"修改"面板中的"矩形阵列"按钮，选择图 10-82b 所示的图形为阵列对象，设置"行数"为 1，"列数"为 8，"列间距"为 20，阵列结果如图 10-83 所示。

图10-83　阵列结果

02 绘制 74LS06 非门符号。

❶绘制矩形。单击"默认"选项卡"绘图"面板中的"矩形"按钮▢，绘制一个长为 6mm，宽为 4.5mm 的矩形，如图 10-84 所示。

❷绘制直线。单击"默认"选项卡"绘图"面板中的"直线"按钮✎，在"对象捕捉"中的"中点"绘图方式下，捕捉图 10-84 中矩形左边的中点，以其为起点水平向左绘制一条直线，长度为 5mm，如图 10-85 所示。

❸绘制圆。单击"默认"选项卡"绘图"面板中的"圆"按钮⊘，在"对象捕捉"中的"中点"绘图方式下，捕捉图 10-85 中矩形的右边中点，以其为圆心，绘制半径为 1mm 的圆，如图 10-86 所示。

图10-84　绘制矩形　　　　　图10-85　绘制直线　　　　　图10-86　绘制圆

❹移动圆。单击"默认"选项卡"修改"面板中的"移动"按钮✛，把圆沿 X 轴正方向平移 1 个单位，平移后的结果如图 10-87 所示。

❺绘制直线。单击"默认"选项卡"绘图"面板中的"直线"按钮✎，捕捉图 10-87 中圆的圆心，以其为起点水平向右绘制一条长为 5mm 的直线，如图 10-88 所示。

❻修剪图形。单击"默认"选项卡"修改"面板中的"修剪"按钮┿，以图 10-88 中圆为剪切边，剪去直线在圆内部的部分，如图 10-89 所示。

至此，完成了非门符号的绘制。

图10-87　平移圆　　　　　图10-88　绘制直线　　　　　图10-89　修剪结果

03 绘制芯片 74LS244 符号。

❶绘制矩形。单击"默认"选项卡"绘图"面板中的"矩形"按钮▢，绘制一个长为 6mm，宽为 4.5mm 的矩形，如图 10-90 所示。

❷绘制直线。单击"默认"选项卡"绘图"面板中的"直线"按钮✎，在"对象捕捉"中的"中点"绘图方式下，捕捉图 10-90 中矩形左边的中点，以其为起点水平向左绘制一条直线，长度为 5mm，单击"默认"选项卡"绘图"面板中的"直线"按钮✎，捕捉图 10-90 中矩形右边的中点，以其为起点水平向右绘制一条直线，长度为 5mm，如图 10-91 所示，这就是芯片 74LS244 的符号。

图10-90　绘制矩形　　　　　　　　　图10-91　74LS244符号

04 绘制芯片 8155。

❶绘制矩形。单击"默认"选项卡"绘图"面板中的"矩形"按钮▢，绘制一个长为

210mm，宽为 50mm 的矩形，如图 10-92a 所示。

❷分解矩形。单击"默认"选项卡"修改"面板中的"分解"按钮⬚，将图 10-92a 所示的矩形边框进行分解。

❸偏移直线。单击"默认"选项卡"修改"面板中的"偏移"按钮⬚，将图 10-92a 中的直线 1 向下偏移 35mm，如图 10-92b 所示。

❹绘制直线。单击"默认"选项卡"绘图"面板中的"直线"按钮╱，以图 10-92b 中直线 2 左端点为起点，水平向左绘制一条长度为 40mm 的直线 3，如图 10-92c 所示。

❺偏移直线。单击"默认"选项卡"修改"面板中的"偏移"按钮⬚，将图 10-92c 中的直线 3 依次向下偏移 10mm、10mm、10mm、10mm、10mm、10mm、10mm、10mm、10mm、10mm、10mm、10mm、10mm、10mm，如图 10-92d 所示。

❻修剪图形。单击"默认"选项卡"修改"面板中的"删除"按钮⬚，删除掉图 10-92d 中的直线 2，结果如图 10-92e 所示。

图10-92　芯片8155

05 绘制芯片 8031。单击"默认"选项卡"绘图"面板中的"矩形"按钮▭，绘制一个长为 180mm，宽为 30mm 的矩形，如图 10-93a 所示。

06 绘制其他元器件符号。电阻、电容符号在上节中绘制过，在此不再赘述，单击"默认"选项卡"修改"面板中的"复制"按钮⬚，把电阻、电容符号复制到当前绘图窗口，如图 10-93b 和 c 所示。

图10-93　其他元件符号

📖10.3.4　连接各个元器件

将绘制好的各个元器件符号连接到一起，注意各图形符号的大小可能有不协调的情况，可以根据实际需要利用"缩放"功能来及时调整。本图中元器件符号比较多，下面将以图 10-94a 所示的数码显示器符号连接到图 10-94b 为例来说明操作方法。

a)   b)

图10-94　符号说明

01 平移图形。单击"默认"选项卡"修改"面板中的"移动"按钮⊕，选择图 10-94a 所示的图形符号为平移对象，用光标捕捉如图 10-95 所示的中点为平移基点，以图 10-94 中点 c 为目标点，平移结果如图 10-96 所示。

图10-95　捕捉中点　　　　　　　　　　图10-96　平移结果

02 移动图形。单击"默认"选项卡"修改"面板中的"移动"按钮⊕，选择图 10-96 中显示器图形符号为平移对象，竖直向下平移 10mm，平移结果如图 10-97a 所示。

03 绘制直线。单击"默认"选项卡"绘图"面板中的"直线"按钮／，补充绘制其他直线，结果如图 10-97b 所示。

a)   b)

图10-97　完成绘制

用同样的方法将前面绘制好的其他元器件相连接，并且补充绘制其他直线，具体操作过程不再赘述，结果如图 10-98 所示。

图10-98　完成绘制

📖10.3.5　添加注释文字

01 创建文字样式。单击"默认"选项卡"注释"面板中的"文字样式"按钮🄰，系统打开"文字样式"对话框，如图 10-99 所示。

图10-99　"文字样式"对话框

❶新建文字样式：在"文字样式"对话框中单击"新建"按钮，打开"新建文字样式"对话框，输入样式名"键盘显示器接口电路"，并单击"确定"按钮回到"文字样式"对话框。

❷设置字体：在字体名下拉列表选择"仿宋_GB2312"。

❸设置高度：高度设置为 5。

❹设置宽度因子：宽度因子输入值为 0.7，倾斜角度默认值为 0。

❺检查预览区文字外观，如果合适，单击"应用""关闭"按钮。

02 添加注释文字。单击"默认"选项卡"注释"面板中的"多行文字"按钮🄰，命令行中的提示与操作如下：

命令：_mtext

当前文字样式："键盘显示器接口电路"　文字高度：5 注释性：否

指定第一角点：(指定文字所在单元格左上角点)

指定对角点或 [高度(H)/对正(J)/行距(L)/旋转(R)/样式(S)/宽度(W)/栏(C)] (指定文字所在单元格右下角点)

系统打开"文字格式"对话框，选择文字样式为"键盘显示器接口电路"，如图 10-100

所示。输入"5.1kΩ",其中符号"Ω"的输入,需要单击"插入"面板中的按钮[@],系统弹出"特殊符号"下拉菜单,如图 10-101 所示。从中选择"欧米加"符号,单击"确定"按钮,完成文字的输入。

图10-100 "文字编辑器"选项卡

图10-101 "字符映射表"对话框

03 使用文字编辑命令修改文字得到需要的文字。添加其他注释文字操作的具体过程不再赘述,至此键盘显示器接口电路绘制完毕,结果如图 10-72 所示。

📖10.3.6 小结与引申

本节详细地讲述了键盘显示器接口电路的绘制过程,首先绘制连接线,接着绘制各元器件,再连接各个元器件,最后添加文字。可以促进读者对电气原理的理解,加深设计印象。根据上述方法绘制如图 10-102 所示调频器电路图。

图10-102　调频器电路图

10.4 停电来电自动告知线路图

绘制思路

图 10-103 所示为一种音乐集成电路构成的停电、来电自动告知线路图。它适用于农村需要提示停电、来电的场合。VT1、VD5、R3 组成了停电告知控制电路；IC1、VD1-VD4 等构成了来电告知控制电路；IC2、VT2、BL 为报警声驱动电路。

绘制此图的大致思路如下：首先绘制线路结构图，然后绘制各个元器件的图形符号，将元器件图形符号插入到线路结构图中，最后添加注释文字完成绘制。

> **实讲实训**
> **多媒体演示**
>
> 多媒体演示参见配套光盘中的\\动画演示\第10章\停电来电自动告知线路图.avi。

图10-103　停电来电自动告知线路图

📖10.4.1　设置绘图环境

01 建立新文件。打开 AutoCAD 2018 应用程序，以"无样板打开-公制"建立新文件，将新文件命名为"停电来电自动告知线路图.dwg"并保存。

02 设置图层。单击"默认"选项卡"图层"面板中的"图层特性"按钮，设置

"连接线层"和"实体符号层"一共两个图层，各图层的颜色、线型、线宽及其他属性状态设置分别如图 10-104 所示。将"连接线层"图层设置为当前图层。

图10-104　图层设置

10.4.2　绘制线路结构图

观察图 10-103 可以看出，所有的元器件之间都是用导线连接而成的。因此，线路结构图的绘制方法如下：

单击"默认"选项卡"绘图"面板中的"直线"按钮／，绘制一系列的水平和竖直直线，得到停电来电自动告知线路图的连接线。在绘制过程中，可以使用"对象捕捉"和"正交"绘图功能。绘制相邻直线时，用光标先捕捉相邻已经绘制好的直线端点，以其为起点来绘制下一条直线。由于图中所有的直线都是水平或者竖直直线，因此，使用"正交"方式可以大大减少工作量，方便绘图，提高效率。

如图 10-105 所示的结构图中，各个连接直线的长度：ab=42mm，bc=65mm，cd=60mm，de=40mm，ef=30mm，fg=30mm，gh=105mm，hi=45mm，ij=35mm，jk=155mm，Lm=75mm，Ln=32mm，np=50mm，op=35mm，pq=45mm，rq=25mm，fv=45mm，ut=52mm，tz=50mm，aw=55mm。实际上，在这里绘制各连接线的时候，用了多种不同的方法，如"偏移"命令、"拉长"命令、"多线段"命令等。类似的技巧如果熟练应用，可以大大减少工作量，使我们能够快速准确地绘制我们需要的图形。

图10-105　线路结构图

10.4.3　绘制各图形符号

01 绘制插座。

❶绘制圆弧。单击"默认"选项卡"绘图"面板中的"圆弧"按钮，绘制一条起点

为（100，100），端点为（60,100），半径为20mm的圆弧，如图10-106a所示。

❷绘制直线。单击"默认"选项卡"绘图"面板中的"直线"按钮✏，在"对象捕捉"绘图方式下，用光标分别捕捉圆弧的起点和终点，绘制一条水平直线，如图10-106b所示。

❸绘制竖直直线。单击"默认"选项卡"绘图"面板中的"直线"按钮✏，在"对象捕捉"和"正交"绘图方式下，用光标捕捉圆弧的起点，以其为起点，向下绘制长度为10mm的竖直直线1；用鼠标捕捉圆弧的终点，以其为起点，向下绘制长度为10mm的竖直直线2，如图10-107a所示。

❹平移直线。单击"默认"选项卡"修改"面板中的"移动"按钮✛，将直线1向右平移10mm，将直线2向左平移10mm，结果如图10-107b所示。

图10-106　绘制圆弧　　　　　　　　　　　　　　图10-107　绘制竖直直线

❺拉长直线。单击"默认"选项卡"修改"面板中的"拉长"按钮✏，将直线1和直线2分别向上各拉长40mm，如图10-108a所示。

❻修剪图形。单击"默认"选项卡"修改"面板中的"修剪"按钮✂，以水平直线和圆弧为剪切边，对竖直直线做修剪操作，结果如图10-108b所示，这就是绘制完成的插座的图形符号。

02 绘制开关。

❶绘制等边三角形。

1）单击"默认"选项卡"绘图"面板中的"直线"按钮✏，绘制一条长为20mm的竖直直线，如图10-109a所示。

2）单击"默认"选项卡"修改"面板中的"旋转"按钮⟳，选择"复制"模式，将步骤1）绘制的水平直线绕直线下端点旋转-60°，如图10-109b所示。

3）单击"默认"选项卡"修改"面板中的"旋转"按钮⟳，选择"复制"模式，将步骤1）绘制的水平直线绕直线上端点旋转60°，如图10-109c所示。

图10-108　绘制完成　　　　　　　　　　　　　图10-109　绘制三角形

❷绘制圆。单击"默认"选项卡"绘图"面板中的"圆"按钮⊙，如图10-109所示的三角形顶点为圆心，绘制半径为2mm的圆，如图10-110a所示。

❸删除直线。单击"默认"选项卡"修改"面板中的"删除"按钮✐，删除三角形的三条边，如图10-110b所示。

❹绘制直线。单击"默认"选项卡"绘图"面板中的"直线"按钮✏，以图10-111a

所示象限点为起点，以图 10-111b 所示切点为终点，绘制直线，如图 10-111c 所示。

图10-110　绘制圆

图10-111　绘制直线

❺拉长直线。单击"默认"选项卡"修改"面板中的"拉长"按钮，将图 10-111c 中所绘制的直线拉长 4mm，如图 10-112a 所示。

❻绘制直线。单击"默认"选项卡"绘图"面板中的"直线"按钮，分别以 3 个圆的圆心为起点，水平向右，竖直向上，竖直向下绘制长度为 5mm 的直线，如图 10-112b 所示。

❼修剪图形。单击"默认"选项卡"修改"面板中的"修剪"按钮，以圆为修剪边，修剪掉圆内的线头，结果如图 10-112c 所示。

图10-112　完成绘制

03 绘制扬声器。

❶绘制矩形。单击"默认"选项卡"绘图"面板中的"矩形"按钮，绘制一个长为 18mm，宽为 45mm 的矩形，结果如图 10-113 所示。

❷绘制斜线。单击"默认"选项卡"绘图"面板中的"直线"按钮，关闭"正交"功能，选择菜单栏中的"工具"→"绘图设置"命令，在出现的"草图设置"对话框中设置角度，如图 10-114 所示。绘制一定长度的直线，如图 10-115 所示。

❸镜像直线。单击"默认"选项卡"修改"面板中的"镜像"按钮，将图 10-115 所示的斜线以矩形两个宽边的中点为镜像线，对称复制到下边，结果如图 10-116 所示。

❹绘制直线。单击"默认"选项卡"绘图"面板中的"直线"按钮，连接两斜线端点，如图 10-117 所示。这就是扬声器的图形符号。

04 绘制电源。

❶绘制直线。单击"默认"选项卡"绘图"面板中的"直线"按钮，绘制长度为

20mm 的直线 1，如图 10-118a 所示。

图10-113　绘制矩形　　　　图10-114　"草图设置"对话框　　　　图10-115　绘制斜线

图10-116　镜像图形　　　　　　　图10-117　扬声器符号

❷偏移直线。单击"默认"选项卡"修改"面板中的"偏移"按钮⬚，以直线 1 为起始，依次向下绘制直线 2，偏移量分别为 10mm，如图 10-118b 所示。

❸拉长直线。单击"默认"选项卡"修改"面板中的"拉长"按钮✎，将直线 1 拉长为 15mm，结果如图 10-118c 所示。

a)　　　　　　　　　b)　　　　　　　　　c)

图10-118　绘制电源

05 绘制整流桥。

❶绘制矩形。单击"默认"选项卡"绘图"面板中的"矩形"按钮▭，绘制一个宽度为 50mm，高度为 50mm 的矩形，并将其移动到合适的位置，结果如图 10-119a 所示。

a)　　　　　　　　b)

图10-119　绘制正方形

❷旋转矩形。单击"默认"选项卡"修改"面板中的"旋转"按钮◯，将图10-119a所示的矩形以P为基点，旋转45°，旋转后的结果如图10-119b所示。

❸复制二极管符号。单击"默认"选项卡"修改"面板中的"复制"按钮❀，将以前绘制的二极管符号复制到绘图区，如图10-120a所示。

❹旋转二极管符号。单击"默认"选项卡"修改"面板中的"旋转"按钮◯，将如图10-120a所示的二极管符号旋转90°，旋转后的结果如图10-120b所示。

❺移动图形。单击"默认"选项卡"修改"面板中的"移动"按钮✛，将二极管移动到正方形内，完成整流桥的绘制，结果如图10-121所示。

a)   b)

图10-120 旋转二极管   图10-121 完成绘制

06 绘制光电耦合器。

❶绘制发光二极管。

1）单击"默认"选项卡"块"面板中的"插入"按钮▭，打开"插入"对话框，如图10-122所示。在"名称"后面的下拉列表中选择"箭头"，"插入点"选择"在屏幕上指定"，"比例"选择"在屏幕上指定"和"统一比例"，"旋转"选择"在屏幕上指定"。单击"确定"按钮，插入结果如图10-123所示。命令行中的提示与操作如下：

命令：_insert↙
指定插入点或[基点(B)/比例(S)/旋转(R)]：（在屏幕合适位置选择一点）
指定比例因子：（输入0.15）↙
指定旋转角度<0>：↙

图10-122 "插入"对话框   图10-123 箭头符号

2）单击"默认"选项卡"绘图"面板中的"直线"按钮╱，捕捉图10-123中箭头竖直线的中点，以其为起点，水平向左绘制长为4mm的直线，如图10-124a所示。

3）单击"默认"选项卡"修改"面板中的"旋转"按钮◯，将图10-124a中绘制的箭头绕顶点旋转40°，如图10-124b所示。

4）单击"默认"选项卡"修改"面板中的"复制"按钮❀，将图10-124b绘制的箭头向右复制，向右距离为3mm，如图10-124c所示。

图10-124　绘制箭头

5）单击"默认"选项卡"修改"面板中的"复制"按钮，把以前绘制的二极管符号复制到当前窗口，如图 10-125a 所示。

6）单击"默认"选项卡"修改"面板中的"移动"按钮，移动图 10-124c 所示的箭头到合适的位置，得到发光二极管符号，如图 10-125b 所示。

❷绘制光敏管。

1）单击"默认"选项卡"修改"面板中的"复制"按钮，把以前绘制的晶体管符号复制到当前窗口，如图 10-126a 所示。

2）单击"默认"选项卡"修改"面板中的"删除"按钮，将图 10-126a 中水平线删除，删除后的结果如图 10-126b 所示。

❸组合图形。单击"默认"选项卡"修改"面板中的"移动"按钮，将图 10-125b 发光二极管符号和 10-126b 光敏管符号平移到长为 45mm，宽为 23mm 的矩形中，如图 10-127 所示，这就是绘制完成的 IC1 光电耦合器的图形符号。

a)　　　　　　b)　　　　　　　　　　a)　　　　　　b)

图10-125　发光二极管　　　　　　图10-126　光敏管

图10-127　IC1光电耦合器

07 绘制 PNP 型半导体管。

❶复制图形。单击"默认"选项卡"修改"面板中的"复制"按钮，把以前绘制的晶体管符号复制到当前窗口。

❷删除箭头。单击"默认"选项卡"修改"面板中的"删除"按钮，将图 10-126a

图形中箭头删除，删除后的结果如图 10-128 所示。

❸绘制直线。单击"默认"选项卡"绘图"面板中的"直线"按钮╱，捕捉上方斜线为起点，绘制适当长度直线，如图 10-129 所示。

图10-128 箭头删除后图形　　　　图10-129 绘制直线

❹镜像直线。单击"默认"选项卡"修改"面板中的"镜像"按钮⚏，捕捉图 10-130 中的斜向线向下镜像直线，结果如图 10-131 所示。

图10-130 捕捉镜像线　　　　图10-131 PNP半导体管

08 绘制其他图形符号。

二极管、电阻、电容符号在以前绘制过，在此不再赘述，单击"默认"选项卡"修改"面板中的"复制"按钮，把二极管、电阻、电容符号复制到当前绘图窗口，如图 10-132 所示。

图10-132 其他图形符号

📖10.4.4 将图形符号插入到结构图中

调用"移动"命令，将绘制好的各图形符号插入到线路结构图中对应的位置，然后调用"修剪"和"删除"命令，删除掉多余的图形。在插入图形符号的时候，根据需要可以调用"缩放"命令，调整图形符号的大小，以保持整个图形的美观整齐。完成后的结果如图 10-133 所示。

📖10.4.5 添加注释文字

01 创建文字样式。单击"默认"选项卡"注释"面板中的"文字样式"按钮，打开"文字样式"对话框，创建一个样式名为"停电来电自动告知线路图 1"的文字样式，用来标注文字。"字体名"为"仿宋_GB2312"，"字体样式"为"常规"，"高度"为 10，"宽度因子"为 0.7，如图 10-134 所示。

图10-133　完成绘制

02 添加注释文字。单击"默认"选项卡"注释"面板中的"多行文字"按钮**A**，输入几行文字，然后调整其位置，以对齐文字。调整位置的时候，结合使用正交命令。

03 使用文字编辑命令修改文字来得到需要的文字。

至此，停电来电自动告知线路图绘制完毕，结果如图 10-103 所示。

图10-134　"文字样式"对话框

📖 10.4.6　小结与引申

通过绘制停电来电自动告知线路图，学习 AutoCAD 2018 的以下操作：掌握"直线 LINE""圆弧 ARC""拉长 LENGTHEN""偏移 OFFSET""圆 CIRCLE""修剪 TRIM""旋转 ROTATE""移动 MOVE""复制 COPY""镜像 MIRROR"命令的使用方法。

本节详细地讲述了停电来电自动告知线路图的绘制过程，首先讲述了停电来电自动告知线路的结构图，接着绘制各图形符号。然后将所有图形组合插入到结构图中，在最后一节中作者为停电来电自动告知线路图添加文字说明。根据上述方法绘制如图 10-135 所示日光灯的调节器电路。

图10-135　日光灯的调节器电路

第 章

控制电气工程图设计

随着电厂生产管理的要求及电气设备智能化水平的不断提高，电气控制系统(ECS)功能得到了进一步扩展，理念和水平都有了更深意义的延伸。将ECS及电气各类专用智能设备(如同期、微机保护、自动励磁等)采用通信方式与分散控制系统接口，作为一个分散控制系统中相对独立的子系统，实现同一平台，便于监控、管理、维护，即厂级电气综合保护监控的概念。

 学 习 要 点

- 车床主轴传动控制电路
- 水位控制电路的绘制
- 电动机自藕减压起动控制电路

11.1 控制电气简介

📖 11.1.1 控制电路简介

从研究电路的角度来看，一个实验电路一般可分为电源、控制电路和负载电路3部分。负载电路是事先根据实验方法确定好的，可以把它简化为一个电阻R来代替。根据负载所要求的电压值U和电流值I，就可选定电源。一般电学实验对电源并不苛求，只要选择电源的电动势E略大于U，电源的额定电流大于工作电流I即可。负载和电源都确定后，就可以安排控制电路，使负载能获得所需要的各个不同的电压和电流值。一般来说，控制电路中电压或电流的变化都可用滑线式可变电阻来实现。控制电路有制流和分压两种最基本接法，两种接法的性能和特点可由调节范围、特性曲线、细调程度来表征。

一般在安排控制电路时，并不一定要求设计出一个最佳方案，只要根据现有的设备设计出既安全又省电，且能满足实验要求的电路就可以了。设计方法一般也不必做复杂的计算，可以边实验边改进。先根据负载的电阻值R要求调节的范围确定电源电动势E，然后综合比较一下采用分压还是制流，确定了R0后，估计一下细调程度是否足够，然后做一些初步试验，看看在整个范围内细调是否满足要求，如果不能满足，则可以加接变阻器，分段逐级细调。

控制电路主要分为开环（自动）控制系统和闭环（自动）控制系统（也称为反馈控制系统）。其中开环(自动)控制系统包括前向控制、程控(数控)、智能化控制等，如录音机的开、关机，自动录放，程序工作等。闭环(自动)控制系统则是反馈控制，将受控物理量自动调整到预定值。

其中反馈控制是最常用的一种控制电路。下面介绍3种常用的反馈控制方式。

1．自动增益控制 AGC（AVC）

反馈控制量为增益(或电平)，以控制放大器系统中某级(或几级)的增益大小。

2．自动频率控制 AFC

反馈控制量为频率，以稳定频率。

3．自动相位控制 APC（PLL）

反馈控制量为相位。PLL可实现调频、鉴频、混频、解调、频率合成等。

如图11-1所示为一种常见的反馈自动控制系统的模式。

图11-1 反馈控制系统的组成

11.1.2 控制电路图简介

控制电路大致可以包括下面几种类型的电路：自动控制电路、报警控制电路、开关电路、灯光控制电路、定时控制电路、温控电路、保护电路、继电器控制电路、晶闸管控制电路、电机控制电路、电梯控制电路等。下面对其中几种控制电路的典型电路图进行举例。

如图11-2所示的电路图为报警控制电路中的一种典型电路，即汽车多功能报警器电路图。

图11-2　汽车多功能报警器电路图

它的功能要求为当系统检测到汽车出现各种故障时进行语音提示报警。语音：左前轮、右前轮、左后轮、右后轮、胎压过低、胎压过高、请换电池、叮咚；控制方式：并口模式；语音对应地址：（在每个语音组合中加入200ms的静音）；00H "叮咚" ＋左前轮＋胎压过高；01H "叮咚" ＋右前轮＋胎压过高；02H "叮咚" ＋左后轮＋胎压过高；03H "叮咚" ＋右后轮＋胎压过高；04H "叮咚" ＋左前轮＋胎压过低；05H "叮咚" ＋右前轮＋胎压过低；06H "叮咚" ＋左后轮＋胎压过低；07H "叮咚" ＋右后轮＋胎压过低；08H "叮咚" ＋左前轮＋请换电池；09H "叮咚" ＋右前轮＋请换电池；0AH "叮咚" ＋左后轮＋请换电池；0BH "叮咚" ＋右后轮+请换电池。

如图11-3所示的电路为温控电路中的一种典型电路。该电路是由双D触发器CD4013中的一个D触发器组成，电路结构简单，具有上、下限温度控制功能。控制温度可通过电位器预置，当超过预置温度后自动断电。它可用于电热加工的工业设备，电路组成如图11-3所示。电路中将D触发器连接成一个RS触发器，以工业控制用的热敏电阻MF51做温度传感器。

图11-4所示的电路图为继电器电路中的一种典型电路。图11-4a中，集电极为负，发射极为正，对于PNP型管而言，这种极性的电源是正常的工作电压；图11-4b中，集电极为正，发射极为负，对于NPN型管而言，这种极性的电源是正常的工作电压。

图11-3 高低温双限控制器(CD4013)电路图

图11-4 交流电子继电器电路图

11.2 车床主轴传动控制电路

如图11-5所示的电路控制三相电源实现正反转,共有4组反向并联晶闸管开关。由于笼型电动机起动电流很大,为了限制电流上升率,在电动机起动时串入电抗器L,起动完毕后由接触器KM将其短接。

👉 绘制思路

合上总电源开关 QF, 按正转起动按钮 SB2, 继电器 KA1 线圈得电吸合并自保, 其两对常开触点闭合, 晶闸管 VT1～VT4 的门极电路被接通, VT1～VT4 导通, 电动机 M 经电抗器 L 正转起动。同时继电器 KA1 的另一对常开触点闭合, 使时间继电器 KT 得电吸合, 经过适当延时, 其常开延时闭合触点闭合, 使接触器 KM 得电吸合并自保, 其主触头闭合, 将电抗器 L 短路, 起动完毕。同时接触器 KM 的辅助常闭触点断开, 使时间继电器 KT 失电释放。按停止按钮 SB1, 电动机停转。反转控制与正转控制相似。

绘制本图的大致思路如下: 首先绘制各个元器件图形符号, 然后按照线路的分布情况绘制结构图, 将各个元器件插入到结构图中, 最后添加文字注释完成本图的绘制。

实讲实训
多媒体演示

多媒体演示参见配套光盘中的\\动画演示\第11章\车床主轴传动控制电路.avi。

图11-5　C650车床主轴传动无触点正反转控制电路

📖 11.2.1　设置绘图环境

01 建立新文件。打开AutoCAD 2018应用程序，单击"快速访问"工具栏中的"新建"按钮，以"无样板打开-公制"建立新文件，将新文件命名为"C650车床主轴传动无触点正反转控制电路.dwg"并保存。

02 设置图层。一共设置以下3个图层："连接线图层""实体符号层"和"虚线层"，将"实体符号层"图层设置为当前图层。设置好的各图层的属性如图11-6所示。

图11-6　图层设置

📖 11.2.2　绘制结构图

01 绘制竖直直线。单击"默认"选项卡"绘图"面板中的"直线"按钮，选择屏幕上合适的位置，以其为起点竖直向下绘制长度为210mm的直线1，结果如图11-7a所示。

02 偏移直线。单击"默认"选项卡"修改"面板中的"偏移"按钮，将图11-7a中的直线1依次向右偏移10 mm、10 mm、12 mm、3 mm、86 mm、5 mm、46 mm，得到7条竖直直线，结果如图11-7b所示。

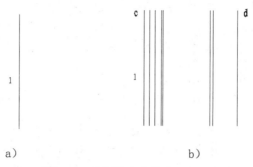

图11-7　绘制竖直直线

03 绘制水平直线。单击"默认"选项卡"绘图"面板中的"直线"按钮／，连接如图11-7b中的c与d两点，结果如图11-8a所示。

04 偏移水平直线。单击"默认"选项卡"修改"面板中的"偏移"按钮，将图11-8a中的直线cd依次向下偏移10mm、40mm、20mm、20mm、40mm、25mm、55mm，得到7条水平直线，结果如图11-8b所示。

图11-8　绘制水平直线

05 修剪图形。单击"默认"选项卡"修改"面板中的"修剪"按钮和"删除"按钮，对图形进行修剪，结果如图11-9所示。

图11-9　结构图

11.2.3　将元器件符号插入到结构图

01 组合图形。

❶复制图形。单击"快速访问"工具栏中的"打开"按钮，将"源文件/第11章/

电气元件"中的二极管图形符号、电阻器图形符号、电容器图形符号、晶闸管图形符号、熔断器图形符号、继电器常开触点图形符号复制到当前绘图环境中，结果如图11-10所示。

图11-10 元器件图形符号

❷平移元器件符号。单击"默认"选项卡"修改"面板中的"移动"按钮➕，在"对象捕捉"绘图方式下，将各个元器件符号摆放到适当的位置，结果如图11-11所示。

图11-11 摆放元器件

❸连接元器件符号。单击"默认"选项卡"绘图"面板中的"直线"按钮／，将图11-11中的元器件符号连接起来，结果如图11-12所示。

图11-12 连线图

02 组合图形2。

❶复制图形。单击"快速访问"工具栏中的"打开"按钮📂，将"源文件/第11章/电气元件"中的接触器图形符号，电抗器图形符号，电动机图形符号等复制到当前绘图环境中，结果如图11-13所示。

图11-13 元器件图形符号

❷平移元器件符号。单击"默认"选项卡"修改"面板中的"移动"按钮➕，在"对象捕捉"绘图方式下将各个元器件符号摆放到适当的位置，结果如图11-14所示。

❸连接元器件符号。单击"默认"选项卡"绘图"面板中的"直线"按钮／，将图11-14中的元器件符号连接起来，结果如图11-15所示。

03 组合图形3。

❶复制图形。单击"快速访问"工具栏中的"打开"按钮📂，将"源文件/第11章/

电气元件"中的总电源开关图形符号，熔断器图形符号复制到当前绘图环境中，结果如图11-16所示。

图11-14　摆放元器件

图11-15　连线图

图11-16　元器件图形符号

❷连接元器件符号。单击"默认"选项卡"修改"面板中的"移动"按钮✛，在"对象捕捉"绘图方式下将各个元器件符号摆放到适当的位置。单击"默认"选项卡"绘图"面板中的"直线"按钮╱，将图11-16中的元器件符号连接起来，结果如图11-17所示。

04 组合图形。

❶复制图形。单击"快速访问"工具栏中的"打开"按钮▷，将"源文件/第11章/电气元件"中的电容器图形符号、电阻器图形符号复制到当前绘图环境中，结果如图11-18所示。

❷平移元器件符号。单击"默认"选项卡"修改"面板中的"移动"按钮✛，在"对象捕捉"绘图方式下，将各个元器件符号摆放到适当的位置，结果如图11-19所示。

图11-17　连接元器件符号

图11-18　元器件图形符号

图11-19　摆放图形符号

❸连接元器件符号。单击"默认"选项卡"绘图"面板中的"直线"按钮╱，将图11-19中的元器件符号连接起来，结果如图11-20所示。

05 组合图形。

❶复制图形。单击"快速访问"工具栏中的"打开"按钮▷，将"源文件/第11章/

电气元件"中的接触器常开触点图形符号，接触器常闭触点、起动按钮图形符号等复制到当前绘图环境中，如图11-21所示。

图11-20 连接线图　　　　　　　　　　　　　图11-21 元器件图形符号

❷平移元器件符号。单击"默认"选项卡"修改"面板中的"移动"按钮 ✛，在"对象捕捉"绘图方式下，将各个元器件符号摆放到适当的位置，如图 11-22 所示。

❸连接元器件符号。单击"默认"选项卡"绘图"面板中的"直线"按钮 ╱，将图 11-22 中的元器件符号连接起来，结果如图 11-23 所示。

图11-22 摆放各元器件符号　　　　　　　　　图11-23 连接线图

06 将组合图形插入到结构图中。

❶将组合图形1插入到结构图中。单击"默认"选项卡"修改"面板中的"移动"按钮 ✛，在"对象捕捉"绘图方式下用光标捕捉组合图形（见图11-12），以q点作为平移基点，移动光标，用光标捕捉图11-24结构图中的e点，以e点作为平移目标点，将组合图形1平移到结构图中来，结果如图11-25所示。

单击"默认"选项卡"修改"面板中的"复制"按钮 ✑，将上步插入的组合图形1依次向下复制40mm、40mm、40mm、40mm，单击"默认"选项卡"修改"面板中的"修剪"按钮 ╱，修剪掉多余的直线，结果如图11-25所示。

❷将组合图形2插入到结构图中。单击"默认"选项卡"修改"面板中的"移动"按钮 ✛，在"对象捕捉"绘图方式下用光标捕捉图11-15组合图形，以0点作为平移基点，移动鼠标，用光标捕捉图11-25结构图中的f点，以f点作为平移目标点，将组合图形平移到结构图中来，单击"默认"选项卡"修改"面板中的"修剪"按钮 ╱，修剪掉多余的直线，结果如图11-26所示。

❸将组合图形3插入到结构图中。单击"默认"选项卡"修改"面板中的"移动"按钮 ✛，在"对象捕捉"绘图方式下用鼠标捕捉图11-17组合图形3中的n点，以n点作为平移基点，移动鼠标，用鼠标捕捉图11-26结构图中的p点，以p点作为平移目标点，将组合图形3平移到结构图中来，结果如图11-27所示。

图11-24 插入组合图形1

图11-25 复制组合图形1

图11-26 插入组合图形2

图11-27 插入组合图形3

❹将组合图形4插入到结构图中。单击"默认"选项卡"修改"面板中的"移动"按钮 ，在"对象捕捉"绘图方式下用光标捕捉图11-20组合图形4中的t点，以t点作为平移基点，移动鼠标，用光标捕捉图11-27结构图中的k点，以k点作为平移目标点，将组合图形4平移到结构图中来。单击"默认"选项卡"修改"面板中的"移动"按钮 ，将刚插入的组合图形4向上移动110mm，结果如图11-28所示。

❺将组合图形5插入到结构图中。

1）单击"默认"选项卡"修改"面板中的"移动"按钮 ，在"对象捕捉"绘图方式下，用光标捕捉图11-23组合图形5中的s点，以s点作为平移基点，移动光标，用光标捕捉图11-28结构图中h的点，以h点作为平移目标点，将组合图形5平移到结构图中来。单击"默认"选项卡"修改"面板中的"移动"按钮 ，将刚插入的组合图形5向右移动51mm，结果如图11-29所示。

图11-28　插入组合图形4

图11-29　插入组合图形5

2）单击"默认"选项卡"修改"面板中的"复制"按钮 ，将上步插入的组合图形5向右复制40mm，单击"默认"选项卡"修改"面板中的"修剪"按钮 ，修剪掉多余的直线，结果如图11-30所示。

07 将其他图形符号插入到结构图中。采用相同的方法，单击"默认"选项卡"修改"面板中的"移动"按钮 ，将其他的元器件图形符号插入到结构图中，结果如图11-31所示。

图11-30　复制组合图形2

图11-31　完成绘制

📖 11.2.4　添加注释文字

01 创建文字样式。单击"默认"选项卡"注释"面板中的"文字样式"按钮 ，打开"文字样式"对话框，创建一个样式名为"车床主轴传动控制电路图"的文字样式。

"字体名"为"txt"，"字体样式"为"常规"，"高度"为4，"宽度因子"为0.7。

02 添加注释文字。单击"默认"选项卡"注释"面板中的"文字样式"按钮，输入几行文字，然后调整其位置，以对齐文字。调整位置的时候，结合使用正交命令。

03 使用文字编辑命令修改文字来得到需要的文字。

添加注释文字后，即完成了整张图的绘制，如图11-5所示。

11.2.5 小结与引申

本节讲解了车床主轴传统控制电路设计过程，包括绘制结构图及插入元器件符号添加文字说明等步骤。通过对以上实例的讲解，使读者明白车床主轴传动控制电路的一般设计过程。该设计也可以类推到其他车床控制电路上，也可根据上述方法绘制如图11-32所示的工作台控制图。

图11-32 工作台控制图

11.3 水位控制电路的绘制

绘制思路

图 11-33 所示为水位控制的电路图，这是一种典型的自动控制线路图。绘图思路为：首先观察并分析图的结构，绘制出大体的结构框图，也就是绘制出主要的电路图导线即可，然后绘制出各个电子元件，接着将各个电子元件"安装"到结构图中相应的位置中，最后在电路图的适当的位置添加相应的文字和注释说明，即可完成电路图的绘制。通过观察，可知该电路图的绘制主要包括 3 个部分：供电线路、控制线路和负载线路。

> **实讲实训**
> **多媒体演示**
> 多媒体演示参见配套光盘中的\\\\动画演示\第11章\水位控制电路的绘制.avi。

11.3.1 设置绘图环境

01 建立新文件。打开AutoCAD 2018应用程序，单击"快速访问"工具栏中的"新建"按钮□，系统打开"选择样板"对话框，用户在该对话框中选择需要的样板图。

在"创建新图形"对话框中选择已经绘制好的样板图，单击"打开"按钮，则会返回绘图区域，同时选择的样板图也会出现在绘图区域内，其中样板图左下端点坐标为(0，0)。本实例选用A3样板图，如图11-34所示。

图11-33　水位控制电路图

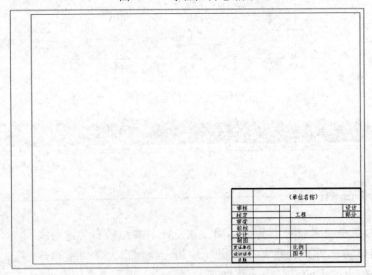

图11-34　插入的A3样板图

03 设置图层。单击"默认"选项卡"图层"面板中的"图层特性"按钮，新建3个图层，分别命名为"连接线图层""实体符号层"和"虚线层"，图层的颜色、线型、线宽等属性状态设置如图11-35所示。

这里需要注意的是，在建立"虚线层"的时候，由于默认的线型为 ——，所以需要加载新的线型。在"图层特性管理器"右边的空白处单击右键，从快捷菜单里面单击"新建图层"后，建立"虚线层"，单击"虚线层"旁边对应的"线型"，打开如图11-36所示的对话框。单击"加载" 按钮，打开"加载或重载线型"对话框，如图11-37所示。单击"文件"按钮，找到一个"acadiso.lin"的文件，在下面的线型中选择所要的虚线 - - -。

图11-35 新建图层

图11-36 "选择线型"对话框

图11-37 "加载或重载线型"对话框

📖11.3.2 绘制线路结构图

这里分3个部分绘制线路结构图，即供电线路结构图、控制线路结构图和负载线路结构图。

01 供电线路结构图。

❶绘制竖直直线。单击"默认"选项卡"绘图"面板中的"直线"按钮 ✏，在"正交"绘图方式下，在AutoCAD 2018界面找到一个合适位置作为直线的起点，向下绘制一条长为180mm的竖直直线，如图11-38所示。

❷偏移直线。单击"默认"选项卡"修改"面板中的"偏移"按钮 ⬚，选择直线AB作为偏移对象，输入偏移的距离为16mm，单击竖直直线的右边，绘制竖直直线CD；按照同样的方法，在直线CD右边绘制一条直线，偏移距离仍然是16mm。命令行中的提示与操作如下：

命令：_offset✓
当前设置：删除源=否　图层=源　OFFSETGAPTYPE=0
指定偏移距离或 [通过(T)/删除(E)/图层(L)] <11.0000>： 16✓
选择要偏移的对象，或 [退出(E)/放弃(U)] <退出>：（用光标选定直线 AB）
指定要偏移的那一侧上的点，或 [退出(E)/多个(M)/放弃(U)] <退出>：（单击直线 AB 的右边区域）

选择要偏移的对象，或 [退出(E)/放弃(U)] <退出>:（用光标选定直线 CD）

指定要偏移的那一侧上的点，或 [退出(E)/多个(M)/放弃(U)] <退出>:（单击直线 CD 的右边区域）

偏移直线的结果如图11-39所示。

❸绘制圆。单击"默认"选项卡"绘图"面板中的"圆"按钮 ⊘ ，在"对象捕捉"绘图方式下用光标捕捉直线AB的端点A作为圆的圆心，如图11-40所示。绘制半径为2mm的圆，命令行中的提示与操作如下：

命令: _circle ✓

指定圆的圆心或 [三点(3P)/两点(2P)/相切、相切、半径(T)]:（用光标捕捉直线 AB 的端点）

指定圆的半径或 [直径(D)]: 2✓

绘制结果如图 11-41 所示。

图11-38　竖直直线　　　　　　　图11-39　偏移竖直直线　　　　　　　　图11-40　捕捉端点

❹绘制圆。单击"默认"选项卡"绘图"面板中的"圆"按钮 ⊘ ，按照步骤❸绘制圆的步骤分别捕捉直线CD的端点C和直线EF的端点E作为圆的圆心，输入半径为2mm，绘制结果如图11-42所示。

❺修剪图形。单击"默认"选项卡"修改"面板中的"修剪"按钮 ⁄ ，选择直线AB、CD、EF作为剪切对象，3个圆作为剪切边。修剪的结果如图11-43所示。

图11-41　绘制圆　　　　　　图11-42　偏移圆　　　　　　图11-43　修剪图形

02 绘制控制线路结构图。控制线路结构图部分主要由水平直线和竖直直线构成，在"正交"和"捕捉对象"绘图方式下可以有效地提高绘图效率。

❶绘制矩形。单击"默认"选项卡"绘图"面板中的"矩形"按钮 ▢ ，绘制一个长为120mm、宽为100mm的矩形。命令行中的提示与操作如下：

命令: _rectang✓

指定第一个角点或 [倒角(C)/标高(E)/圆角(F)/厚度(T)/宽度(W)]:

指定另一个角点或 [面积(A)/尺寸(D)/旋转(R)]: d↙

指定矩形的长度 <100.0000>: 120↙

指定矩形的宽度 <80.0000>: 100↙

指定另一个角点或 [面积(A)/尺寸(D)/旋转(R)]: ↙

绘图结果如图11-44所示。

❷分解矩形。单击"默认"选项卡"修改"面板中的"分解"按钮 ⬚，将矩形分解成直线GH、直线IJ、直线GI和直线HJ。绘制结果如图11-45所示。

❸绘制直线。单击"默认"选项卡"修改"面板中的"偏移"按钮 ⬚，在图11-45内部绘制一些水平和竖直的直线，单击"默认"选项卡"修改"面板中的"修剪"按钮 ⁄‒和"删除"按钮 ✎，绘制如图11-46所示的图形。其中，GK=20mm，KL=20mm，LM=30mm，MN=52mm，LO＝20mm，MP＝20mm，OP=30mm，OQ=PR=10mm，RS=32mm，TH=38mm，TY=62mm，YU=6mm，UV=20mm，SV=18mm，VW=12mm，NX=60mm。

图11-44　绘制矩形

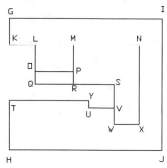

图11-45　分解矩形

图11-46　控制线路结构图

03 绘制负载线路结构图。

❶绘制矩形。单击"默认"选项卡"绘图"面板中的"矩形"按钮 ▭，在图纸的合适位置绘制一个长为100mm，高为120mm的矩形，如图11-47所示。

❷分解矩形。单击"默认"选项卡"修改"面板中的"分解"按钮 ⬚，将矩形分解成直线A1B1、直线B1D1、直线A1C1、直线C1D1。

❸偏移直线。单击"默认"选项卡"修改"面板中的"偏移"按钮 ⬚，选择直线B1D1作为偏移对象，输入偏移距离为20mm，用光标单击直线B1D1的左边，绘制出偏移直线E1F1，按照同样的方法，在直线E1F1的左边20mm处绘制一条直线G1H1。另外，选择直线A1B1为偏移对象，输入偏移距离为10mm，单击直线A1B1的左边，绘制一条直线I1J1，绘制结果如图11-48所示。

图11-47　绘制矩形

图11-48　偏移直线

❹绘制连接的直线。单击"默认"选项卡"绘图"面板中的"直线"按钮，打开"对象捕捉"功能，用光标捕捉直线I1J1的端点I1，捕捉直线A1C1的端点A1，绘制直线I1A1。按照同样的方法，连接点J1和C1，绘制结果如图11-49所示。

❺绘制正四边形。单击"默认"选项卡"绘图"面板中的"多边形"按钮，在"正交"绘图方式下输入正多边形的边数为4，指定四边形的一边，用光标捕捉直线I1J1的中点K1作为该边的一个端点，捕捉直线I1J1的其他位置上的一个合适的点作为该边的另外一个端点，绘制出一个正方形，命令行中的提示与操作如下：

命令: _polygon

输入侧面数<4>:

指定正多边形的中心点或 [边(E)]: E↙

指定边的第一个端点: （用光标捕捉直线 I1J1 的中点）

指定边的第二个端点: <正交 开>（用鼠标在直线 I1J1 上捕捉 I1J1 的中点正下方的一个点）

绘制结果如图11-50所示。

图11-49　绘制连接直线

图11-50　绘制正四边形

❻旋转正四边形。单击"默认"选项卡"修改"面板中的"旋转"按钮，选择四边形为旋转对象，指定K1点为旋转基点，输入旋转角度为225°。命令行中的提示与操作如下：

命令: _rotate↙

UCS 当前的正角方向: ANGDIR=逆时针 ANGBASE=0

选择对象: 找到 1 个

选择对象: ↙

指定基点: <对象捕捉 开>（用光标捕捉 K1 点）

指定旋转角度，或 [复制(C)/参照(R)] <0>: 225↙

旋转结果如图11-51所示。

❼拉长直线。单击"默认"选项卡"修改"面板中的"拉长"按钮，选择直线C1J1作为拉长对象，输入拉长的增量为40mm，将C1J1向左边拉长。命令行中的提示与操作如下：

命令: _lengthen↙

当前长度: 11.0000

选择对象或 [增量(DE)/百分数(P)/全部(T)/动态(DY)]: de↙

输入长度增量或 [角度(A)] <20.0000>: 40↙

选择要修改的对象或 [放弃(U)]:

选择要修改的对象或 [放弃(U)]:✓

拉长结果如图11-52所示。

图11-51　旋转四边形　　　　　　　　　图11-52　拉长直线

❽绘制多段线。单击"默认"选项卡"绘图"面板中的"多段线"按钮 ⌐ɔ，在"正交"绘图方式下分别捕捉四边形的两个对角方向上的顶点作为多段线的起点和终点，使得L1M1=15mm，M1N1=22mm，N1O1=60mm，O1P1=22mm，P1Q1=15mm。命令行中的提示与操作如下：

命令: _pline✓

指定起点:（用光标捕捉正四边形的一个顶点）

当前线宽为 0.0000

指定下一个点或 [圆弧(A)/半宽(H)/长度(L)/放弃(U)/宽度(W)]: 15✓

指定下一点或 [圆弧(A)/闭合(C)/半宽(H)/长度(L)/放弃(U)/宽度(W)]: 22✓

指定下一点或 [圆弧(A)/闭合(C)/半宽(H)/长度(L)/放弃(U)/宽度(W)]: 60✓

指定下一点或 [圆弧(A)/闭合(C)/半宽(H)/长度(L)/放弃(U)/宽度(W)]: 22✓

指定下一点或 [圆弧(A)/闭合(C)/半宽(H)/长度(L)/放弃(U)/宽度(W)]:

（用光标捕捉正四边形的另外一个顶点）✓

多段线的绘制结果如图11-53所示。

❾绘制直线。单击"默认"选项卡"绘图"面板中的"直线"按钮 ⟋，用光标捕捉四边形的端点R1作为直线端点，捕捉R1到直线J1D1的垂足作为直线的另一个端点，绘制结果如图11-54所示。

　　　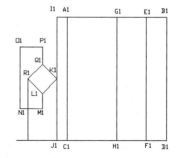

图11-53　绘制多段线　　　　　　　　　图11-54　绘制多段线

❿修剪图形。单击"默认"选项卡"修改"面板中的"修剪"按钮 ⟋，选择需要修剪的对象，修剪掉多余的线段，修剪结果如图11-55所示。

⓫绘制矩形。单击"默认"选项卡"绘图"面板中的"矩形"按钮▭，以直线G1H1为对称轴，绘制一个长为8mm、宽为45mm的矩形，如图11-56所示。

图11-55　修剪图形　　　　　　　　　　　图11-56　绘制矩形

⓬绘制圆形。单击"默认"选项卡"绘图"面板中的"圆"按钮⊘，在矩形范围内的直线G1H1上捕捉一个圆心，绘制一个半径为3mm的圆形，绘制结果如图11-57所示。

⓭绘制圆形。单击"默认"选项卡"绘图"面板中的"圆"按钮⊘，同样在直线G1H1上捕捉圆心，在刚绘制圆的正下方绘制两个半径均为3mm的圆，绘制结果如图11-58所示。

图11-57　绘制圆形　　　　　　　　　　　图11-58　继续绘制圆形

⓮修剪图形。单击"默认"选项卡"修改"面板中的"修剪"按钮，将这些小圆之间多余的直线修剪掉，修剪后的结果如图11-59所示。

⓯绘制直线。单击"默认"选项卡"绘图"面板中的"直线"按钮，在"正交"和"对象捕捉"绘图方式下捕捉直线G1H1上半段的一个点作为直线的起点，捕捉该点到直线E1F1的垂足作为直线的终点，绘制结果如图11-60所示。

图11-59　修剪图形　　　　　　　　　　　图11-60　绘制直线

⓰绘制多段线。单击"默认"选项卡"绘图"面板中的"多段线"按钮 ⊃，捕捉第二个小圆圆心作为起点，绘制如图11-61所示的多段线。

⓱修剪图形。单击"默认"选项卡"修改"面板中的"修剪"按钮 ⁻∕⁻，将多余的线段修剪掉，修剪结果如图11-62所示。

图11-61　绘制多段线

图11-62　修剪图形

　　按照类似以上的一些方法来绘制线路结构图的其他的一些图形，最后的绘制结果如图11-63所示。

图11-63　负载线路结构图

　　将供电线路结构图、控制线路结构图和负载线路结构图组合，结果如图11-64所示。

图11-64　线路结构图

📖11.3.3　绘制实体符号

01 绘制熔断器。

❶绘制矩形。单击"默认"选项卡"绘图"面板中的"矩形"按钮 ▢，绘制一个长

度为10mm，宽度为5mm的矩形，如图11-65所示。

❷分解矩形。单击"默认"选项卡"修改"面板中的"分解"按钮凸，将矩形分解成为直线1、直线2、直线3和直线4，如图11-66所示。

❸绘制直线。在"对象捕捉"绘图方式下单击"默认"选项卡"绘图"面板中的"直线"按钮╱，捕捉直线2和直线4的中点作为直线5的起点和终点，如图11-67所示。

❹拉长直线。单击"默认"选项卡"修改"面板中的"拉长"按钮╱，将直线5分别向左和向右拉长5mm，得到的熔断器如图11-68所示。

图11-65　矩形　　　图11-66　分解矩形　　　图11-67　绘制直线5　　　图11-68　绘制成熔断器

02 绘制开关。

❶绘制直线。单击"默认"选项卡"绘图"面板中的"直线"按钮╱，在"正交"和"对象捕捉"绘图方式下首先绘制一条长为8mm的直线1，绘制结果如图11-69所示。

❷绘制直线。单击"默认"选项卡"绘图"面板中的"直线"按钮╱，用光标捕捉直线1的右端点作为新绘制直线2的起点，输入直线的长度为8mm，绘制结果如图11-70所示。

❸绘制直线。单击"默认"选项卡"绘图"面板中的"直线"按钮╱，用光标捕捉直线2的右端点作为新绘制直线3的起点，输入直线的长度为8mm，绘制结果如图11-71所示。

图11-69　绘制直线1　　　图11-70　绘制直线2　　　图11-71　绘制直线3

❹旋转直线。单击"默认"选项卡"修改"面板中的"旋转"按钮○，关闭"正交"命令，选择直线2作为旋转对象，如图11-72所示。用光标捕捉直线2的左端点作为旋转基点，如图11-73所示。输入旋转角度为30º，旋转结果如图11-74所示。

图11-72　选择旋转对象　　　　　　　　　图11-73　捕捉旋转基点

❺拉长直线。单击"默认"选项卡"修改"面板中的"拉长"按钮╱，选择直线2作为拉长对象，输入拉长增量为2mm，拉长结果如图11-75所示。

03 绘制接触器。绘制这样一种接触器，它在非动作位置时触点断开。

❶绘制直线。单击"默认"选项卡"绘图"面板中的"直线"按钮╱，在"正交"和"对象捕捉"绘图方式下，绘制一条长为8mm的直线1，绘制结果如图11-76所示。

图11-74　旋转直线　　　　　图11-75　拉长直线　　　图11-76　绘制直线1

❷绘制直线。单击"默认"选项卡"绘图"面板中的"直线"按钮╱，用光标捕捉直线1的右端点作为新绘制直线2的起点，输入直线的长度为8mm，绘制结果如图11-77所示。

❸绘制直线。单击"默认"选项卡"绘图"面板中的"直线"按钮╱，用光标捕捉直线2的右端点作为新绘制直线3的起点，输入直线的长度为8mm，绘制结果如图11-78所示。

❹旋转直线。单击"默认"选项卡"修改"面板中的"旋转"按钮↻，关闭"正交"命令，选择直线2作为旋转对象，用光标捕捉直线2的左端点作为旋转基点，输入旋转角度为30º，旋转结果如图11-79所示。

❺拉长直线。单击"默认"选项卡"修改"面板中的"拉长"按钮／，选择直线2作为拉长对象，输入拉长增量为2mm，拉长结果如图11-80所示。

图11-77　绘制直线2　　　　图11-78　绘制直线3　　　　图11-79　旋转直线　　　　图11-80　拉长直线

❻绘制圆。单击"默认"选项卡"绘图"面板中的"圆"按钮⊘，在命令行选择"两点2P"的绘制方式，捕捉直线3的左端点为直径的一个端点，如图11-81所示，在直线3上捕捉另外一个点作为直径的另一个端点，绘制结果如图11-82所示。

图11-81　捕捉直径端点

❼修剪图形。单击"默认"选项卡"修改"面板中的"修剪"按钮／，选择圆作为修剪对象，直线3为剪切边，将圆的下半部分修剪掉，修剪结果如图11-83所示，即为接触器的符号图形。

04 绘制热继电器的驱动器件。

❶绘制矩形。单击"默认"选项卡"绘图"面板中的"矩形"按钮▢，绘制一个长为14mm，宽为6mm的矩形，绘制结果如图11-84所示。

图11-82　绘制圆　　　　　　图11-83　修剪圆　　　　　图11-84　绘制矩形

❷分解矩形。单击"默认"选项卡"修改"面板中的"分解"按钮🔲，将矩形分解成为直线1、直线2、直线3和直线4，如图11-85所示。

❸绘制直线。单击"默认"选项卡"绘图"面板中的"直线"按钮／，打开"正交"和"对象捕捉"功能，用光标分别捕捉直线2和直线4的中点作为直线5的起点和终点，绘制结果如图11-86所示。

❹绘制多段线。单击"默认"选项卡"绘图"面板中的"多段线"按钮⤵，分别用光标在直线5上捕捉多段线的起点和终点，绘制如图11-87所示的多段线。

图11-85　分解矩形　　　　图11-86　绘制直线　　　　图11-87　绘制多段线

❺拉长直线。单击"默认"选项卡"修改"面板中的"拉长"按钮／，选择直线5作为拉长对象，输入拉长增量为4mm，分别单击直线5的上端点和下端点，将直线5向上和向下分别拉长4mm，绘制结果如图11-88所示。

❻修剪和打断图形。单击"默认"选项卡"修改"面板中的"修剪"按钮 和"打断"按钮 ，对直线5的多余部分进行修剪和打断，结果如图11-89所示，即为绘制成的热继电器的驱动器件。

05 绘制交流电动机。

❶绘制圆。单击"默认"选项卡"绘图"面板中的"圆"按钮 ，绘制一个直径为15mm的圆，绘制结果如图11-90所示。

❷输入文字。单击"默认"选项卡"注释"面板中的"多行文字"按钮 **A**，在圆的中央区域画一个矩形框，打开"文字编辑器"选项卡，在圆的中央输入字母M，再输入数字3，输入结果如图11-91所示。单击符号标志 ，在打开的下拉菜单中选择"其他…"打开如图11-92所示的"字符映射表"对话框，选择符号"～"，复制后粘贴在如图11-91所示的字母M的正下方，绘制结果如图11-93所示。

图11-88　拉长直线　　　图11-89　修剪和打断图形　　　图11-90　绘制圆　　　图11-91　输入文字

图11-92　"字符映射表"对话框　　　　　图11-93　交流电动机绘制完成

06 绘制按钮开关（不闭合）。

❶绘制开关。按照前面绘制开关的方法绘制如图11-94所示的开关。

❷绘制直线。单击"默认"选项卡"绘图"面板中的"直线"按钮 ，在开关正上方的中央绘制一条长为4mm的竖直直线，绘制结果如图11-95所示。

❸偏移直线。单击"默认"选项卡"修改"面板中的"偏移"按钮 ，输入偏移距离为4mm，选择直线4为偏移对象，分别单击直线4的左边区域和右边区域，在它的左右边分别绘制竖直直线5和直线6，绘制结果如图11-96所示。

❹绘制直线。单击"默认"选项卡"绘图"面板中的"直线"按钮 ，在"对象捕捉"

绘图方式下用光标分别捕捉直线5和直线6的上端点作为直线的起点和终点，绘制结果如图11-97所示。

图11-94　绘制开关　　　　　图11-95　绘制竖直直线　　　　图11-96　偏移竖直直线

❺绘制虚线。在"图层"下拉框中选择"虚线层"，单击"默认"选项卡"绘图"面板中的"直线"按钮，在"正交"绘图方式下用光标捕捉直线4的下端点作为虚线的起点，在直线4的正下方捕捉直线2上的点作为虚线的终点，绘制结果如图11-98所示。即为绘制成的按钮开关（不闭合）。

07 绘制按钮动断开关

❶绘制开关。按照前面绘制开关制方法绘制如图11-99所示的开关。

❷绘制直线。单击"默认"选项卡"绘图"面板中的"直线"按钮，在"对象捕捉"和"正交"绘图方式下用光标捕捉直线3的左端点作为直线的起点，沿着正交方向在直线3的正上方绘制一条长度为6mm的竖直直线，绘制结果如图11-100所示。

图11-97　绘制直线　　　图11-98　绘制虚线　　　图11-99　绘制开关　　　图11-100　绘制直线

❸按照绘制按钮开关的方法绘制按钮动断开关的按钮，绘制结果如图11-101所示。

08 绘制热继电器触点。

❶按照上面绘制动断开关的绘制方法绘制如图11-102所示的动断开关。

❷绘制直线。单击"默认"选项卡"绘图"面板中的"直线"按钮，在"正交"绘图方式下，在如图11-102所示的图形正上方绘制一条长为12mm的水平直线，绘制结果如图11-103所示。

图11-101　按钮动断开关　　　　图11-102　动断开关　　　　图11-103　绘制直线

❸绘制正方形。单击"默认"选项卡"绘图"面板中的"多边形"按钮，输入边数为4，选择指定正方形的边，将步骤❷绘制的水平直线的一部分作为正方形的一条边长，用鼠标捕捉边长的起点和终点，绘制出的正方形如图11-104所示。

❹修剪图形。单击"默认"选项卡"修改"面板中的"修剪"按钮，将多余的线段修剪掉，修剪结果如图11-105所示。

❺绘制虚线。将"虚线层"图层置为当前图层，单击"默认"选项卡"绘图"面板中的"直线"按钮，绘制虚线，如图11-106所示。

图11-104　绘制正方形　　　　图11-105　修剪图形　　　　图11-106　热继电器触点绘制完成

09 绘制动断触点。

❶绘制开关。按照前面绘制开关的方法绘制如图11-107所示的开关。

❷绘制直线。单击"默认"选项卡"绘图"面板中的"直线"按钮，在"对象捕捉"和"正交"绘图方式下用光标捕捉直线3的左端点作为直线的起点，沿着正交方向在直线3的正上方绘制一条长度为6mm的竖直直线，绘制结果如图11-108所示，即为所绘制的动断触点开关。

图11-107　绘制开关　　　　　　　　　　　　图11-108　绘制直线

10 绘制操作器件的一般符号。

❶绘制矩形。单击"默认"选项卡"绘图"面板中的"矩形"按钮，绘制一个长为14mm、宽为6mm的矩形，绘制结果如图11-109所示。

❷绘制直线。单击"默认"选项卡"绘图"面板中的"直线"按钮，打开"正交"和"对象捕捉"功能，分别用光标捕捉上一步绘制的矩形的两条长边的中点作为新绘制直线的起点，沿着正交方向分别向上和向下绘制一条长为5mm的直线，绘制结果如图11-110所示，即为绘制成的操作器件的一般符号。

图11-109　绘制矩形　　　　　　　　　图11-110　绘制直线

11 绘制箭头。

❶绘制水平直线。单击"默认"选项卡"绘图"面板中的"直线"按钮，在"正交"绘图方式下绘出一条长度为23.66mm的水平直线1，如图11-111a所示。

❷绘制竖直直线。单击"默认"选项卡"绘图"面板中的"直线"按钮，在"正交"和"对象捕捉"的绘图方式下，用光标捕捉水平直线的左端点；以其为起始点，向上绘制一条长为4mm的竖直直线2，如图11-111b所示。

❸绘制直线3。单击"默认"选项卡"绘图"面板中的"直线"按钮，关闭"正交"功能，用光标捕捉直线1的右端点和直线2的上端点，分别作为直线3的起点和终点绘制直线，如图11-111c所示。

a)　　　　　　　　　　　　b)　　　　　　　　　　　　c)

图11-111　绘制等腰三角形

❹镜像直线。单击"默认"选项卡"修改"面板中的"镜像"按钮▲，以直线1为镜像参考线，对直线2、直线3进行镜像操作，镜像后的结果如图11-112a所示。

❺删除直线。单击"默认"选项卡"修改"面板中的"删除"按钮，将直线1删除，结果如图11-112b所示，即为所要绘制的等腰三角形。

图11-112　完成等腰三角形

❻填充等腰三角形。单击"默认"选项卡"绘图"面板中的"图案填充"按钮，打开"图案填充创建"选项卡，设置"图案填充图案"为"SOLID"图案，如图11-113所示，拾取填充三角形内一点，按Enter键，就完成了等腰三角形的填充，结果如图11-114所示。

图11-113　"填充图案创建"选项卡

图11-114　完成填充

❼存储为块。

1）在命令行中输入"WBLOCK"命令，打开"写块"对话框，如图11-115所示。

图11-115　"写块"对话框

295

2）单击"拾取点"按钮 圆，暂时回到绘图界面中，在"对象捕捉"模式下用光标获取等腰三角形的顶点作为插入点，回到"写块"对话框。

3）单击"选择对象"按钮 ⊞，暂时回到绘图界面中，选择等腰三角形的3条边和填充部分作为选择对象，按Enter键，回到"写块"对话框中。选择图块保存的路径，并在后面输入"箭头"，记住这个路径，便于以后调用。

4）插入单位：在"单位"下拉列表中选择"毫米"。

5）单击"确定"按钮，前面绘制完成并填充的等腰三角形就保存为"箭头块"了，并可随时调用。

12 绘制线圈。

❶绘制圆。单击"默认"选项卡"绘图"面板中的"圆"按钮 ⊘，选定圆的圆心，输入圆的半径，绘制一个半径为2.5mm的圆，如图11-116所示。

图11-116　圆形

❷绘制阵列圆。单击"默认"选项卡"修改"面板中的"矩形阵列"按钮 ⊞，设置"行数"为1，"列数"设置为4，"列间距"设置为54mm，选择上步绘制的圆作为阵列对象，即得到阵列结果，如图11-117所示。

❸绘制水平直线。首先绘制直线1，单击"默认"选项卡"绘图"面板中的"直线"按钮 ╱，在"对象捕捉"绘图方式下，选择捕捉到圆心命令，分别用光标捕捉圆1和圆4的圆心作为直线的起点和终点，绘制水平直线L，绘制结果如图11-118所示。

图11-117　绘制阵列圆

图11-118　绘制水平直线

❹拉长直线。单击"默认"选项卡"修改"面板中的"拉长"按钮 ╱，将直线L分别向左和向右拉长2.5mm，结果如图11-119所示。

❺修剪图形。单击"默认"选项卡"修改"面板中的"修剪"按钮 ╱╱，以直线L为修剪边，对圆1、圆2、圆3、圆4进行修剪。首先选中剪切边，然后选择需要剪切的对象。修剪后的结果如图11-120所示。

图11-119　拉长直线

图11-120　修剪图形

13 绘制二极管。

❶绘制等边三角形。单击"默认"选项卡"绘图"面板中的"多边形"按钮 ⬠，绘制一个等边三角形，它的内接圆的半径设置为5mm，绘制结果如图11-121所示。

❷旋转三角形。单击"默认"选项卡"修改"面板中的"旋转"按钮 ↻，以B点为旋转中心点，逆时针旋转30°，旋转结果如图11-122所示。

❸绘制水平直线。单击"默认"选项卡"绘图"面板中的"直线"按钮 ╱，在"对象捕捉"绘图方式下用光标分别捕捉线段AB的中点和C点作为水平直线的起点和终点绘制直

线，绘制结果如图11-123所示。

图11-121　等边三角形

图11-122　旋转等边三角形

图11-123　水平直线

❹拉长直线。单击"默认"选项卡"修改"面板中的"拉长"按钮⁄，将步骤❸中绘制的水平直线分别向左和向右拉长5mm，结果如图11-124所示。

❺绘制竖直直线。单击"默认"选项卡"绘图"面板中的"直线"按钮⁄，在"正交"绘图方式下，捕捉C点作为直线的起点，向上绘制一条长为4mm的竖直直线。单击"默认"选项卡"修改"面板中的"镜像"按钮⚞，将水平直线为镜像参考线，将刚才绘制的竖直直线做镜像，得到的结果如图11-125所示，即为所绘成的二极管。

图11-124　拉长直线

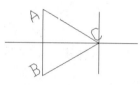
图11-125　二极管

⑭ 绘制电容。

❶绘制直线。单击"默认"选项卡"绘图"面板中的"直线"按钮⁄，在"正交"绘图方式下绘制一条长度为10mm的水平直线，如图11-126所示。

❷偏移直线。单击"默认"选项卡"修改"面板中的"偏移"按钮⚎，将步骤❶绘制的直线向下偏移4mm，偏移结果如图11-127所示。

❸绘制直线。单击"默认"选项卡"绘图"面板中的"直线"按钮⁄，在"对象捕捉"绘图方式下用光标分别捕捉两条水平直线的中点作为要绘制的竖直直线的起点和终点，绘制结果如图11-128所示。

————————　　　————————　　　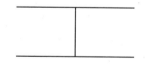

图11-126　绘制直线　　　　　图11-127　偏移直线　　　　图11-128　竖直直线

❹拉长直线。单击"默认"选项卡"修改"面板中的"拉长"按钮⁄，将步骤❸中绘制的竖直直线分别向上和向下拉长2.5mm，结果如图11-129所示。

❺修剪图形。单击"默认"选项卡"修改"面板中的"修剪"按钮⁄，选择两条水平直线为修剪边，对竖直直线进行修剪，修剪结果如图11-130所示，即为绘成的电容符号。

⑮ 绘制电阻符号。

❶绘制矩形。单击"默认"选项卡"绘图"面板中的"矩形"按钮▢，绘制一个长为10mm、宽为4mm的矩形，绘制结果如图11-131所示。

❷绘制直线。单击"默认"选项卡"绘图"面板中的"直线"按钮⁄，在"对象捕捉"

绘图方式下分别捕捉矩形两条宽的中点作为直线的起点和终点绘制直线，绘制结果如图11-132所示。

图11-129　拉长直线　　　图11-130　修剪图形　　　图11-131　绘制矩形　　　图11-132　绘制直线

❸拉长直线。单击"默认"选项卡"修改"面板中的"拉长"按钮✎，将上一步中绘制的直线分别向左和向右拉长2.5mm，结果如图11-133所示。

❹修剪图形。单击"默认"选项卡"修改"面板中的"修剪"按钮┅，选择矩形为修剪边，对水平直线进行修剪，修剪结果如图11-134所示，即为绘成的电阻符号。

图11-133　拉长直线　　　图11-134　修剪图形

16 绘制晶体管。

❶绘制等边三角形。前面在绘制二极管时已详细介绍了等边三角形的画法，这里复制过来并修改整理即可。仍然是边长为20mm的等边三角形，如图11-135a所示。绕底边的右端点逆时针旋转30º，得到如图11-135b所示的三角形。

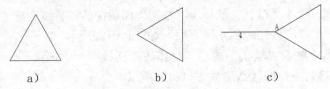

a)　　　　　　　　　　b)　　　　　　　　　c)

图11-135　绘制等边三角形

❷绘制水平直线。单击"默认"选项卡"绘图"面板中的"直线"按钮✎，激活"正交"和"对象捕捉"模式，用光标捕捉端点A，向左边绘制一条长为20mm的水平直线4，如图11-135c所示。

❸拉长直线。单击"默认"选项卡"修改"面板中的"拉长"按钮✎，将直线4向右拉20mm，拉长后直线如图11-136a所示。

❹修剪直线。单击"默认"选项卡"修改"面板中的"修剪"按钮┅，以直线5为修剪参照线，对直线4进行修剪，修剪后的结果如图11-136b所示。

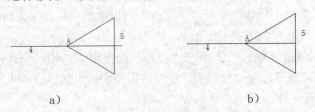

a)　　　　　　　　　　b)

图11-136　添加并修剪水平直线

❺分解三角形。单击"默认"选项卡"修改"面板中的"分解"按钮🗗，将等边三角形分解成3条线段。

❻偏移竖直直线。单击"默认"选项卡"修改"面板中的"偏移"按钮 ⬱，将竖直直线5向左偏移15mm，结果如图11-137a所示。

❼修剪图形。单击"默认"选项卡"修改"面板中的"修剪"按钮 ⁄ 和"删除"按钮 🖉，对图形多余的部分进行修剪和删除边，得到如图11-137b所示的结果。

a)   b)

图11-137　完成绘制

❽绘制直线。单击"默认"选项卡"绘图"面板中的"直线"按钮 ⁄，捕捉上方斜线为起点，绘制适当长度直线，如图11-138所示。

❾镜像直线。单击"默认"选项卡"修改"面板中的"镜像"按钮 ⚼，捕捉图11-138中的斜向线向下镜像直线，结果如图11-139所示。

图11-138　绘制直线

图11-139　捕捉镜像线

⑰ 绘制水箱。

❶绘制矩形。单击"默认"选项卡"绘图"面板中的"矩形"按钮 ▭，绘制一个长为45mm、高为55mm的矩形，如图11-140所示。

❷分解矩形。单击"默认"选项卡"修改"面板中的"分解"按钮 ⌷，将上面绘制的矩形分解成直线1、直线2、直线3、直线4，如图11-141所示。

❸删除直线。单击"默认"选项卡"修改"面板中的"删除"按钮 🖉，将直线2删除，结果如图11-142所示。

图11-140　绘制矩形

图11-141　分解矩形

图11-142　删除直线

❹绘制多段虚线。这里首先需要新建一个多线样式。选择菜单栏中的"格式"→"多线样式"命令，打开"多线样式"对话框，如图11-143所示，新建一个多线样式名为"虚线"。单击"修改"按钮，打开如图11-144所示的对话框，单击"添加"按钮，添加新的多线的属性。这里多线的条数设计为5条，需分别设计每条线段的线型。选择菜单栏中的"绘图"→"多线"命令，在"正交"和"对象捕捉"绘图方式下，在如图11-142所示的

直线1和直线3上分别捕捉一个合适的点作为多线的起点和终点插入新建的"虚线",绘制结果如图11-145所示,即为绘成的水箱。

图11-143　"多线样式"对话框

图11-144　"新建多线样式:虚线"对话框

图11-145　水箱绘制完成

11.3.4　将实体符号插入到线路结构图中

根据水位控制电路的原理,将11.3.3节中绘制的实体符号插入到11.3.2节中绘制的线路结构图中。完成这个步骤需要调用移动命令 ⊹,并结合运用修剪 ⁄、复制 ⊙ 或删除 ⁄ 等命令,打开"对象捕捉"功能,根据需要打开或关闭"正交"功能。由于在单独绘制实体符号的时候,大小以方便能看清楚为标准,所以插入到线路结构中时可能会出现不协调,这个时候,可以根据实际需要调用"缩放"功能来及时调整,这里的关键是选择合适的插入点。下面将通过选择几个典型的实体符号插入结构线路图来介绍具体的操作步骤。

01 插入交流电动机。将如图11-146所示的交流电动机符号插入到如图11-147所示的导线上,插入标准为圆形符号的圆心与导线的端点D重合。

❶平移图形。单击"默认"选项卡"修改"面板中的"移动"按钮 ⊹,在"对象捕

捉"绘图方式下，选择交流电动机的图形符号为平移对象，按Enter键确定后，用光标捕捉它的圆心作为移动的基点，如图11-148所示。将图形移动到导线的位置，用光标捕捉导线的端点D作为插入点，如图11-149所示。插入后的结果如图11-150所示。

图11-146　交流电动机　　　图11-147　导线　　　　图11-148　捕捉圆心　　　图11-149　捕捉端点

❷绘制直线。单击"默认"选项卡"绘图"面板中的"直线"按钮╱，在"正交"绘图方式下，在水平方向上分别绘制直线DB'和DF'，长度均为25mm，绘制结果如图11-151所示。

❸旋转直线。单击"默认"选项卡"修改"面板中的"旋转"按钮○，关闭"正交"功能，选择直线DF'为旋转对象，用光标捕捉D点作为旋转基点，绘图界面提示输入旋转角度，如图11-152所示，这里输入45。旋转结果如图11-153所示。

图11-150　平移结果　　　　　图11-151　绘制直线　　　　　图11-152　旋转角度

重复"旋转"命令，将另外一条直线DB'旋转－45°（即顺时针旋转45°），得到的图形如图11-154所示。

❹修剪图形。单击"默认"选项卡"修改"面板中的"修剪"按钮╱，将图11-154中多余的线修剪掉，修剪结果如图11-155所示。

图11-153　旋转结果　　　　　图11-154　继续旋转直线　　　　图11-155　修剪图形

这样，就完成了将交流电动机插入到线路结构图中的工作。

02 插入晶体管。将如图11-156所示的晶体管插入到如图11-157所示的导线中。

❶平移图形。单击"默认"选项卡"修改"面板中的"移动"按钮✛，在"对象捕捉"绘图方式下捕捉如图11-156所示的点F2作为移动基点，选择整个晶体管图形符号作为移动对象，将它移动到如图11-157所示的导线处，使得点F2在导线G2F1的一个合适的位置上，移动结果如图11-158所示。

❷继续平移图形。单击"默认"选项卡"修改"面板中的"移动"按钮✛，在"正交"绘图方式下选择晶体管为移动对象，捕捉F2点为移动基点，输入位移为（－5，0，0），

即将它向左边平移5mm。命令行中的提示与操作如下：

```
命令: _move↙
选择对象: 指定对角点: 找到 6 个
选择对象:↙
指定基点或 [位移(D)] <位移>:  d↙
指定位移 <0.0000, 0.0000, 0.0000>:  -5,0,0↙
```

平移结果如图 11-159 所示。

图11-156　晶体管　　　图11-157　导线　　　图11-158　平移图形　　　图11-159　继续平移图形

❸修剪图形。单击"默认"选项卡"修改"面板中的"修剪"按钮 ✂，将多余的线段修剪掉，修剪结果如图11-160所示。这样，就将晶体管插入到导线中了。

按照以上类似的思路和步骤，将其他实体符号一一插入到线路结构图中，并找到合适的位置，最后得到如图11-161所示的图形。

图11-160　修剪图形　　　　　　　　图11-161　实体符号插入到线路结构图中

如图11-161所示的电路还不够完整，因为它没有标出导线之间的连接情况。下面先给出导线连接实心点的绘制步骤，以如图11-162所示的连接点A1为例。

图11-162　导线　　　　　　　　　　图11-163　绘制圆

单击"默认"选项卡"绘图"面板中的"圆"按钮 ⊙，在"对象捕捉"绘图方式下捕捉点A1为圆心，绘制一个半径为1mm的圆，如图11-163所示。在圆中填充图案，单击"默

认"选项卡"绘图"面板中的"图案填充"按钮，打开"图案填充创建"选项卡，如图
11-164所示，选定圆为填充对象，按Enter键确定，完成图案的填充，填充结果如图11-165
所示。按照上面绘制实心圆的方法根据需要在其他导线节点处绘制导线连接点，绘制结果
如图11-166所示。

图11-164　"图案填充创建"选项卡

I1　A1

图11-165　实心圆

图11-166　绘制导线连接点

📖 11.3.5　添加注释文字

01 单击"默认"选项卡"注释"面板中的"文字样式"按钮，打开"文字样式"
对话框，如图11-167所示。

02 新建文字样式。单击"新建"按钮，打开"新建样式"对话框，输入"注释"。

确定后回到"文字样式"对话框。在"字体"下拉框中选择"仿宋_GB2312","高度"为默认值5,"宽度因子"输入为0.7,"倾斜角度"为默认值0。将"注释"置为当前文字样式,单击"应用"按钮回到绘图区。

图11-167 "文字样式"对话框

03 添加文字和注释到图中。

❶单击"默认"选项卡"注释"面板中的"多行文字"按钮 **A** ,在需要注释的地方划定一个矩形框,弹出"文字样式"对话框。

❷选择"注释"作为文字样式,根据需要可以调整文字的高度,还可以结合应用"左对齐""居中"和"右对齐"等功能。

❸按照以上步骤给如图11-166所示的图添加文字和注释,得到的结果如图11-168所示。

图11-168 添加文字和注释

图11-168所示的电路图即为绘制成功的水位自动控制电路图。

11.3.6 小结与引申

通过水位控制电路的绘制,学习了以下一些AutoCAD 2018的绘图和编辑命令:掌握"直线LINE、移动MOVE""剪切TRIM、复制COPY""矩形RECTANG、分解EXPLODE""圆CIRCLE、偏移OFFEST""多行文字MTEXT""图层"命令的使用方法。

本节主要介绍了水位控制电路的绘制过程,首先绘制线路结构图,然后将熔断器、接触器和开关等绘出,接着将绘制好的符号插入结构图中。

按照上述绘图方法绘制如图11-169所示的多指灵巧手控制电路图。

图11-169 多指灵巧手控制电路图

11.4 电动机自耦降压起动控制电路

用电动机做动力来带动生产机械运动的拖动方式叫作电力拖动。电力拖动装置由电动机、电动机与生产机械的传动装置以及电动机的控制设备和保护设备3部分组成。

电动机的控制、保护电路根据生产工艺、安全等方面的要求,采用各种电器、电子元件等组成的符合生产机械动作及程序要求的电气控制装置。随着电子技术,特别是微型计算机技术的发展,控制电路由传统的接触器、继电器、开关及按钮等组成的有触点控制向晶闸管(或晶体管)无触点逻辑元件构成的无触点控制、数字控制、微型计算机控制的方向发展。

>
> **实讲实训**
> **多媒体演示**
> 多媒体演示参见配套光盘中的\\动画演示\第11章\电动机自耦降压启动控制电路.avi。

👉 绘制思路

图 11-170 所示为一种自耦降压起动控制电路,合上断路器 QS,信号灯 HL 亮,表明控制电路已接通电源,按下起动按钮 SB2,接触器 KM2 得电吸合,电动机经自耦变压器降压起动;中间继电器 KA1 也得电吸合,其常开触点闭合,做 KA2、KA1 的自保,同时接通通电延时时间继电器 KT1 回路。当时间继电器 KT1 延时时间到,其延时动合触点闭合,使中间继电器 KA2 得电吸合自保,接触器 KM2 失电释放,自耦变压器退出运行;同时通电延时

时间继电器 KT2 得电，当 KT2 延时时间到，其延时动合触点闭合，使中间继电器 KA3 得电吸合，接触器 KM1 也得电吸合，电动机转入正常运行工作状态，时间继电器 KT1 失电。

图11-170 三相笼型异步电动机的自耦降压起动控制电路

📖11.4.1 设置绘图环境

01 建立新文件。打开AutoCAD 2018应用程序，单击"快速访问"工具栏中的"新建"按钮🗋，以"无样板打开-公制"建立新文件，将新文件命名为"自耦降压起动控制电路图.dwg"并保存。

02 设置图层。一共设置以下3个图层："连接线层""实体符号层"和"虚线层"。将"连接线层"图层设置为当前图层。设置好的各图层属性如图11-171所示。

图11-171 图层设置

📖11.4.2 绘制各元器件图形符号

01 绘制断路器。

❶绘制竖线。单击"默认"选项卡"绘图"面板中的"直线"按钮✏，在"正交"方式下绘制一条长度为15mm的竖线，结果如图11-172a所示。

❷绘制水平线。单击"默认"选项卡"绘图"面板中的"直线"按钮✎，以图11-172a中所示竖线上端点m为起点，水平向右、向左分别绘制长度为1.4mm的线段，结果如图11-172b所示。

❸平移水平线。单击"默认"选项卡"修改"面板中的"移动"按钮✛，竖直向下移动水平线，移动距离为5mm，结果如图11-172c所示。

❹旋转水平线。单击"默认"选项卡"修改"面板中的"旋转"按钮↻，将图11-172c中水平线以其与竖线交点为基点旋转45º，结果如图11-172d所示。

❺镜像旋转线。单击"默认"选项卡"修改"面板中的"镜像"按钮⚎，将旋转后的线以竖线为对称轴做镜像处理，结果如图11-172e所示。

a)   b)   c)   d)   e)

图11-172　绘制断路器

❻设置极轴追踪。选择菜单栏中的"工具"→"绘图设置"命令，在打开的"草图设置"对话框中启用"极轴追踪"，增量角设置为30º，如图11-173所示。

❼绘制斜线。单击"默认"选项卡"绘图"面板中的"直线"按钮✎，捕捉图11-172c中竖直直线的下端点，以其为起点，绘制与竖直直线成30º角、长度为7.5mm的线段，结果如图11-174a所示。

❽偏移斜线。单击"默认"选项卡"修改"面板中的"移动"按钮✛，竖直向上移动斜线，移动距离为5mm，结果如图11-174b所示。

图11-173　"草图设置"对话框

❾修剪图形。单击"默认"选项卡"修改"面板中的"修剪"按钮✂，对图11-172b中的竖直直线进行修剪，结果如图11-174c所示。

❿绘制矩形。单击"默认"选项卡"绘图"面板中的"矩形"按钮▭，以斜线上端点为起点，绘制一个宽度为1mm、高度为2mm的矩形，结果如图11-174d所示。

⓫旋转矩形。单击"默认"选项卡"修改"面板中的"旋转"按钮↻，以矩形起始点为基准点旋转30º，结果如图11-174e所示。

⓬移动矩形。单击"默认"选项卡"修改"面板中的"移动"按钮✛，沿着斜线向下移动矩形，移动距离为0.5mm，结果如图11-174f所示。

图11-174　绘制完成

⓭阵列图形。单击"默认"选项卡"修改"面板中的"矩形阵列"按钮▒，选择如图 11-174f所示的图形为阵列对象，设置"行"为1，"列"为3，"列间距"为10mm，结果 如图11-175所示。

⓮绘制水平直线。单击"默认"选项卡"绘图"面板中的"直线"按钮／，以图11-175 所示端点n为起始点，p为终止点绘制水平直线，绘制结果如图11-176所示。

图11-175　阵列图形　　　　　　　　　　　图11-176　绘制水平线

⓯更改图形对象的图层属性。选中水平直线，单击"默认"选项卡"图层"面板中的 "图层特性"下拉列表框处的"虚线层"，将其图层属性设置为"虚线层"。更改图层后 的结果如图11-177所示。

⓰移动水平直线。单击"默认"选项卡"修改"面板中的"移动"按钮✛，将水平 线向上移动2mm，向左移动1.15mm，结果如图11-178所示。

图11-177　更改图层属性　　　　　　　　　图11-178　移动水平线

02 绘制接触器。

❶修剪图形。在图11-178所示图形的基础上，单击"默认"选项卡"修改"面板中的 "删除"按钮╱，删除掉多余的图形，结果如图11-179所示。

❷绘制圆形。单击"默认"选项卡"绘图"面板中的"圆"按钮⊙，以图11-179中0 点为圆心，绘制半径为1mm的圆，结果如图11-180所示。

❸平移圆形。单击"默认"选项卡"修改"面板中的"移动"按钮✛，以圆的圆心 为基准点，将圆向上移动1mm，结果如图11-181所示。

❹修剪圆形。单击"默认"选项卡"修改"面板中的"修剪"按钮╱，修剪掉圆在 竖直线右边的部分，结果如图11-182所示。

❺复制圆形。单击"默认"选项卡"修改"面板中的"复制"按钮°⎕，在"正交"

绘图方式下将图11-182中的半圆向左复制两份，复制距离为10mm，结果如图11-183所示。

图11-179　修剪结果　　　　　图11-180　绘制圆形　　　　　图11-181　移动圆形

图11-182　修剪图形　　　　　　　　图11-183　绘制完成

03 绘制时间继电器。

❶绘制矩形。单击"默认"选项卡"绘图"面板中的"矩形"按钮 ▭，绘制一个长为10mm，宽为5mm的矩形，结果如图11-184所示。

❷绘制水平线。单击"默认"选项卡"绘图"面板中的"直线"按钮 ╱，在"对象捕捉"绘图方式下用光标捕捉矩形两个长边的中点，以其为起点，分别向左、向右绘制长度为5mm的直线，结果如图11-185所示。

❸绘制矩形。单击"默认"选项卡"绘图"面板中的"矩形"按钮 ▭，以图11-185中的e点为起点，绘制一个长为2.5mm，宽为5mm的矩形，结果如图11-186所示。

❹绘制斜线。单击"默认"选项卡"绘图"面板中的"直线"按钮 ╱，连接矩形对角的两个顶点，结果如图11-187所示。

图11-184　绘制矩形　　　图11-185　绘制直线　　　图11-186　绘制矩形　　　图11-187　绘制斜线

04 绘制动合触点。

❶绘制水平直线。单击"默认"选项卡"绘图"面板中的"直线"按钮 ╱，以屏幕上合适位置为起点，绘制长度为10mm的水平直线，结果如图11-188a所示。

❷绘制斜线。单击"默认"选项卡"绘图"面板中的"直线"按钮 ╱，以水平直线右端点为起点，绘制与水平直线成30°角、长度为6mm的直线，结果如图11-188b所示。

❸平移斜线。单击"默认"选项卡"修改"面板中的"移动"按钮 ✛，将斜线水平向左移动2.5mm，结果如图11-188c所示。

❹绘制竖直直线。单击"默认"选项卡"绘图"面板中的"直线"按钮 ╱，以斜线的下端点为起点，竖直向上绘制长度为3mm的直线，结果如图11-188d所示。

❺修剪图形。单击"默认"选项卡"修改"面板中的"修剪"按钮 ╱━，以斜线和竖

直直线为修剪边，对水平直线进行修剪，结果如图11-189所示。这就是绘制完成的动合触点图形符号。

图11-188　绘制动合触点

05 绘制时间继电器动合触点。

❶绘制竖直直线。在图11-189所示的动合触点图形符号的基础上，单击"默认"选项卡"绘图"面板中的"直线"按钮 ∕，以q点为起点，竖直向下绘制长度为4mm的直线1，结果如图11-190a所示。

❷偏移竖直直线。单击"默认"选项卡"修改"面板中的"偏移"按钮 ⊜，将直线1向左偏移0.7mm，得到直线2，结果如图11-190b所示。

图11-189　绘制完成　　　　　　　　　图11-190　绘制竖直直线

❸移动竖直直线。单击"默认"选项卡"修改"面板中的"移动"按钮 ✥，将图11-190b图形中的竖直直线向左移动5mm，向下移动1.5mm，结果如图11-191a所示。

❹修剪图形。单击"默认"选项卡"修改"面板中的"修剪"按钮 ⊬，对整个图形进行修剪，修剪结果如图11-191b所示。

❺绘制直线。单击"默认"选项卡"绘图"面板中的"直线"按钮 ∕，以图11-191中直线1的下端点为起点，直线2的下端点为终点，绘制水平直线3，结果如图11-192所示。

❻绘制圆。单击"默认"选项卡"绘图"面板中的"圆"按钮 ⊙，捕捉直线3的中点，以其为圆心，绘制半径为1.5mm的圆，结果如图11-193所示。

❼绘制斜线。单击"默认"选项卡"绘图"面板中的"直线"按钮 ∕，以直线3中点为起点，分别向左、向右绘制与水平线成25°角，长度为1.5mm的线段，结果如图11-194所示。

❽修剪图形。单击"默认"选项卡"修改"面板中的"修剪"按钮 ⊬，以图11-194中两条斜线为修剪边，修剪圆形，单击"默认"选项卡"修改"面板中的"删除"按钮 ✐，删除掉两条斜线，结果如图11-195所示。

a)　　　　　　　　b)

图11-191　移动修剪直线　　　　图11-192　绘制直线　　　图11-193　绘制圆

⑨移动圆弧。单击"默认"选项卡"修改"面板中的"移动"按钮✤，将图11-195中的圆弧向上移动1.5mm。

⑩修剪图形。单击"默认"选项卡"修改"面板中的"修剪"按钮✂，以圆弧为修剪边，修剪圆形，单击"默认"选项卡"修改"面板中的"删除"按钮✐，删除掉水平直线3，结果如图11-196所示。

图11-194　绘制斜线　　　　　图11-195　修剪图形　　　　　图11-196　完成绘制

06 绘制起动按钮。

❶绘制竖直直线。在如图11-190所示的动合触点图形符号的基础上，单击"默认"选项卡"绘图"面板中的"直线"按钮╱，以q点为起点，竖直向下绘制长度为3.5mm的直线1，结果如图11-197所示。

❷移动竖直直线。单击"默认"选项卡"修改"面板中的"移动"按钮✤，将图11-197中的竖直直线1向左移动5mm，向下移动1.5mm，结果如图11-198所示。

❸更改图形对象的图层属性。选中竖直直线，单击"默认"选项卡"图层"面板中的"图层特性"下拉列表框处的"虚线层"，将其图层属性设置为"虚线层"，更改图层后的结果如图11-199所示。

图11-197　绘制竖直直线　　　图11-198　移动竖直直线　　　图11-199　更改图层属性

❹绘制水平直线。单击"默认"选项卡"绘图"面板中的"直线"按钮╱，以直线1下端点为起点，水平向右绘制长度为1.5mm的直线2，重复"直线"命令，以直线2右端点为起始点，竖直向上绘制长度为0.7mm的直线3，结果如图11-200所示。

❺镜像图形。单击"默认"选项卡"修改"面板中的"镜像"按钮⚏，以如图11-200中直线1为对称轴，直线2和直线3为镜像对象，镜像结果如图11-201所示，即为绘制完成的起动按钮符号。

图11-200　绘制直线　　　　　图11-201　完成绘制

07 绘制自耦变压器。

❶绘制竖直直线。单击"默认"选项卡"绘图"面板中的"直线"按钮╱，绘制竖直直线1，长度为20mm，结果如图11-202a所示。

❷绘制圆。单击"默认"选项卡"绘图"面板中的"圆"按钮⊙，捕捉直线1的上端点，以其为圆心，绘制半径为1.25mm的圆，结果如图11-202b所示。

❸移动圆。单击"默认"选项卡"修改"面板中的"移动"按钮✤，在"对象捕捉"

绘图方式下将图11-202b所示的圆向下平移6.25mm，结果如图11-202c所示。

❹阵列圆。单击"默认"选项卡"修改"面板中的"矩形阵列"按钮，选择如图11-202c所示的圆形为阵列对象，设置"行"为4，"列"为1，"行偏移"为-2.5 mm，"列偏移"为0，"阵列角度"为0°，结果如图11-202d所示。

❺修剪图形。单击"默认"选项卡"修改"面板中的"修剪"按钮，修剪掉多余直线，得到如图11-202e所示的结果，即为绘制完成的自耦变压器图形符号。

图11-202　绘制自耦变压器

08 绘制变压器。

❶绘制水平直线。单击"默认"选项卡"绘图"面板中的"直线"按钮，绘制水平直线1，长度为27.5mm，结果如图11-203a所示。

❷绘制圆。单击"默认"选项卡"绘图"面板中的"圆"按钮，捕捉直线1的左端点，以其为圆心，绘制半径为1.25mm的圆，结果如图11-203b所示。

❸移动圆。单击"默认"选项卡"修改"面板中的"移动"按钮，在"对象捕捉"绘图方式下将图11-203b所示的圆向右平移6.25mm，结果如图11-203c所示。

图11-203　绘制变压器

❹阵列圆。单击"默认"选项卡"修改"面板中的"矩形阵列"按钮，选择如图11-203c所示的圆形为阵列对象，设置"行"为1，"列"为7，"列间距"为2.5mm，"阵列角度"为0，结果如图11-204a所示。

❺偏移直线。单击"默认"选项卡"修改"面板中的"偏移"按钮，将直线1向下偏移2.5 mm得到直线2，结果如图11-204b所示。

❻修剪图形。单击"默认"选项卡"修改"面板中的"修剪"按钮，修剪掉多余直线，得到如图11-204c所示的结果。

图11-204　绘制变压器

❼镜像图形。单击"默认"选项卡"修改"面板中的"镜像"按钮，以直线1为镜像线，对直线1以上的部分做镜像操作，结果如图11-205所示。

09 绘制其他元器件符号。本实例中用到的元器件比

图11-205　完成绘制

较多,有一些在其他章节中已介绍过,在此不再一一赘述。其他元器件图形符号如图11-206所示。

a)   b)   c)   d)   e)

图11-206　其他图形符号

11.4.3　绘制结构图

01 绘制竖直直线。单击"默认"选项卡"绘图"面板中的"直线"按钮　，绘制长度为121.5mm的竖直直线1。

02 偏移竖直直线。单击"默认"选项卡"修改"面板中的"偏移"按钮　，将直线1向右偏移10mm、20mm、35mm、45mm、55mm、70mm、80mm、97mm、118mm、146mm、156mm,得到11条竖直直线,结果如图11-207所示。

03 绘制水平直线。单击"默认"选项卡"绘图"面板中的"直线"按钮　，以图11-207中的a点为起始点,b点为终止点绘制直线ab。

04 偏移水平直线。单击"默认"选项卡"修改"面板中的"偏移"按钮　，将直线ab向下偏移5mm、5mm、8mm、8mm、8mm、14mm、10mm、10mm、10mm、8.5mm、8mm、10mm、9mm、8mm,得到水平直线,结果如图11-208所示。

05 修剪图形。单击"默认"选项卡"修改"面板中的"修剪"按钮　，修剪掉多余的线段,结果如图11-209所示。

图11-207　绘制竖直直线

图11-208　绘制水平线

图11-209　结构图

📖 11.4.4 将元器件图形符号插入到结构图

01 将断路器插入到结构图。

❶移动图形。单击"默认"选项卡"修改"面板中的"移动"按钮 ✛，选择图11-210a 所示的断路器符号为平移对象，用光标捕捉断路器符号的P点为平移基点，以图11-209中 的a点为目标点，平移结果如图11-210b所示。

❷修剪图形。单击"默认"选项卡"修改"面板中的"修剪"按钮 ✁，修剪掉多余 的线段，结果如图11-210b所示。

图11-210 插入断路器

02 将接触器插入到结构图。

❶移动图形。单击"默认"选项卡"修改"面板中的"移动"按钮 ✛，选择如图11-211a 所示的接触器符号为平移对象，用光标捕捉接触符号的Z点为平移基点，以如图11-211中q 点为目标点。重复"移动"命令，选择刚插入的接触器符号为平移对象，竖直向下平移15mm， 结果如图11-211b所示。

❷修剪图形。单击"默认"选项卡"修改"面板中的"修剪"按钮 ✁，修剪掉多余 的线段，结果如图11-211b所示。

❸复制接触器。单击"默认"选项卡"修改"面板中的"复制"按钮 ✿，选择如图 11-211b中的接触器符号为复制对象，向右复制一份，复制距离为15，单击"默认"选项 卡"修改"面板中的"修剪"按钮 ✁，修剪掉多余的线段，结果如图11-212所示。

图11-211 插入接触器

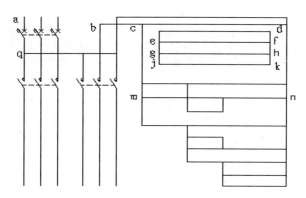

图11-212　复制接触器

03 将自耦变压器插入到结构图。

❶移动图形。单击"默认"选项卡"修改"面板中的"移动"按钮 ✛，选择如图11-213a 所示的自耦变压器符号为平移对象，用光标捕捉y点为平移基点，以如图11-212中最右边的接触器符号下端点为目标点，移动图形。

❷复制图形。单击"默认"选项卡"修改"面板中的"复制"按钮 °ⓞ，选择刚插入的自耦变压器符号为复制对象，向左复制两份，复制距离均为10mm。

❸修剪图形。单击"默认"选项卡"修改"面板中的"修剪"按钮 ⼀和"删除"按钮 ✐，修剪掉多余的线段，如图11-213b所示。

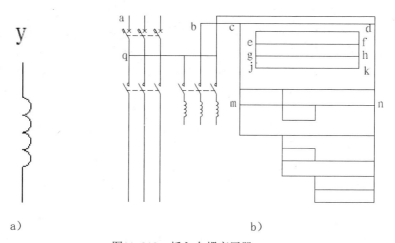

a）　　　　　　　　　　　　　b）

图11-213　插入自耦变压器

❹绘制连接线。单击"默认"选项卡"绘图"面板中的"直线"按钮 ∕，绘制连接线，结果如图11-214所示。

单击"默认"选项卡"修改"面板中的"移动"按钮 ✛，将绘制的其他元器件的图形符号插入到结构图中的对应位置，单击"默认"选项卡"修改"面板中的"修剪"按钮 ⼀和"删除"按钮 ✐，删除掉多余的图形。在插入图形符号的时候，根据需要可以单击"默认"选项卡"修改"面板中的"缩放"按钮 ▢，调整图形符号的大小，以保持整个图形的美观整齐。完成后的图形如图11-215所示。

图11-214　添加连接线　　　　　　　　　图11-215　完成绘制

11.4.5　添加注释文字

01 创建文字样式。单击"默认"选项卡"注释"面板中的"文字样式"按钮，打开"文字样式"对话框，创建一个样式名为"自耦降压起动控制电路"的文字样式。"字体名"为"宋体"，"字体样式"为"常规"，"高度"为6，"宽度因子"为0.7，如图11-216所示。

02 添加注释文字。单击"默认"选项卡"注释"面板中的"文字样式"按钮，输入几行文字，然后调整其位置，以对齐文字。调整位置的时候，结合使用正交命令。

图11-216　"文字样式"对话框

03 使用文字编辑命令修改文字来得到需要的文字。添加注释文字操作的具体过程不再赘述。至此自耦降压起动控制电路图绘制完毕，结果如图11-170所示。

11.4.6　小结与引申

通过三相笼型异步电动机的自耦降压起动控制电路的绘制，学习了以下一些AutoCAD 2018的绘图和编辑命令，即掌握"直线LINE、偏移OFFEST""剪切TRIM、旋转ROTATE""矩形RECTANG、圆CIRCLE""多行文字MTEXT""图层"命令的使用方法。

绘制本图的大致思路如下：首先绘制各个元器件图形符号，然后按照线路的分布情况绘制结构图，将各个元器件插入到结构图中，最后添加文字注释完成本图的绘制。

按照上述绘图方法绘制如图11-217所示的装饰彩灯控制电路。

图11-217　装饰彩灯控制电路

第 **12** 章

建筑电气工程图设计

建筑电气设计是基于建筑设计和电气设计的一个交叉学科。建筑电气一般又分为建筑电气平面图和建筑电气系统图。本章将着重讲解建筑电气平面图的绘制方法和技巧，简要介绍建筑电气系统图的绘制方法。

学 习 要 点

- ◎ 实验室照明平面图
- ◎ 某建筑物消防安全系统图

12.1 建筑电气工程图简介

建筑系统电气图是电气工程的重要图样，是建筑工程的重要组成部分。它提供了建筑内电气设备的安装位置、安装接线、安装方法以及设备的有关参数。根据建筑物的功能不同，电气图也不相同。其主要包括建筑电气安装平面图、电梯控制系统电气图、照明系统电气图、中央空调控制系统电气图、消防安全系统电气图、防盗保安系统电气图以及建筑物的通信、电视系统、防雷接地系统的电气平面图等。

建筑电气工程图是应用非常广泛的电气图之一。建筑电气工程图可以表明建筑电气工程的构成规模和功能，详细描述电气装置的工作原理，提供安装技术数据和使用维护方法。随着建筑物的规模和要求不同，建筑电气工程图的种类和图样数量也是不同，常用的建筑电气工程图主要有以下几类：

1. 说明性文件

（1）图样目录：内容有序号、图样名称、图样编号、图样张数等。

（2）设计说明（施工说明）：主要阐述电气工程设计依据、工程的要求和施工原则、建筑特点、电气安装标准、安装方法、工程等级、工艺要求及有关设计的补充说明等。

（3）图例：即图形符号和文字代号，通常只列出本套图样中涉及的一些图形符号和文字代号所代表的意义。

（4）设备材料明细表（零件表）：列出该项电气工程所需要的设备和材料的名称、型号、规格和数量，供设计概算、施工预算及设备订货时参考。

2. 系统图

系统图是表现电气工程的供电方式、电力输送、分配、控制和设备运行情况的图样。从系统图中可以粗略地看出工程的概貌。系统图可以反映不同级别的电气信息，如变配电系统图、动力系统图、照明系统图、弱电系统图等。

3. 平面图

电气平面图是表示电气设备、装置与线路平面布置的图样，是进行电气安装的主要依据。电气平面图是以建筑平面图为依据，在图上绘出电气设备、装置及线路的安装位置，敷设方法等。常用的电气平面图有变配电所平面图、室外供电线路平面图、动力平面图、照明平面图、防雷平面图、接地平面图、弱电平面图等。

4. 布置图

布置图是表现各种电气设备和器件的平面与空间位置、安装方式及其相互关系的图样。通常由平面图、立面图、剖面图及各种构件详图等组成。一般来说，设备布置图是按三视图原理绘制的。

5. 接线图

安装接线图在现场常被称为安装配线图，主要是用来表示电气设备、电器元件和线路的安装位置、配线方式、接线方法、配线场所特征的图样。

6. 电路图

现场常称作电气原理图，主要是用来表现某一电气设备或系统的工作原理的图样，它是按照各个部分的动作原理图采用分开表示法展开绘制的。通过对电路图的分析，可以清楚地看出整个系统的动作顺序。电路图可以用来指导电气设备和器件的安装、接线、调试、使用与维修。

7. 详图

详图是表现电气工程中设备某一部分的具体安装要求和做法的图样。

12.2 实验室照明平面图

绘制思路

图 12-1 所示为实验室照明平面图，此图的绘制思路为先绘制轴线和墙线，然后绘制门洞和窗洞，即可完成电气图需要的建筑图。在建筑图的基础上安装电路图，照明电气系统包括灯具、开关、插座，每类元器件分别安装在不同的场合，结果如图 12-1 所示。

**实讲实训
多媒体演示**

多媒体演示参见配套光盘中的\\视频\第12章\实验室照明平面图.avi。

图12-1 实验室照明平面图

12.2.1 设置绘图环境

01 建立新文件。打开 AutoCAD 2018 应用程序，单击"快速访问"工具栏中的"新建"按钮，以"无样板打开-公制"建立新文件，将新文件命名为"实验室照明平面图.dwg"并保存。

02 设置图层。一共设置以下图层："轴线层""墙体层""元件符号层""文字说明层""尺寸标注层""标号层""连线层""标注层"等。设置好的各图层属性如图 12-2 所示。

图12-2　图层设置

📖12.2.2　绘制建筑图

01 绘制轴线。

❶单击"默认"选项卡"绘图"面板中的"直线"按钮✎，在图中绘制一条水平线段，长度为 192 mm，再画一条竖线段，长度为 123mm，如图 12-3 所示。

❷单击"默认"选项卡"修改"面板中的"偏移"按钮△，将竖线段向右偏移距离分别为 37.5 mm、39 mm、39 mm、39 mm、37.5 mm。再将水平线段向上偏移距离分别为 63 mm、79 mm、123 mm，结果如图 12-4 所示。

图12-3　绘制直线

图12-4　偏移轴线

02 绘制墙线。

❶设置多线。

1）将"墙体层"图层设置为当前图层。选择菜单栏中的"格式"→"多线样式"命令，弹出"多线样式"对话框，如图 12-5 所示。

在多线样式对话框中，可以看到样式栏中只有系统自带的 STANDARD 样式，单击右侧的"新建"按钮，弹出"创建新的多线样式"对话框，如图 12-6 所示。在新样式名的空白文本框中输入 240。单击"继续"按钮，打开如图 12-7 所示的对话框。

2）单击"新建"继续设置多线，"WALL_1""WALL_2"，参数设置如图 12-8 所示。

图12-5　"多线样式"对话框

图12-6 "创建新的多线样式"对话框   图12-7 "新建多线样式：240"对话框

图12-8 多线样式的设置

❷绘制墙线。

1）选择菜单栏中的"绘图"→"多线"命令，进行设置及绘图。命令行中的提示与操作如下：

> 命令: mline
>
> 当前设置: 对正 = 上，比例 = 20.00，样式 = STANDARD
>
> 指定起点或 [对正(J)/比例(S)/样式(ST)]: st✓（设置多线样式）
>
> 输入多线样式名或 [?]: 240✓（多线样式为240）
>
> 当前设置: 对正 = 上，比例 = 20.00，样式 = 240

指定起点或 [对正(J)/比例(S)/样式(ST)]: j↙

输入对正类型 [上(T)/无(Z)/下(B)]<上>: z↙（设置对中模式为无）

当前设置: 对正 = 无, 比例 = 20.00, 样式 = 240

指定起点或 [对正(J)/比例(S)/样式(ST)]: s↙

输入多线比例 <20.00>: 0.0125↙（设置线型比例为0.0125）

当前设置: 对正 = 无, 比例 = 0.0125, 样式 = 240

指定起点或 [对正(J)/比例(S)/样式(ST)]:（选择底端水平轴线左端）

指定下一点:（选择底端水平轴线右端）

指定下一点或 [放弃(U)]:↙

继续绘制其他外墙墙线，如图 12-9 所示。

2）单击"默认"选项卡"修改"面板中的"分解"按钮，将步骤 1）中绘制的多线分解。单击"默认"选项卡"绘图"面板中的"直线"按钮，在距离上边框左端点 7.75 mm 处为起点画竖直线段，长度为 3 mm；在距离左边框端点 11 mm 处为起点画水平线段，长度为 3 mm，如图 12 10 所示。

图12-9　绘制墙线

图12-10　编辑墙线

3）关闭轴线层。单击"默认"选项卡"修改"面板中的"偏移"按钮。

将步骤 2）画的竖直线段依次向右偏移 25 mm、12.25 mm、25 mm、14 mm、25 mm、14 mm、25 mm、14 mm、25 mm；

将步骤 2）画的水平线段依次向下偏移 25 mm、12 mm、10 mm、21 mm、25 mm；

按上述步骤绘制线段：

起点偏移量为 12.75 mm，作偏移，距离分别为 15 mm、22.5 mm、15 mm、56 mm、10 mm、5 mm、10 mm、19 mm、10 mm、5 mm、10 mm，起点偏移量为 6 mm，作偏移，距离分别为 20 mm、27.5 mm、20 mm、4 mm、20 mm、27.5 mm、20 mm，结果如图 12-11 所示。

4）单击"默认"选项卡"修改"面板中的"修剪"按钮，修剪出窗线，如图 12-12 所示。

5）选择菜单栏中的"绘图"→"多线"命令，设置多线样式为 wall_1，绘制多线如图 12-13 所示。

6）选择菜单栏中的"绘图"→"多线"命令，设置多线样式为 wall_2，绘制以图中点为起点，绘制高为 20 mm 的多线，如图 12-14 所示。

03 绘制楼梯。

❶绘制矩形。单击"默认"选项卡"绘图"面板中的"矩形"按钮，以图 12-15 中

A 点为起始点，绘制一个长度为 30 mm，宽度为 4 mm 的矩形。单击"默认"选项卡"修改"面板中的"移动"按钮 ✛，将上步绘制的矩形向右移动 16 mm，向下移动 10 mm，结果如图 12-16 所示。

图12-11　编辑墙线　　　　　　　　　　图12-12　修剪墙线

图12-13　绘制多线1　　　　　　　　　　图12-14　绘制多线2

❷偏移矩形。单击"默认"选项卡"修改"面板中的"偏移"按钮 ⊜，将 4 mm×30mm 的矩形向里边偏移 1mm，结果如图 12-17 所示。

图12-15　绘制矩形　　　　　图12-16　移动矩形　　　　　图12-17　偏移矩形

❸绘制直线。单击"默认"选项卡"绘图"面板中的"直线"按钮 ✎，以 4mm×30mm 矩形的右边中点为起点，水平向右绘制长度为 16 mm 的直线，如图 12-18 所示；单击"默认"选项卡"修改"面板中的"移动"按钮 ✛，将上一步绘制的线段向上移动 14 mm，如图 12-19 所示。

❹阵列直线。单击"默认"选项卡"修改"面板中的"矩形阵列"按钮 ⊞，设置行数为 15，列数为 2，行间距为-2 mm，列间距为-20 mm，图 12-20 所示为阵列结果。

图12-18 绘制线段   图12-19 偏移线段

图12-20 阵列结果

📖12.2.3 安装各元件符号

01 打开各元件符号。打开前面第 5 章中已经绘制完成的各元件符号，如图 12-21 所示。单击"默认"选项卡"修改"面板中的"复制"按钮🎛，将打开的元件符号复制到已绘制图形中。

单极暗装开关   照明配电箱   防爆暗装开关   单级暗装拉线开关

插座符号   防水防尘符号

图12-21 元件符号

02 打开其他灯具图形符号。打开第 5 章中已经绘制完成的灯具符号，如图 12-22 所示。单击"默认"选项卡"修改"面板中的"复制"按钮🎛，将打开的灯具符号复制到已绘制图形中。

图12-22　灯具符号

03 安装配电箱。

❶局部放大。单击"视图"选项卡"导航"面板中的"范围"下拉菜单中的"实时"按钮🔍，局部放大墙线中上部，预备下一步操作，结果如图 12-23 所示。

❷移动配电箱符号。单击"默认"选项卡"修改"面板中的"移动"按钮✛，以如图 12-24 所示的端点为移动基准点，图 12-23 中的 A 点为移动目标点移动，结果如图 12-25 所示。单击"默认"选项卡"修改"面板中的"移动"按钮✛，把配电箱垂直向下移动，移动距离为 1，结果如图 12-26 所示。

图12-23　局部放大　　　　　　　　　　图12-24　捕捉端点

图12-25　局部放大　　　　　　　　　　图12-26　捕捉端点

04 安装单极暗装拉线开关。单击"默认"选项卡"修改"面板中的"移动"按钮✛，将单极暗装拉线开关移动到左边下部，如图 12-27 所示。

05 安装单极暗装开关。

❶移动图形。单击"默认"选项卡"修改"面板中的"移动"按钮✛，将单极暗装开关向右边墙角移动，结果如图 12-28 所示。

图12-27　安装单极暗装拉线开关　　　　图12-28　安装单极暗装开关

❷复制图形。单击"默认"选项卡"修改"面板中的"复制"按钮⊙，将刚才移动

的单极暗装开关向下垂直复制一份，结果如图 12-29 所示。

❸绘制直线。单击"默认"选项卡"绘图"面板中的"直线"按钮 ╱，绘制如图 12-30 所示的折线。

图12-29　复制开关

图12-30　绘制折线

❹单击"默认"选项卡"修改"面板中的"复制"按钮 ❀，将单极暗装开关复制到其他位置，如图 12-31 所示。

06 安装防爆暗装开关。

❶移动图形。单击"默认"选项卡"修改"面板中的"移动"按钮 ✥，将防爆暗装开关放置到危险品仓库、化学实验室门旁边，如图 12-32 所示。

图12-31　复制暗装单极开关

图12-32　安装防爆暗装开关

❷复制图形。单击"默认"选项卡"修改"面板中的"复制"按钮 ❀，将单极暗装开关的轮廓复制多份，分别安装在门厅、浴室，结果如图 12-33 所示。

07 安装灯。

❶局部放大。单击"视图"选项卡"导航"面板中的"范围"下拉菜单中的"窗口"按钮 ▱，局部放大墙线左上部，预备下一步操作，结果如图 12-33 所示。

❷复制图形符号。单击"默认"选项卡"修改"面板中的"复制"按钮 ❀，将日光灯、防水防尘灯、普通吊灯图形符号放置到如图 12-34 所示的位置上。

图12-33　局部放大　　　　　　　图12-34　安装灯1

❸局部放大。单击"视图"选项卡"导航"面板中的"范围"下拉菜单中的"窗口"

按钮⬚，局部放大墙线左下部，预备下一步操作，结果如图 12-35 所示。

❹复制图形符号。单击"默认"选项卡"修改"面板中的"复制"按钮⬚，将球形灯、壁灯和花灯图形符号放置到如图 12-36 所示的位置上。

图12-35　局部放大　　　　　　　图12-36　安装灯2

❺复制图形。单击"默认"选项卡"修改"面板中的"复制"按钮⬚，将球形灯、日光灯、防水防尘灯、普通吊灯、花灯的图形符号向如图 12-37 所示的位置复制。

图12-37　复制灯具符号

08 安装暗装插座。

❶局部放大。单击"视图"选项卡"导航"面板中的"范围"下拉菜单中的"窗口"按钮⬚，局部放大墙线左下部，预备下一步操作，结果如图 12-38 所示。

❷复制插座符号。单击"默认"选项卡"修改"面板中的"旋转"按钮⟳，将插座图形符号旋转90°，单击"默认"选项卡"修改"面板中的"复制"按钮⬚，将暗装插座图形符号放置到如图 12-39 所示的中点位置上，单击"默认"选项卡"修改"面板中的"移动"按钮✛，将插座符号向下移动适当的距离。

图12-38　局部放大　　　　　　　图12-39　捕捉中点

❸复制插座符号到其他位置。单击"默认"选项卡"修改"面板中的"复制"按钮 🔾，将插座图形符号复制到如图 12-40 所示的位置上。

图12-40　复制暗装插座

09 绘制连接线。检查图形，配电箱旁边缺变压器一个，配电室缺开关一个，通过复制和绘制直线补上它们，单击"默认"选项卡"绘图"面板中的"直线"按钮 ✐，连接各个元器件，并且在一些连接线上绘制平行的斜线，表示它们的相数，结果如图 12-41 所示。

图12-41　连接各个器件

10 绘制标号。

❶绘制轴线。

1）将"标号层"图层设置为当前图层，单击"默认"选项卡"绘图"面板中的"圆"按钮 ⊙，　在屏幕中适当位置绘制一个半径为 3 的圆。

2）单击"默认"选项卡"绘图"面板中的"直线"按钮 ✐，在"对象捕捉"和"正交"绘图方式下，用光标捕捉圆心作为起点，向右绘制长度为 15mm 的直线，结果如图 12-42a 所示。

3）单击"默认"选项卡"修改"面板中的"修剪"按钮 ✄，以圆为剪切边，对直线进行修剪，修剪后结果如图 12-42b 所示。

4）单击"默认"选项卡"注释"面板中的"多行文字"按钮 **A**，在圆的内部撰写元件符号，调整其位置，如图 12-42b 所示。

a)　　　　　　　　　　　　　　　　　b)

图12-42　绘制轴线

❷复制图形。单击"默认"选项卡"修改"面板中的"复制"按钮 ⌀，将横向轴线依次向上复制 63mm、16mm、44mm，结果如图 12-43 所示。

❸旋转图形。单击"默认"选项卡"修改"面板中的"旋转"按钮 ↻，将横向轴线旋转 90°，结果如图 12-44a 所示。

❹修改文字。单击"默认"选项卡"修改"面板中的"删除"按钮 ✐，删除掉圆内的字母"A"，单击"默认"选项卡"注释"面板中的"多行文字"按钮 **A**，在圆的内部撰写数字"1"，调整其位置，结果如图 12-44b 所示。

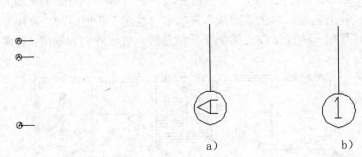

a)　　　　　　　　　　b)

图12-43　复制轴线　　　　　　图12-44　旋转轴线

❺复制图形。单击"默认"选项卡"修改"面板中的"复制"按钮 ⌀，将竖向轴线依次向右复制 37.5mm、39mm、39mm、39mm、37.5mm，结果如图 12-45 所示。

❻修改文字。选择菜单栏中的"修改"→"对象"→"文字"→"编辑"命令，然后单击轴线圆圈中的文字，在屏幕出现的多行文字输入对话框组中把这些文字改成"A""B""C""D""1""2""3""4""5""6"，结果如图 12-46 所示。

❼打开轴线层，将标号移动至图中与中线对齐，结果如图 12-47 所示。

图12-45　复制结果　　　　　　　　　　图12-46　修改文字

图12-47　添加标号

📖12.2.4　添加注释文字

01 添加注释文字。将图层设置为"文字说明层"，单击"默认"选项卡"注释"面板中的"多行文字"按钮 **A**，书写各个房间的文字代号及元件符号，结果如图 12-48 所示。

图12-48　添加文字

02 添加标注。

❶单击"默认"选项卡"注释"面板中的"标注样式"按钮，系统弹出"标注样式管理器"对话框，如图 12-49 所示。

❷单击"新建"按钮，系统弹出"创建新标注样式"对话框。在"新样式名"文本框中输入"照明平面图"，基础样式为"ISO-25"，用于为"所有标注"，如图 12-50 所示。

❸单击"继续"按钮，弹出"新建标注样式"对话框，设置符号和箭头选项的属性，如图 12-51 所示。

接着设置其他选项，将比例因子设置为 100，设置完毕后，回到"标注样式管理器"

对话框，单击"置为当前"按钮，将新建的"照明平面图"样式设置为当前使用的标注样式。

图12-49　"标注样式管理器"对话框

图12-50　"创建新标注样式"对话框

图12-51　"符号和箭头"选项卡设置

❹单击"默认"选项卡"注释"面板中的"线性"按钮，标注轴线间的尺寸，结果如图 12-1 所示。

12.2.5　小结与引申

通过实验室照明平面图的绘制，可熟练掌握 AutoCAD 2018 的以下操作：掌握 "圆 CIRCLE""修剪 TRIM""复制 COPY""旋转 ROTATE""阵列 ARRAY""偏移 OFFSET""矩形 RECTANG" 命令的使用方法。本节介绍了实验室照明平面图的绘制过程，首先绘制轴线与墙线，接着绘制配电干线，最后添加文字注释说明。电力平面图图线非常密集，所以在绘制的时候，必须掌握一定的方法与技巧，否则就会感觉无从下手。其他系统图的绘制方法与此类似，按照上述绘图方法绘制如图 12-52 所示的酒店消防报警平面图。

图12-52 酒店消防报警平面图

12.3 某建筑物消防安全系统图

绘制思路

图 12-53 所示为某一建筑物消防安全系统图,该建筑物消防安全系统主要由以下几部分组成。

（1）火灾探测系统：主要由分布在 1~40 层各个区域的多个探测器网络构成。图 12-53 中 S 为感烟探测器，H 为感温探测器，手动装置主要供调试和平时检查试验用。

（2）火灾判断系统：主要由各楼层区域报警器和大楼集中报警器组成。

实讲实训
多媒体演示

多媒体演示参见配套光盘中的\\动画演示\第12章\某建筑物消防安全系统图.avi。

（3）通报与疏散诱导系统：由消防紧急广播、事故照明、避难诱导灯和专用电话等组成。当楼中人员听到火灾报警之后，可根据诱导灯的指示方向撤离现场。

（4）灭火设施：由自动喷淋系统组成。当火灾广播之后，延时一段时间，总监控台使消防泵启动，建立水压，并打开着火区域消防水管的电磁阀，使消防水进入喷淋管路进行喷淋灭火。

（5）排烟装置及监控系统：由排烟阀门、抽排烟机及其电气控制系统组成。

图 12-53 的绘制思路是先确定图纸的大致布局，然后绘制各个元件和设备，并将元件及设备插入到结构图中，最后添加注释文字完成本图的绘制。

图12-53　某建筑物消防安全系统图

📖12.3.1　设置绘图环境

01 建立新文件。打开 AutoCAD 2018 应用程序，以"A4.dwt"样板文件为模板，建立新文件，将新文件命名为"某建筑物消防安全系统图.dwt"并保存。

02 设置图层。一共设置以下 3 个图层："绘图层""标注层"和"虚线层"，将"绘图层"图层设置为当前图层，设置好的各图层的属性如图 12-54 所示。

图12-54　图层设置

📖12.3.2　图纸布局

01 绘制辅助矩形。单击"默认"选项卡"绘图"面板中的"矩形"按钮▭，绘制一个长度为 160mm，宽度为 143mm 的矩形，并将其移动到合适的位置，结果如图 12-55 所示。

02 分解矩形。单击"默认"选项卡"修改"面板中的"分解"按钮，将矩形边框分解为直线。

03 偏移直线。单击"默认"选项卡"修改"面板中的"偏移"按钮，将图 12-55 所示的矩形上边框依次向下偏移 29mm、52mm、75mm，选中偏移后的 3 条直线，将其图层特性设为"虚线层"，将矩形左边框依次向右偏移 45mm、15mm、15mm、2mm、25mm、25mm，如图 12-56 所示。

图12-55 辅助矩形

图12-56 绘制辅助线

📖12.3.3 绘制各元件和设备符号

01 绘制区域报警器标志框。

❶绘制矩形。单击"默认"选项卡"绘图"面板中的"矩形"按钮，绘制一个长度为 9mm，宽度为 18mm 的矩形，如图 12-57 所示。

❷分解矩形。单击"默认"选项卡"修改"面板中的"分解"按钮，将矩形边框分解为直线。

❸等分矩形边。单击"默认"选项卡"绘图"面板中的"定数等分"按钮，将矩形的长边等分，命令行中的提示与操作如下：

命令: _div

选择要定数等分的对象：（选择矩形的一条长边）

输入线段数目或[块(B)]: 4↙

❹绘制短直线。用鼠标右键单击状态栏中的"对象捕捉"，从打开的快捷菜单中选择"设置"命令打开"草图设置"对话框，选择"对象捕捉"选项卡，在"对象捕捉模式"选项组中选中"节点"。单击"默认"选项卡"绘图"面板中的"直线"按钮，在矩形边上捕捉节点，如图 12-58 所示，水平向左绘制长度为 5.5mm 的直线，结果如图 12-59 所示。

图12-57 绘制矩形

图12-58 捕捉节点

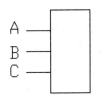

图12-59 绘制短线

❺绘制圆。单击"默认"选项卡"绘图"面板中的"圆"按钮⊙，以图 12-59 中 A 点为圆心，绘制半径为 2mm 的圆。

❻移动圆。单击"默认"选项卡"修改"面板中的"移动"按钮✛，以圆心为基准点水平向左移动 2mm，如图 12-60 所示。

❼复制圆。单击"默认"选项卡"修改"面板中的"复制"按钮⊙，将步骤❻中移动的圆形竖直向下 4.5mm 复制，如图 12-61 所示。

❽绘制矩形。单击"默认"选项卡"绘图"面板中的"矩形"按钮▢，绘制长为 4mm，宽为 4mm 的矩形，捕捉矩形右边框中点，单击"默认"选项卡"修改"面板中的"移动"按钮✛，以其为移动基准点，以图 12-61 中 C 点为移动目标点移动，结果如图 12-62 所示。

图12-60 绘制圆　　　　图12-61 复制圆　　　　图12-62 绘制矩形

❾填充。

1）单击"默认"选项卡"绘图"面板中的"圆"按钮⊙，捕捉小正方形中点，以其为圆心绘制半径为 0.5mm 的圆。

2）单击"默认"选项卡"绘图"面板中的"图案填充"按钮▨，用"SOLID"图案填充所要填充的图形，如图 12-63 所示。

❿添加文字。将"标注层"图层设置为当前图层。单击"默认"选项卡"注释"面板中的"多行文字"按钮A，样式为"Standard"，字体高度为 2.5mm，添加文字后的结果如图 12-64 所示。

图12-63 填充圆　　　　　　　图12-64 添加文字

⓫移动图形。单击"默认"选项卡"修改"面板中的"移动"按钮✛，移动图 12-64 所示的图形到图 12-65 中合适的位置，单击"默认"选项卡"绘图"面板中的"直线"按钮╱，添加连接线，结果如图 12-65 所示。

⓬复制图形。单击"默认"选项卡"修改"面板中的"复制"按钮⊙，将移动到图 12-65 中的图形依次向下 25mm 和 72mm 复制，如图 12-66 所示。

02 绘制消防铃与水流指示器。

❶绘制消防铃。

1）绘制直线。单击"默认"选项卡"绘图"面板中的"直线"按钮╱，绘制长度为 6mm 的水平直线 1。捕捉直线的中点，以其为起点竖直向下绘制长度为 3mm 的直线 2，分别以直线1左右端点为起点，直线2下端点为终点绘制斜线3和斜线4，如图12-67a所示。

图12-65　放置区域报警器

图12-66　复制图形

2）偏移直线。单击"默认"选项卡"修改"面板中的"偏移"按钮，将直线1向下偏移1.5mm。

3）修剪图形。单击"默认"选项卡"修改"面板中的"修剪"按钮，以斜线3和斜线4为修剪边，修剪步骤2）中所偏移的直线，单击"默认"选项卡"修改"面板中的"删除"按钮，删除掉直线2，如图12-67b所示。

a)

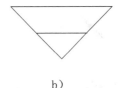
b)

图12-67　绘制消防铃

❷绘制水流指示器。

1）绘制圆。单击"默认"选项卡"绘图"面板中的"圆"按钮，以屏幕上合适位置为圆心，绘制半径为2mm的圆。

2）插入"箭头"块。单击"默认"选项卡"块"面板中的"插入"按钮，弹出"插入"对话框，如图12-68所示。在"名称"后面的下拉列表选择"箭头"块。路径："插入点"选择"在屏幕上指定"；"缩放比例"选择"统一比例"；在"X"后面的空白格输入0.05；"旋转"选择"在屏幕上指定"，"块单位"为"毫米"，"比例"为1。单击"确定"按钮，回到绘图屏幕，结果如图12-69a所示。

3）绘制直线。单击"默认"选项卡"绘图"面板中的"直线"按钮，捕捉图12-69a箭头中竖直线的中点，水平向左绘制长为2mm的直线，如图12-69b所示。

4）旋转箭头。单击"默认"选项卡"修改"面板中的"旋转"按钮，将图12-69b中绘制的箭头绕顶点旋转50°，如图12-70所示。

5）复制箭头。单击"默认"选项卡"修改"面板中的"复制"按钮，将图12-70绘制的箭头复制到步骤1）中绘制的圆中，如图12-71所示。

❸移动图形。单击"默认"选项卡"修改"面板中的"移动"按钮，将上面绘制的消防铃和水流指示器符号插入到图12-72中合适的位置，单击"默认"选项卡"绘图"

面板中的"直线"按钮 ✎，添加连接线，部分图形如图 12-72 所示。

图12-68　"插入"对话框

a)   b)

图12-69　插入箭头

图12-70　旋转箭头   图12-71　水流指示器

图12-72　放置消防铃与水流指示器

❹复制图形。单击"默认"选项卡"修改"面板中的"复制"按钮 ♥️，将移动到图 12-72 中的图形依次向下 25mm 和 72mm 复制，如图 12-73 所示。

03 绘制排烟机、防火阀与排烟阀。

❶绘制排烟机。

1）绘制圆。单击"默认"选项卡"绘图"面板中的"圆"按钮 ⊘，以屏幕上合适位置为圆心，绘制半径为 2mm 的圆。

2）绘制直线。单击"默认"选项卡"绘图"面板中的"直线"按钮 ✎，捕捉圆的上象限点，以其为起点水平向左绘制长度为 4.5mm 的直线。

3）偏移直线。单击"默认"选项卡"修改"面板中的"偏移"按钮 ⪪，将步骤 2）中绘制的直线向下偏移 1.5mm，单击"默认"选项卡"绘图"面板中的"直线"按钮 ✎，连接两条水平直线的左端点，如图 12-74a 所示。

图12-73　复制图形

4）修剪图形。单击"默认"选项卡"修改"面板中的"修剪"按钮/⁻，修剪掉多余的线段，结果如图 12-74b 所示。

a)　　　　　　　　　　　　　　　　　　　　b)

图12-74　绘制排烟机

❷绘制防火阀与排烟阀。

1）绘制矩形。单击"默认"选项卡"绘图"面板中的"矩形"按钮□，绘制长度为 4mm，宽度为 4mm 的矩形，如图 12-75 所示。

2）绘制斜线。单击"默认"选项卡"绘图"面板中的"直线"按钮/，连接点 B 与点 D，如图 12-76 所示，即为绘制完成的防火阀符号。

3）绘制直线。单击"默认"选项卡"修改"面板中的"复制"按钮°O，将图 12-75 所示的图形复制一份，单击"默认"选项卡"绘图"面板中的"直线"按钮/，连接 AB 与 CD 的中点，如图 12-77 所示，即为绘制完成的排烟阀符号。

图12-75　绘制矩形　　　　　图12-76　防火阀符号　　　　　图12-77　排烟阀符号

❸移动图形。单击"默认"选项卡"修改"面板中的"移动"按钮 ，将上面绘制的排烟机、防火阀与排烟阀符号插入到图 12-73 中合适的位置，单击"默认"选项卡"绘图"面板中的"直线"按钮 ✐，添加连接线，部分图形如图 12-78 所示。

图12-78　移动图形符号

❹复制图形。单击"默认"选项卡"修改"面板中的"复制"按钮 ，将移动到图 12-78 中的防火阀与排烟阀符号依次向下 25mm 和 72mm 复制，如图 12-79 所示。

04 绘制卷帘门、防火门和吊壁。

❶绘制卷帘门与防火门。

图12-79　复制图形

1）绘制矩形。单击"默认"选项卡"绘图"面板中的"矩形"按钮 ▢，绘制一个宽度为 3mm，长度为 4.5mm 的矩形，并将其移动到合适的位置，结果如图 12-80 所示。

2）等分矩形边。单击"默认"选项卡"绘图"面板中的"定数等分"按钮 ，将矩形的边进行等分，命令行中的提示与操作如下：

命令:_div

选择要定数等分的对象:（选择矩形的一条长边）

输入线段数目或[块(B)]: 3✓

3）绘制水平直线。单击"默认"选项卡"绘图"面板中的"直线"按钮 ✐，捕捉矩形等分节点，以其为起始点水平向右绘制长度为 3mm 的直线，结果如图 12-81 所示，即为绘制完成的卷帘门符号。

4）旋转图形。在卷帘门符号的基础上，单击"默认"选项卡"修改"面板中的"旋转"按钮 ，将图 12-81 所示的图形旋转 90º，如图 12-82 所示，即为绘制完成的防火门符号。

❷绘制吊壁。

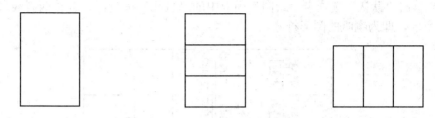

图 12-80　绘制矩形　　　　图 12-81　卷帘门符号　　　　图 12-82　防火门符号

1）单击"默认"选项卡"绘图"面板中的"矩形"按钮 ⬜，绘制一个宽度为 4mm，长度为 4mm 的矩形，并将其移动到合适的位置，结果如图 12-83a 所示。

2）单击"默认"选项卡"绘图"面板中的"直线"按钮 ✏，捕捉矩形上边框中点，以其为起点，点 M 与点 N 为终点绘制斜线，如图 12-83b 所示，即为绘制完成的吊壁符号。

a)　　　　　　　　　　　　　b)

图12-83　吊壁符号

❸移动图形。单击"默认"选项卡"修改"面板中的"移动"按钮 ✥，将上面绘制的卷帘门、防火门与吊壁符号插入到图 12-84 中合适的位置，单击"默认"选项卡"绘图"面板中的"直线"按钮 ✏，添加连接线，部分图形如图 12-84 所示。

图12-84　移动图形

❹复制图形。单击"默认"选项卡"修改"面板中的"复制"按钮 ⌗，将移动到图 12-84 中的卷帘门、防火门和吊壁符号依次向下 25mm 和 72mm 复制，单击"默认"选项卡"修改"面板中的"修剪"按钮 ✂，修剪掉多余的线段，如图 12-85 所示。

〔05〕绘制喇叭、障碍灯、诱导灯和警铃。

❶绘制喇叭。

1）单击"默认"选项卡"绘图"面板中的"矩形"按钮 ⬜，绘制一个长为 1mm，宽为 3mm 的矩形，结果如图 12-86 所示。

2）选择菜单栏中的"工具"→"绘图设置"命令，在弹出的"草图设置"对话框中设置角度，如图 12-87 所示。单击"默认"选项卡"绘图"面板中的"直线"按钮 ✏，关闭"正交"模式，绘制长度为 2mm 的斜线，如图 12-88 所示。

3）单击"默认"选项卡"修改"面板中的"镜像"按钮 ⚏，将图 12-88 所示的斜线以矩形两个宽边的中点为镜像线，对称复制到下边，如图 12-89 所示。

4）单击"默认"选项卡"绘图"面板中的"直线"按钮 ∕ ，连接两斜线端点，如图 12-90 所示，即为喇叭的图形符号。

图12-85　复制图形

图 12-86　绘制矩形　　　　　图 12-87　"草图设置"对话框　　　　　图 12-88　绘制斜线

图12-89　镜像图形　　　　　　　　　图12-90　喇叭符号

❷绘制障碍灯。

1）单击"默认"选项卡"绘图"面板中的"矩形"按钮 ⬛ ，绘制一个长度为 3mm，宽度为 3.5mm 的矩形，如图 12-91a 所示。

2）单击"默认"选项卡"绘图"面板中的"圆"按钮 ⊙ ，以矩形上边中点为圆心，绘制半径是 1.5mm 的圆。

3）单击"默认"选项卡"修改"面板中的"修剪"按钮，修剪掉圆在矩形内的部分，结果如图 12-91b 所示。

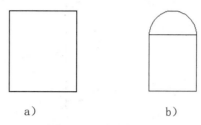

a)   b)

图12-91 障碍灯符号

❸绘制警铃符号。

1）单击"默认"选项卡"绘图"面板中的"圆"按钮，绘制半径为 2.5mm 的圆。

2）单击"默认"选项卡"绘图"面板中的"直线"按钮，绘制圆的水平和竖直直径，如图 12-92a 所示。

3）单击"默认"选项卡"修改"面板中的"偏移"按钮，将步骤 2）中绘制的水平直径向下偏移 1.5mm，竖直直径向左右各偏移 1mm，如图 12-92b 所示。

4）单击"默认"选项卡"绘图"面板中的"直线"按钮，分别连接图 12-92b 中点 P 与点 T，点 q 与点 S。

5）单击"默认"选项卡"修改"面板中的"修剪"按钮，修剪掉多余的线段，结果如图 12-92c 所示，即为绘制完成的警铃符号。

a)   b)   c)

图12-92 警铃符号

❹诱导灯符号。

1）单击"默认"选项卡"绘图"面板中的"直线"按钮，绘制长度为 3mm 的竖直直线，如图 12-93a 所示。

2）单击"默认"选项卡"修改"面板中的"旋转"按钮，选择"复制"模式，将步骤 1）绘制的竖直直线绕下端点旋转 60°，结果如图 12-93b 所示。单击"默认"选项卡"修改"面板中的"旋转"按钮，选择"复制"模式，将步骤 1）中绘制的竖直直线绕上端点旋转-60°，结果如图 12-93c 所示，即为绘制完成的诱导灯符号。

❺移动图形。单击"默认"选项卡"修改"面板中的"移动"按钮，将上面绘制的喇叭、障碍灯、警铃与诱导灯符号插入到图 12-94 中合适的位置，单击"默认"选项卡"绘图"面板中的"直线"按钮，添加连接线，部分图形如图 12-94 所示。

❻复制图形。单击"默认"选项卡"修改"面板中的"复制"按钮，将移动到图

12-94 中的喇叭和诱导灯符号依次向下 25mm 和 72mm 复制，将警铃符号向下 25mm 复制，单击"默认"选项卡"修改"面板中的"修剪"按钮 ，修剪掉多余的线段，并且补充绘制其他图形，如图 12-95 所示。

a)   b)   c)

图12-93　诱导灯符号

图12-94　移动图形

图12-95　复制图形

06 绘制其他设备标志框。单击"默认"选项卡"绘图"面板中的"矩形"按钮 ，绘制一系列的矩形，以下矩形为各主要组成部分在图 12-96 中的位置分布。

在图 12-96 中，各个图形的尺寸如下：

- 矩形 1：15mm×9 mm；矩形 5：10 mm×25 mm；矩形 9：8 mm×25 mm。
- 矩形 2：15 mm×9 mm；矩形 6：10 mm×10 mm；矩形 10：8 mm×25 mm。
- 矩形 3：6 mm×2 mm；矩形 7：20 mm×25 mm；矩形 11：27 mm×12.5 mm。
- 矩形 4：5 mm×25 mm；矩形 8：10 mm×25 mm；矩形 12：27 mm×12.5 mm。

07 添加连接线。添加连接线实际上就是用导线将图中相应的模块连接起来，只需要执行一些简单的操作，单击"默认"选项卡"绘图"面板中的"直线"按钮 ，绘制导线，单击"默认"选项卡"修改"面板中的"移动"按钮 ，将各个导线移动到合适的位置，结果如图 12-97 所示。

图12-96　图纸布局

图12-97　添加连接线

08 添加各部件文字。将"标注层"图层设置为当前图层，在布局图中对应的矩形中间和各元件旁边加入各主要部分的文字。单击"默认"选项卡"修改"面板中的"分解"按钮，将图 12-97 中的矩形 7 边框分解为直线，然后等分矩形 7 的长边，命令行中的提示与操作如下：

命令:_div

选择要定数等分的对象:（选择矩形 7 的一条长边）

输入线段数目或[块(B)]:输入 7✓

单击"默认"选项卡"绘图"面板中的"直线"按钮，以各个节点为起点水平向右绘制直线，长度为 20mm，如图 12-98 所示。

单击"默认"选项卡"注释"面板中的"多行文字"按钮 A，此时在屏幕上将会跳出一个工具条并出现添加文字的空白格，在"文字格式"工具条内，可以设置字体、文字大小、文字风格、文字排列样式等。读者可以根据自己的需要在工具条中设置好合适的文字样式，将光标移动到下面的空白格，在空白格内添加需要的文字内容，最后单击"确定"按钮。

如果觉得文字的位置不理想，可以选定文字，将文字移动到需要的位置，添加完文字后，结果如图 12-99 所示。

图12-98　绘制直线　　　　　　　　　　图12-99　添加文字

重复"多行文字"命令，添加其他文字，结果如图 12-100 所示。仔细检查图形，补充绘制消防泵，送风机等其他图形，最终结果如图 12-53 所示。

图12-100　添加文字

📖 12.3.4　小结与引申

本小节阐述了建筑电气系统中绘制各元件和设备符号的方法，通过本节学习，读者可以了解建筑电气系统图的基本绘制方法与技巧，进而达到独立设计建筑系统图的目的。需要强调的是，绘制建筑电气系统图的前提是对所设计对象整个系统的运转和功能有充分认识，从这个意义上说，建筑电气系统图的设计工作是一项比较复杂的工作，需要读者加强各方面的知识。利用上述绘制的方法绘制如图 12-101 所示的酒店消防报警系统图及消防系统图。

图12-101 酒店消防报警系统图及消防系统图

第 **13** 章

高低压开关柜电气设计综合实例

本章将围绕高低压开关柜电气设计实例展开讲述。高低压开关柜是典型的电力电气组成部分，其电气设计包括 ZN13-10 弹簧机构直流控制原理图、ZN13-10 弹簧机构直流内部接线图、电压测量回路图、电度计量回路原理图、柜内自动控温风机控制原理图、开关柜基础安装柜等。在下面章节分别介绍上述各个部分的原理、组成结构及其绘制方法。

通过本章实例的学习，读者将完整体会到在 AutoCAD 2018 环境下进行具体电力电气工程设计的方法和过程。

- ⊙ 开关柜原理图
- ⊙ 开关柜接线图
- ⊙ 电压测量回路图
- ⊙ 开关柜基础安装柜

13.1 ZN13-10 弹簧机构直流控制原理图

绘制思路

图 13-1 所示为 ZN13-10 弹簧机构直流控制原理图。首先绘制样板文件并设置绘图环境，然后绘制电路元件符号，最后绘制系统图。

<table>
<tr><td rowspan="7">实讲实训
多媒体演示

多媒体演示参见配套光盘中的\\视频 \ 第 13 章 \ZN13-10弹簧机构直流控制原理图.avi。</td></tr>
</table>

16	QF	真空断路器		1
15	SS	手车连锁开关	F10-6Ⅱ/W2	1
14	1SA	开关	KN3-1-Ⅰ	1
13	3~4FU	熔断器	aM1-10/10A	2
12	1~2FU	熔断器	aM1-10/6A	2
11	KA	中间继电器	DZY204 220V	1
10	R	电阻	ZG11-25W 1Ω	1
9	KTB	防跳继电器	DZB-213 220V 1A	1
8	KT	时间继电器	DS-31C 220V	1
7	1~4KA	电流继电器	DL-310A	各2
6	1KS、2KS	信号继电器	DX31 0.5A	2
5	HR、HG、HY	信号灯	AD11-25220V红绿黄	各1
4	SA	控制开关	LW2-Z1a. 46a4020/tF8	1
3	PJ2	无功电度表	DX863-2B 100V 3(6)A	1
2	PJ1	有功电度表	DS862-2B 100V 3(6)A	1
1	PA	电流表	JE96-A/5A	1
序号	符 号	名 称	型号及规格	数量

图13-1 ZN13-10弹簧机构直流控制原理图

13.1.1 绘制样板文件

01 建立新文件。

❶打开 AutoCAD 2018 应用程序，单击"快速访问"工具栏中的"新建"按钮，新建空白图形文件。

❷单击"快速访问"工具栏中的"保存"按钮，将文件保存为"样板图.dwg"图形文件，如图 13-2 所示。

❸单击"确定"按钮，弹出"样板选项"对话框，如图 13-3 所示。单击"确定"按钮，完成样板文件的创建。

02 设置图层。

❶单击"默认"选项卡"图层"面板中的"图层特性"按钮，打开"图层特性管理器"对话框，新建"线路""元件符号""线路 1"和"文字说明"4 个图层。各图层设置如图 13-4 所示。将"元件符号"图层设置为当前图层。

❷单击"快速访问"工具栏中的"保存"按钮，保存样板文件。

图13-2 "图形另存为"对话框　　　　　　图13-3 "样板选项"对话框

图13-4 图层设置

13.1.2 设置绘图环境

01 打开 AutoCAD 2018 应用程序，单击"快速访问"工具栏中的"打开"按钮📂，打开"样板图"文件。

02 单击"快速访问"工具栏中的"保存"按钮💾，将文件保存为"ZN13-10 弹簧机构直流控制原理图.dwg"图形文件。

13.1.3 绘制电路元件符号

01 绘制电阻。

❶单击"默认"选项卡"绘图"面板中的"矩形"按钮▢，绘制尺寸为 10mm×3mm 的矩形，如图 13-5 所示。

❷单击"默认"选项卡"绘图"面板中的"直线"按钮╱，利用"对象捕捉"命令，绘制过矩形两侧边中点的水平直线，如图 13-6 所示。

❸单击"默认"选项卡"修改"面板中的"拉长"按钮⟋，将上步绘制的水平直线向左右两侧各拉长 5mm，命令行提示与操作如下：

命令: _lengthen

选择对象或 [增量(DE)/百分数(P)/全部(T)/动态(DY)]: de

输入长度增量或 [角度(A)] <0.0000>: 5

选择要修改的对象或 [放弃(U)]:（单击图 13-5 中直线 1 处，拉伸左边）

选择要修改的对象或 [放弃(U)]：（单击图 13-5 中直线 2 处，拉伸右边）

选择要修改的对象或 [放弃(U)]:

图13-5　绘制矩形　　　　　　　　　　　　图13-6　绘制直线

绘制图形如图 13-7 所示。

❹单击"默认"选项卡"修改"面板中的"修剪"按钮，修剪矩形内部水平线，完成图形如图 13-8 所示。

图13-7　拉长直线　　　　　　　　　　　　图13-8　修剪图形

02 绘制熔断器（FU）。

❶单击"默认"选项卡"绘图"面板中的"矩形"按钮，绘制矩形尺寸为 5mm×15mm，如图 13-9 所示。

❷单击"默认"选项卡"绘图"面板中的"直线"按钮，绘制过矩形中点的竖直直线，如图 13-10 所示。

图13-9　绘制矩形　　　　　　　　　　　　图13-10　绘制直线

03 绘制插头和插座。

❶单击"默认"选项卡"绘图"面板中的"圆弧"按钮，绘制半圆弧，圆弧半径为 8mm，命令行提示与操作如下：

命令: _arc

指定圆弧的起点或 [圆心(C)]: c

指定圆弧的圆心:

指定圆弧的起点: @-8,0

指定圆弧的端点或 [角度(A)/弦长(L)]: a

指定包含角: -180

绘制图形如图 13-11 所示。

❷单击"默认"选项卡"绘图"面板中的"直线"按钮，捕捉圆弧顶点和圆心，绘制长度为 20mm 的竖直直线。如图 13-12 所示。

❸单击"默认"选项卡"绘图"面板中的"矩形"按钮▭，绘制矩形。

❹单击"默认"选项卡"绘图"面板中的"图案填充"按钮▨，填充上步绘制的矩形，结果如图 13-13 所示。

图13-11　绘制圆弧　　　　　图13-12　绘制直线　　　　　图13-13　填充矩形

04 绘制开关常开触点。

❶单击"默认"选项卡"绘图"面板中的"直线"按钮╱，绘制三段长度为 10mm 的水平直线，如图 13-14 所示。

❷单击"默认"选项卡"修改"面板中的"旋转"按钮↻，捕捉中间线右端点，旋转直线，角度为 30°，如图 13-15 所示。

图13-14　绘制直线　　　　　　　　　　　图13-15　旋转直线

05 绘制开关动断常闭触点

❶单击"默认"选项卡"绘图"面板中的"直线"按钮╱，绘制三段长度为 10mm 的水平直线，如图 13-16 所示。

❷单击"默认"选项卡"修改"面板中的"旋转"按钮↻，捕捉中间线右端点，旋转直线，角度为 30°，如图 13-17 所示。

图13-16　绘制直线　　　　　　　　　　图13-17　旋转直线

❸单击"默认"选项卡"修改"面板中的"拉长"按钮╱，将上步旋转的直线向外拉长 3mm。

❹单击"默认"选项卡"绘图"面板中的"直线"按钮╱，捕捉端点，绘制竖直直线，如图 13-18 所示。

图13-18　绘制直线

06 绘制"电度表"符号。

❶单击"默认"选项卡"绘图"面板中的"圆"按钮⊘，绘制半径为 8mm 的圆。

❷单击"默认"选项卡"绘图"面板中的"直线"按钮╱，绘制过中心线的竖直线，如图 13-19 所示。

07 绘制接地符号。

❶单击"默认"选项卡"绘图"面板中的"多边形"按钮⬡，绘制正三角形，外接圆

半径为 10mm。

❷单击"默认"选项卡"修改"面板中的"旋转"按钮◯，旋转角度为 180°，如图 13-20 所示。

❸单击"默认"选项卡"修改"面板中的"分解"按钮⬚，分解正三角形。

❹单击"默认"选项卡"修改"面板中的"偏移"按钮⬚，将三角形水平线向下偏移 5mm，如图 13-21 所示。

图13-19　绘制"电度表"符号　　　图13-20　旋转三角形　　　　图13-21　偏移直线

❺单击"默认"选项卡"修改"面板中的"删除"按钮✎和"修剪"按钮⊢，修剪多余部分，如图 13-22 所示。

❻单击"默认"选项卡"绘图"面板中的"直线"按钮✎，捕捉最上方水平直线中点绘制长度为 5mm 的竖直直线，如图 13-23 所示。

图13-22　修剪直线　　　　　　　　　　图13-23　绘制直线

〔08〕绘制灯。

❶单击"默认"选项卡"绘图"面板中的"圆"按钮◯，在空白位置绘制适当大小的圆。

❷单击"默认"选项卡"绘图"面板中的"直线"按钮✎，绘制过中心线两垂直直线，如图 13-24 所示。

❸单击"默认"选项卡"修改"面板中的"旋转"按钮◯，将圆内直线分别旋转 30°、60°，如图 13-25 所示。

〔09〕绘制线圈。

❶单击"默认"选项卡"绘图"面板中的"矩形"按钮▢，绘制矩形。

❷单击"默认"选项卡"绘图"面板中的"直线"按钮✎，捕捉矩形中点绘制直线，如图 13-26 所示。

图13-24　绘制中心线　　　　　图13-25　旋转直线　　　　　图13-26　绘制直线

❸单击"快速访问"工具栏中的"保存"按钮🖫，保存电路图。

10 绘制电流互感器（TA）。

❶单击"默认"选项卡"绘图"面板中的"多段线"按钮⏚，绘制如图 13-27 所示的图形。命令行提示与操作如下：

```
命令: _pline
指定起点:
当前线宽为 0.0000
指定下一个点或 [圆弧(A)/半宽(H)/长度(L)/放弃(U)/宽度(W)]: 10
指定下一点或 [圆弧(A)/闭合(C)/半宽(H)/长度(L)/放弃(U)/宽度(W)]: 3
指定下一点或 [圆弧(A)/闭合(C)/半宽(H)/长度(L)/放弃(U)/宽度(W)]: A
指定圆弧的端点 (按住 Ctrl 键以切换方向) 或
[角度(A)/圆心(CE)/闭合(CL)/方向(D)/半宽(H)/直线(L)/半径(R)/第二个点(S)/放弃(U)/宽度(W)]: A
指定夹角: -180
指定圆弧的端点(按住 Ctrl 键以切换方向)或 [圆心(CE)/半径(R)]: R
指定圆弧的半径: 5
指定圆弧的弦方向 <90>: 0
指定圆弧的端点(按住 Ctrl 键以切换方向)或
[角度(A)/圆心(CE)/闭合(CL)/方向(D)/半宽(H)/直线(L)/半径(R)/第二个点(S)/放弃(U)/宽度(W)]: A
指定夹角: -180
指定圆弧的端点(按住 Ctrl 键以切换方向)或 [圆心(CE)/半径(R)]: R
指定圆弧的半径: 5
指定圆弧的弦方向 <270>: 0
指定圆弧的端点(按住 Ctrl 键以切换方向)或
[角度(A)/圆心(CE)/闭合(CL)/方向(D)/半宽(H)/直线(L)/半径(R)/第二个点(S)/放弃(U)/宽度(W)]: L
指定下一点或 [圆弧(A)/闭合(C)/半宽(H)/长度(L)/放弃(U)/宽度(W)]: 3
指定下一点或 [圆弧(A)/闭合(C)/半宽(H)/长度(L)/放弃(U)/宽度(W)]: 10
指定下一点或 [圆弧(A)/闭合(C)/半宽(H)/长度(L)/放弃(U)/宽度(W)]:
```

❷单击"默认"选项卡"绘图"面板中的"直线"按钮⟋，绘制水平直线，如图 13-28 所示。

图13-27　绘制多段线

图13-28　绘制水平直线

📖 13.1.4　绘制一次系统图

01 将"线路"图层置为当前图层。

02 单击"默认"选项卡"绘图"面板中的"直线"按钮⟋，绘制线路图，如图 13-29 所示。

03 单击"默认"选项卡"修改"面板中的"复制"按钮❐，复制"插头和插座"

符号到线路图适当位置，如图 13-30 所示。

图13-29 绘制一次系统图线路图   图13-30 复制"插头和插座"

04 单击"默认"选项卡"修改"面板中的"镜像"按钮 ，镜像"插头和插座"符号，如图 13-31 所示。

05 单击"默认"选项卡"修改"面板中的"复制"按钮 和"旋转"按钮 ，将"开关常开触点"符号复制到线路图适当位置，如图 13-32 所示。

06 单击"默认"选项卡"修改"面板中的"修剪"按钮 ，修剪多余线路，如图 13-33 所示。

图13-31 镜像"插头和插座"符号   图13-32 复制"开关常开触电"符号   图13-33 修剪图形

07 单击"默认"选项卡"绘图"面板中的"矩形"按钮 ，绘制矩形，如图 13-34 所示。

08 单击"默认"选项卡"绘图"面板中的"直线"按钮 ，捕捉矩形对角点，如图 13-35 所示。

09 单击"默认"选项卡"修改"面板中的"删除"按钮 ，删除矩形，完成断路器开关绘制，如图 13-36 所示。

图13-34 绘制矩形   图13-35 绘制直线   图13-36 删除矩形

10 单击"默认"选项卡"修改"面板中的"缩放"按钮 ，缩放"断路器开关"，输入缩放比例为 1.5。

11 单击"默认"选项卡"修改"面板中的"复制"按钮 🖳，复制"电度表"符号，将其放置到适当位置。单击"默认"选项卡"修改"面板中的"镜像"按钮 ⚠，镜像"电度表"符号，如图 13-37 所示。

12 单击"默认"选项卡"修改"面板中的"复制"按钮 🖳，复制"接地"符号，将其放置到适当位置，如图 13-38 所示。

图13-37 镜像"电度表"符号

图13-38 复制接地符号

13 单击"默认"选项卡"绘图"面板中的"多边形"按钮 ⬡，绘制正三角形，外接圆半径为 10mm。单击"默认"选项卡"修改"面板中的"旋转"按钮 ⟳，旋转角度为 180°，如图 13-39 所示。

14 单击"默认"选项卡"修改"面板中的"移动"按钮 ✛，将三角形放置到适当位置，如图 13-40 所示。

15 单击"默认"选项卡"修改"面板中的"延伸"按钮 ⌐，延伸直线，完成一次系统图绘制，如图 13-41 所示。

图13-39 旋转三角形

图13-40 移动三角形

图13-41 延伸直线

📖13.1.5 绘制二次系统图元件

01 线路网格。

❶将"线路"图层设置为当前图层。单击"默认"选项卡"绘图"面板中的"直线"按钮 ╱，绘制测量表计线路图，如图 13-42 所示。

❷单击"默认"选项卡"修改"面板中的"复制"按钮 🖳，向下复制上步绘制的线路图，显示过流保护。单击"默认"选项卡"绘图"面板中的"矩形"按钮 ▢ 和"直线"按钮 ╱，绘制测量表计线路图，如图 13-43 所示。

❸单击"默认"选项卡"绘图"面板中的"矩形"按钮 ▢，绘制适当大小矩形。单击

"默认"选项卡"修改"面板中的"分解"按钮🗇，分解矩形。单击"默认"选项卡"绘图"面板中的"定数等分"按钮🖧，将矩形左侧竖直线分成 15 份。单击"默认"选项卡"绘图"面板中的"直线"按钮✏，连接等分点，如图 13-44 所示。

图13-42　绘制线路图　　　　　　　　　　　　　图13-43　绘制线路图

❹单击"默认"选项卡"绘图"面板中的"直线"按钮✏和"修剪"按钮┺，按原理图修剪线路图，绘制结果如图 13-45 所示。

图13-44　绘制直线　　　　　　　　　　　　　　图13-45　修剪线路图

同理，绘制右侧剩余线路图，完成图形如图 13-46 所示。

❺单击"默认"选项卡"绘图"面板中的"矩形"按钮▢ 和"直线"按钮✏，绘制说明图块，如图 13-47 所示。

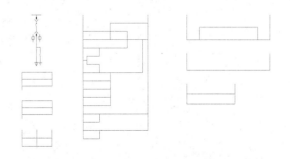

图13-46　绘制剩余线路图

02 元件布置。

❶单击"默认"选项卡"绘图"面板中的"圆"按钮⊘，绘制适当大小的圆，并将圆放置到适当位置。单击"默认"选项卡"绘图"面板中的"直线"按钮✏，绘制直线，并利用"特性"选项板，修改线型。完成"转换开关 SA"的绘制，如图 13-48 所示。

图13-47　说明图块

图13-48　绘制转换开关

❷单击"默认"选项卡"修改"面板中的"复制"按钮 和"旋转"按钮 ，将上面绘制的元件符号"电度表"复制到适当位置，如图 13-49 所示。

❸单击"默认"选项卡"修改"面板中的"复制"按钮 和"旋转"按钮 ，将上面绘制的"电阻""灯""线圈"等元件符号复制到适当位置，如图 13-50 所示。

图13-49　插入电度表　　　　　　　　图13-50　布置元件

❹单击"默认"选项卡"修改"面板中的"修剪"按钮 ，修剪多余部分，如图 13-51

所示。

图13-51　修剪图形

❺单击"默认"选项卡"绘图"面板中的"直线"按钮 ╱ ，绘制图中其余元件，如图 13-52 所示。

❻将"线路 1"图层设置为当前图层。单击"默认"选项卡"绘图"面板中的"直线"按钮 ╱ ，绘制线路，完成图形如图 13-53 所示。

图 13-52　绘制元件

图13-53　绘制线路

❼单击"默认"选项卡"修改"面板中的"复制"按钮 ❳️ ，将"接地"电气符号放置到适当位置，并进行相应修改，如图 13-54 所示。

03 文字说明。

❶将"文字说明"图层设置为当前图层。单击"默认"选项卡"注释"面板中的"多行文字"按钮 A ，在元件对应位置放置元件名称，如图 13-55 所示。

❷单击"默认"选项卡"注释"面板中的"多行文字"按钮 A ，在图框中输入文字，

如图 13-56 所示。

图13-54　放置"接地"符号

图13-55　放置元件名称

❸单击"快速访问"工具栏中的"保存"按钮🖫，保存电路图。

❹将绘制的电路元件符号复制到空白文件中，并将文件保存在源文件路径下，输入文件名称"元件符号"。

16	QF	真空断路器		1
15	SS	手车连锁开关	F10-6Ⅱ/W2	1
14	1SA	开关	KN3-Ⅰ-Ⅰ	1
13	3〜4FU	熔断器	aM1-10/10A	2
12	1〜2FU	熔断器	aM1-10/6A	2
11	KA	中间继电器	DZY204 220V	1
10	R	电阻	ZG11-25W 1Ω	1
9	KTB	防跳继电器	DZB-213 220V 1A	1
8	KT	时间继电器	DS-31C 220V	1
7	1〜4KA	电流继电器	DL-310A	各2
6	1KS、2KS	信号继电器	DX31 0.5A	2
5	HR、HG、HY	信号灯	AD11-25220V红绿黄	各1
4	εⅢ	控制刀关	LW2 Z1a.4Ga4020/ⅡT8	
3	PJ2	无功电度表	DX863-2B 100V 3(6)A	1
2	PJ1	有功电度表	DS862-2B 100V 3(6)A	1
1	PA	电流表	JE96-A/5A	1
序号	符 号	名 称	型号及规格	数量

图13-56 放置元件名称

13.2 ZN13-10 弹簧机构直流内部接线图

绘制思路

图 13-57 所示为 ZN13-10 弹簧机构直流内部接线图。首先设置绘图环境，然后绘制线路图，最后绘制元件符号并标注文字。

实讲实训 多媒体演示

多媒体演示参见配套光盘中的\\视频\第 13 章\ZN13-10弹簧机构直流内部接线图.avi。

说明：ZN12除图上所画辅助开关接点外，尚有五闭五闭可供选用，但应注意开关柜辅助回路仅有38组接点。

7	S6	行程开关	手动就地合闸	1
6	S5	行程开关	手动就地合闸	1
5	S3,S2,S4	行程开关	储能党就动作性	各1
4	M	储能电机		1
3	S	辅助开关		1
2	YA1	合闸开关		1
1	YA2	分闸线圈		1
序号	符 号	名 称	用 途	数量

图13-57 ZN13-10弹簧机构直流内部接线图

13.2.1 设置绘图环境

01 打开 AutoCAD 2018 应用程序，单击"快速访问"工具栏中的"打开"按钮新建空白图形文件。

02 单击"快速访问"工具栏中的"保存"按钮🖫，将文件保存为"ZN13-10 弹簧机构直流内部接线图.dwg"图形文件。

03 单击"默认"选项卡"图层"面板中的"图层特性"按钮📑，弹出"图层特性管理器"选项板，新建图层"线路""元件符号""表格""表格文字""说明文字"，其他设置如图 13-58 所示，将"线路"图层置为当前图层。

图13-58 图层设置

📖13.2.2 绘制线路图

01 单击"默认"选项卡"绘图"面板中的"直线"按钮╱，绘制一段长为1000mm的水平直线。单击"默认"选项卡"绘图"面板中的"圆"按钮⊙，捕捉直线两端点，绘制半径为 25mm 的圆。单击"默认"选项卡"修改"面板中的"移动"按钮✛，如图 13-59 所示。

图13-59 绘制圆

02 单击"默认"选项卡"注释"面板中的"多行文字"按钮🅰，在圆内输入标号，如图 13-60 所示。

图13-60 输入标号

03 单击"默认"选项卡"修改"面板中的"复制"按钮🗐，依次向下复制100mm。双击多行文字，弹出"文字格式"编辑器，修改标号，如图 13-61 所示。

04 单击"默认"选项卡"绘图"面板中的"直线"按钮╱和"修改"面板中的"修剪"按钮╦，绘制线路并进行相应修剪，如图 13-62 所示。

图13-61　修改文字　　　　　　　　　　　　图13-62　修剪图形

13.2.3　绘制元件符号

01 将"元件符号"图层置为当前图层。单击"默认"选项卡"绘图"面板中的"直线"按钮 ，绘制辅助开关。单击"默认"选项卡"修改"面板中的"修剪"按钮 ，修剪开关，如图 13-63 所示。

02 单击"默认"选项卡"修改"面板中的"复制"按钮 ，将辅助开关复制到适当位置，如图 13-64 所示。

图13-63　绘制开关　　　　　　　　　　　　图13-64　延伸直线

03 单击"默认"选项卡"绘图"面板中的"直线"按钮 和"修改"面板中的"修剪"按钮 ，绘制行程开关，如图 13-65 所示。

04 单击"默认"选项卡"修改"面板中的"复制"按钮 ，将行程开关复制到适当位置。单击"默认"选项卡"修改"面板中的"删除"按钮 和"修剪"按钮 ，如图 13-66 所示。

05 单击"默认"选项卡"绘图"面板中的"圆"按钮 ，绘制适当半径的圆，如图 13-67 所示。

06 单击"默认"选项卡"绘图"面板中的"矩形"按钮□，绘制线圈，如图 13-68 所示。

图13-65　绘制行程开关　　　　　　图13-66　修剪图形

图13-67　绘制圆　　　　　　　　　图13-68　绘制线圈

07 单击"默认"选项卡"修改"面板中的"修剪"按钮，修剪元件符号内部线路，如图 13-69 所示。

图13-69　修剪线路

📖13.2.4　添加说明文字

01 将"文字说明"图层置为当前图层。单击"默认"选项卡"注释"面板中的"多行文字"按钮**A**，在元件上方放置元件名称，如图 13-70 所示。

02 单击"默认"选项卡"注释"面板中的"多行文字"按钮 **A**，在右侧空白位置输入说明文字，如图 13-71 所示。

说明：ZN12除图上所画辅助开关接点外，尚有五开五闭可供选用，单但应注意开关柜辅助回路仅有38组接点。

图13-70　绘制元件名称　　　　　　　　　　图13-71　说明文字

03 将"表格"图层置为当前图层。单击"默认"选项卡"绘图"面板中的"矩形"按钮 □，在右下角绘制适当大小的矩形。单击"默认"选项卡"修改"面板中的"分解"按钮 ☝，分解矩形。单击"默认"选项卡"绘图"面板中的"定数等分"按钮 ☝，将矩形左侧竖直线分成 8 份。单击"默认"选项卡"绘图"面板中的"直线"按钮 ✏，绘制矩形内网线，如图 13-72 所示。

图13-72　绘制网线

04 将"表格文字"图层置为当前图层。单击"默认"选项卡"注释"面板中的"多行文字"按钮 **A**，在表格内输入文字。单击"默认"选项卡"修改"面板中的"复制"按钮 ☍，复制多行文字，并修改内容，完成图形如图 13-73 所示。

说明：ZN12除图上所画辅助开关接点外，尚有五开五闭可供选用，但应注意开关柜辅助回路仅有38组接点。

序号	符号	名称	用途	数量
7	S6	行程开关	手动就地合闸	1
6	S5	行程开关	手动就地合闸	1
5	S1、S2、S4	行程开关	储能完成动作	各1
4	M	储能电机		1
3	S	辅助开关		1
2	YA1	合闸开关		1
1	YA2	分闸线圈		1
序号	符号	名称	用途	数量

图13-73　编辑文字

05 单击"快速访问"工具栏中的"保存"按钮 💾，保存电路图。

13.3 电压测量回路图

绘制思路

图 13-74 所示为电压测量回路图。首先设置绘图环境，然后绘制一次系统图，最后绘制二次系统图。

实讲实训
多媒体演示

多媒体演示参见配套光盘中的\\视频\第13章\电压测量回路图.avi。

图13-74　电压测量回路图

13.3.1 设置绘图环境

01 打开 AutoCAD 2018 应用程序，单击"快速访问"工具栏中的"打开"按钮，新建空白图形文件。

02 单击"快速访问"工具栏中的"保存"按钮，将文件保存为"电压测量回路图.dwg"图形文件。

03 单击"默认"选项卡"图层"面板中的"图层特性"按钮，弹出"图层特性管理器"选项板，新建图层"线路""元件符号""表格""表格文字""说明文字"，其他设置如图 13-75 所示，将"线路"图层置为当前图层。

图13-75　图层设置

13.3.2 绘制一次系统图

01 绘制线路图。单击"默认"选项卡"绘图"面板中的"直线"按钮 ，绘制线路图，如图 13-76 所示。

02 插入元件。将"元件符号"图层置为当前图层。单击"快速访问"工具栏中的"打开"按钮 ，打开"电气符号"文件，复制所需电气符号"熔断器""插座和插头""接地"，并将其放置到图形空白处。单击"默认"选项卡"修改"面板中的"复制"按钮 ，将图形符号放置到适当位置，如图 13-77 所示。

图13-76 绘制线路图 图13-77 放置元件

03 绘制电流互感器(TA)。

❶单击"默认"选项卡"绘图"面板中的"圆"按钮 ，绘制适当大小圆。单击"默认"选项卡"修改"面板中的"复制"按钮 ，向下复制圆，绘制相交圆，如图 13-78 所示。

❷单击"默认"选项卡"绘图"面板中的"直线"按钮 ，绘制接线端，如图 13-79 所示。

04 单击"默认"选项卡"修改"面板中的"移动"按钮 和"复制"按钮 ，将电流互感器符号放置到适当位置。

05 单击"默认"选项卡"修改"面板中的"修剪"按钮 ，修剪多余线路，完成一次系统图如图 13-80 所示。

图13-78 复制圆 图13-79 绘制接线端 图13-80 绘制一次系统图

13.3.3 绘制二次系统图

01 绘制线路图。

❶将"线路"图层置为当前图层。单击"默认"选项卡"绘图"面板中的"直线"按

钮 ⟋，绘制一段长为 1000mm 的水平直线。单击"默认"选项卡"修改"面板中的"偏移"按钮 ⟐，依次向下偏移 150 mm、300mm，如图 13-81 所示。

❷ 单击"默认"选项卡"绘图"面板中的"直线"按钮 ⟋，绘制其余线路如图 13-82 所示。

图13-81　偏移直线　　　　　　　　　　　　　图13-82　绘制线路

02 布置元件。

❶ 将"元件符号"图层置为当前图层。单击"默认"选项卡"绘图"面板中的"多段线"按钮 ⟳，绘制一段多段线，命令行提示与操作如下：

命令: _pline

指定起点:

当前线宽为 0.0000

指定下一个点或 [圆弧(A)/半宽(H)/长度(L)/放弃(U)/宽度(W)]: 10

指定下一点或 [圆弧(A)/闭合(C)/半宽(H)/长度(L)/放弃(U)/宽度(W)]: a

指定圆弧的端点(按住 Ctrl 键以切换方向)或[角度(A)/圆心(CE)/闭合(CL)/方向(D)/半宽(H)/直线(L)/半径(R)/第二个点(S)/放弃(U)/宽度(W)]: a

指定夹角: -180

指定圆弧的端点(按住 Ctrl 键以切换方向)或 [圆心(CE)/半径(R)]: r

指定圆弧的半径: 5

指定圆弧的弦方向 <0>:

指定圆弧的端点(按住 Ctrl 键以切换方向)或

[角度(A)/圆心(CE)/闭合(CL)/方向(D)/半宽(H)/直线(L)/半径(R)/第二个点(S)/放弃(U)/宽度(W)]: a

指定夹角: -180

指定圆弧的端点(按住 Ctrl 键以切换方向)或 [圆心(CE)/半径(R)]: r

指定圆弧的半径: 5

指定圆弧的弦方向 <270>: 0

指定圆弧的端点(按住 Ctrl 键以切换方向)或

[角度(A)/圆心(CE)/闭合(CL)/方向(D)/半宽(H)/直线(L)/半径(R)/第二个点(S)/放弃(U)/宽度(W)]: a

指定夹角: -180

指定圆弧的端点(按住 Ctrl 键以切换方向)或 [圆心(CE)/半径(R)]: r

指定圆弧的半径: 5

指定圆弧的弦方向 <270>: 0

指定圆弧的端点(按住 Ctrl 键以切换方向)或

[角度(A)/圆心(CE)/闭合(CL)/方向(D)/半宽(H)/直线(L)/半径(R)/第二个点(S)/放弃(U)/宽度(W)]: a

指定夹角: -180

指定圆弧的端点(按住 Ctrl 键以切换方向)或 [圆心(CE)/半径(R)]: r

指定圆弧的半径: 5

指定圆弧的弦方向 <270>: 0

指定圆弧的端点(按住 Ctrl 键以切换方向)或

[角度(A)/圆心(CE)/闭合(CL)/方向(D)/半宽(H)/直线(L)/半径(R)/第二个点(S)/放弃(U)/宽度(W)]: 1

指定下一点或 [圆弧(A)/闭合(C)/半宽(H)/长度(L)/放弃(U)/宽度(W)]: 10

指定下一点或 [圆弧(A)/闭合(C)/半宽(H)/长度(L)/放弃(U)/宽度(W)]: (完成多段线如图 13-83 所示)

图13-83　绘制多段线

❷单击"默认"选项卡"修改"面板中的"移动"按钮 ✤，将元件放置到线路图适当位置，如图 13-84 所示。

❸单击"默认"选项卡"修改"面板中的"复制"按钮 ，复制元件符号到对应位置。单击"默认"选项卡"绘图"面板中的"直线"按钮 ，绘制三条竖直直线。单击"默认"选项卡"修改"面板中的"修剪"按钮 ，修剪线路图中的多余部分，完成电压互感器绘制，如图 13-85 所示。

图13-84　放置元件　　　　　　　　图13-85　绘制电压互感器

❹单击"默认"选项卡"修改"面板中的"复制"按钮 和"旋转"按钮 ，复制元件符号"插头和插座""熔断器"，并将其放置到适当位置，如图 13-86 所示。

图13-86　放置元件

❺单击"默认"选项卡"绘图"面板中的"圆"按钮 ，捕捉线路端点绘制适当大小的圆。单击"默认"选项卡"修改"面板中的"复制"按钮 ，复制圆，完成接线端子的

绘制，如图 13-87 所示。

❻单击"默认"选项卡"绘图"面板中的"圆"按钮⊘，继续捕捉线路端点绘制适当大小的圆。单击"默认"选项卡"修改"面板中的"复制"按钮⊙⊙，复制圆，完成图形如图 13-88 所示。

图13-87　复制圆　　　　　　　　　图13-88　复制圆

❼单击"默认"选项卡"修改"面板中的"修剪"按钮 ⁄-，修剪线路图中的多余部分，完成图形如图 13-89 所示。

03 添加文字说明。

❶将"文字说明"图层置为当前图层。单击"默认"选项卡"注释"面板中的"多行文字"按钮 A，在圆内输入对应标号。单击"默认"选项卡"修改"面板中的"复制"按钮⊙⊙，复制标号到其余圆内并进行相应修改，绘制结果如图 13-90 所示。

图13-89　修剪图形　　　　　　　　　图13-90　输入文字

❷单击"默认"选项卡"注释"面板中的"多行文字"按钮 A 和"修改"面板中的"复制"按钮⊙⊙，在元件上方输入对应名称，如图 13-91 所示。

❸将"表格"图层设置为当前图层。单击"默认"选项卡"绘图"面板中的"矩形"按钮▢，在右侧空白处绘制适当大小的矩形。单击"默认"选项卡"绘图"面板中的"直线"按钮，绘制水平中心线，如图 13-92 所示。

❹单击"默认"选项卡"绘图"面板中的"矩形"按钮▢，在图形下方空白处绘制适当大小矩形。单击"默认"选项卡"修改"面板中的"分解"按钮，分解矩形。单击"默认"选项卡"绘图"面板中的"定数等分"按钮，选择矩形左侧竖直直线，将其分成 4份。单击"默认"选项卡"绘图"面板中的"直线"按钮，捕捉等分点，绘制线路网格，绘制结果如图 13-93 所示。

❺将"表格文字"图层置为当前图层。单击"默认"选项卡"注释"面板中的"多行

文字"按钮 A，在表格左下角输入文字"符号"。单击"默认"选项卡"修改"面板中的"复制"按钮，捕捉矩形角点复制其余文字并修改，结果如图 13-94 所示。

图13-91　编辑文字

图13-92　绘制水平中心线　　　　　　　　　　　图13-93　绘制线路网格

1-6FU	熔断器	QM-10/6A	6
1SA	切换开关	LW2-55/F4	1
V	电压表	JE-96-V 10/0.1KV	1
符　号	名　称	型号规格	数量

图13-94　复制文字

❻单击"标准"工具栏中的"保存"按钮🖫，保存电路图。

13.4 电度计量回路原理图

绘制思路

实讲实训
多媒体演示

多媒体演示参
见配套光盘中的\\
视频\第13章\电度
计量回路原理
图.avi。

图 13-95 所示为电度计量回路原理图。首先设置绘图环境，然后绘制一次系统图，最后绘制二次系统图。

图13-95　电度计量回路原理图

13.4.1　设置绘图环境

01 打开 AutoCAD 2018 应用程序，单击"快速访问"工具栏中的"新建"按钮🗋，选择"样板 1.dwg"图形文件。

02 单击"快速访问"工具栏中的"保存"按钮🖫，保存文件为"电度计量回路原理图.dwg"。

03 将"线路"图层置为当前图层。单击"快速访问"工具栏中的"打开"按钮🖿，打开源文件路径下"ZN13-10 弹簧机构直流控制原理图""电压测量回路图""元件符号"图形文件，复制文件中的部分图形及所需元件符号，将其放置到原理图空白处，如图 13-96 所示。

13.4.2　绘制一次系统图

01 单击"默认"选项卡"修改"面板中的"移动"按钮✛，将复制的一次系统图放置到右侧空白位置。

图13-96　放置图形

02 单击"默认"选项卡"修改"面板中的"移动"按钮 ✛ 和"绘图"面板中的"直线"按钮 ✎，连接剩余线路图。

03 单击"默认"选项卡"修改"面板中的"删除"按钮 ✐ 和"修剪"按钮 ⊹，修剪多余线路，绘制结果如图 13-97 所示。

图13-97　修剪多余线路

📖13.4.3　绘制二次系统图

01 单击"默认"选项卡"修改"面板中的"移动"按钮 ✛，将所用到的线路图放置到适当位置，如图 13-98 所示。

02 单击"默认"选项卡"修改"面板中的"复制"按钮 🗐 和"删除"按钮 ✐，复制对应电路图元件并删除多余元件或线路，修改后的电路图如图 13-99 所示。

03 单击"默认"选项卡"修改"面板中的"删除"按钮 ✐ 和"修剪"按钮 ⊹，修剪线路图的多余分支，如图 13-100 所示。

图13-98　移动图形

图13-99　整理图形

04 单击"默认"选项卡"修改"面板中的"复制"按钮 ✑ 和"旋转"按钮 ○，将所需元件放置到线路图中，如图 13-101 所示。

05 单击"默认"选项卡"修改"面板中的"修剪"按钮 ✼，修剪元件，如图 13-102 所示。

06 单击"默认"选项卡"修改"面板中的"复制"按钮 ✑，复制文字并将其放置到所需元件上方，同时双击文字并修改文字内容，结果如图 13-103 所示。

图13-100　修剪分支

图13-101　放置元件

07 单击"默认"选项卡"绘图"面板中的"直线"按钮，绘制剩余线路图，如图 13-104 所示。

08 将"元件符号"图层置为当前图层。单击"默认"选项卡"修改"面板中的"复制"按钮，将所需元件放置到所需线路图中，如图 13-105 所示。

图13-102　修剪元件　　　　　　　　图13-103　修改文字内容

图13-104　绘制剩余线路

09 单击"默认"选项卡"绘图"面板中的"圆"按钮⊘，绘制适当大小的圆。单击"默认"选项卡"修改"面板中的"复制"按钮，将圆放置到适当位置，如图 13-106 所示。

10 单击"默认"选项卡"绘图"面板中的"直线"按钮和"圆弧"按钮，绘制其余元件，结果如图 13-107 所示。

11 将"线路 1"图层置为当前图层。单击"默认"选项卡"绘图"面板中的"矩形"按钮，绘制线路。单击"默认"选项卡"绘图"面板中的"直线"按钮，绘制竖直直线，如图 13-108 所示。

12 单击"默认"选项卡"修改"面板中的"修剪"按钮，修剪多余线路，结果如图 13-109 所示。

图13-105　复制元件

图13-106　复制圆　　　　　　　　　　　　图13-107　绘制其余元件

图13-108　绘制竖直直线

13　将"文字说明"图层置为当前图层。单击"默认"选项卡"注释"面板中的"多行文字"按钮 **A** 和"修改"面板中的"复制"按钮，在元件上方输入文件名称并进行修改，如图 13-110 所示。

图13-109　修剪直线　　　　　　　　　　　　图13-110　修剪文字

14　将"线路"图层置为当前图层。单击"默认"选项卡"绘图"面板中的"矩形"按钮，在电路图相应位置中绘制一系列适当大小矩形，如图 13-111 所示。

15　单击"默认"选项卡"绘图"面板中的"直线"按钮，在矩形内绘制水平直线，隔出回路说明区域，如图 13-112 所示。

图13-111　绘制矩形

图13-112　绘制隔断线

16 将"表格文字"图层置为当前图层。单击"默认"选项卡"注释"面板中的"多行文字"按钮 **A**，在矩形框中输入对应回路名称。单击"默认"选项卡"修改"面板中的"删除"按钮 ✍ 和"修剪"按钮 ⼀，整理右下角表格，双击文字，修改文字，最终图形如图 13-113 所示。

17 单击"快速访问"工具栏中的"保存"按钮 🖫，保存电路图。

图13-113　修剪结果

13.5　柜内自动控温风机控制原理图

绘制思路

图13-114所示为柜内自动控温风机控制原理图。首先设置绘图环境，然后绘制一次系统图，最后绘制二次系统图。

实讲实训 多媒体演示

多媒体演示参见配套光盘中的\\视频\第13章\柜内自动控温风机控制原理图.avi。

7	1SA	开关	1S-2	1
6	1SL, 2SL	温度探头	XMT-122 配套	2
5	1SL, 2SL	数字显示调节仪	XMT-122-50° C-150° C	2
4	KM	接触器	CJ20-10/3～220V	1
3	FU1	报警熔断器	RX1-10/2A	1
2	FUa,FUb,FUc	报警熔断器	RX1-10/2A	3
1	M	风机	50HZ～380V 100V	1
序号	符号	名　称	型号及规格	数量

图13-114　柜内自动控温风机控制原理图

13.5.1 设置绘图环境

01 打开 AutoCAD 2018 应用程序，单击"快速访问"工具栏中的"打开"按钮 📂，打开"样板图"文件。

02 单击"快速访问"工具栏中的"保存"按钮 💾，将文件保存为"柜内自动控温风机控制原理图.dwg"图形文件。

13.5.2 绘制一次系统图

01 单击"默认"选项卡"绘图"面板中的"直线"按钮 ✏️，绘制三段竖直直线，如图 13-115 所示。

02 单击"默认"选项卡"绘图"面板中的"圆"按钮 ⊘，捕捉直线两端，分别绘制不同半径的两圆，如图 13-116 所示。

03 单击"默认"选项卡"修改"面板中的"旋转"按钮 ⟳，旋转图 13-115 中选中的直线，旋转角度为 15°，旋转结果如图 13-117 所示。

图13-115　绘制直线　　　　图13-116　绘制直线　　　　图13-117　旋转直线

04 单击"默认"选项卡"绘图"面板中的"矩形"按钮 ▭，在空白处绘制熔断器，如图 13-118 所示。

05 单击"默认"选项卡"修改"面板中的"移动"按钮 ✛，将元件符号放置到适当位置，如图 13-119 所示。

图13-118　绘制熔断器　　　　图13-119　放置元件

📖13.5.3 绘制二次系统图

01 将"线路"图层置为当前图层。单击"默认"选项卡"绘图"面板中的"直线"按钮 ∕，绘制启动回路线路网格，如图 13-120 所示。

02 单击"默认"选项卡"绘图"面板中的"直线"按钮 ∕，绘制 XMT-122 工作示意图线路网格，如图 13-121 所示。

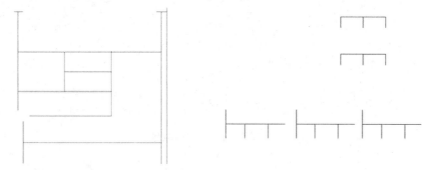

图13-120　绘制启动回路线路图　　　　　　　图13-121　绘制XMT-122工作示意图

03 单击"默认"选项卡"绘图"面板中的"直线"按钮 ∕，绘制警告信号线路网格，如图 13-122 所示。

04 单击"默认"选项卡"绘图"面板中的"圆"按钮 ⊘，绘制圆，如图 13-123 所示。

图13-122　绘制警告信号线路　　　　　　　　　图13-123　绘制圆

05 单击"默认"选项卡"注释"面板中的"多行文字"按钮 **A**，在圆内输入编号，如图 13-124 所示。

06 单击"默认"选项卡"绘图"面板中的"直线"按钮 ∕，捕捉两圆切线，如图 13-125 所示。

07 单击"默认"选项卡"修改"面板中的"复制"按钮 ⊕，将上几步绘制的元件放置到对应位置，如图 13-126 所示。

08 单击"默认"选项卡"绘图"面板中的"矩形"按钮 ▢，绘制适当大小矩形，如图 13-127 所示。

09 单击"默认"选项卡"绘图"面板中的"圆"按钮 ⊘，在矩形内部绘制接线端，如图 13-128 所示。

10 单击"默认"选项卡"绘图"面板中的"直线"按钮，绘制引脚，如图 13-129 所示。

图13-124　绘制编号

图13-125　绘制切线　　　图13-126　复制元件　　　图13-127　绘制矩形

图13-128　绘制接线端　　　　　　　　图13-129　绘制引脚

11 单击"默认"选项卡"修改"面板中的"复制"按钮，复制上几步绘制的元件，如图 13-130 所示。

12 单击"默认"选项卡"修改"面板中的"修剪"按钮，修剪多余线路，并修改编号内容，结果如图 13-131 所示。

13 单击"默认"选项卡"绘图"面板中的"直线"按钮，在圆内绘制竖直短直线，如图 13-132 所示。

14 单击"默认"选项卡"修改"面板中的"复制"按钮和"旋转"按钮，选择一次系统图中的开关符号，并将其放置到对应位置。单击"默认"选项卡"修改"面板中的"修剪"按钮 和"删除"按钮 ，修剪多余线路，结果如图 13-133 所示。

图13-130　复制元件

图13-131　修剪直线

图13-132　绘制直线

15 将"线路 1"图层置为当前图层。单击"默认"选项卡"绘图"面板中的"矩形"按钮 ，绘制矩形框，如图 13-134 所示。

16 将"文字说明"图层置为当前图层。单击"默认"选项卡"注释"面板中的"多行文字"按钮 A，输入元件名称，如图 13-135 所示。

17 将"线路 1"图层置为当前图层。单击"默认"选项卡"绘图"面板中的"矩形"按钮 ，绘制适当大小的矩形，如图 13-136 所示。

18 单击"默认"选项卡"修改"面板中的"分解"按钮 ，分解右侧矩形。单击"默认"选项卡"绘图"面板中的"定数等分"按钮 ，选择矩形左侧竖直直线，将其分成 3 份。单击"默认"选项卡"绘图"面板中的"直线"按钮 ，捕捉等分点，绘制线路网格。同理，绘制其他矩形内的线路网格，结果如图 13-137 所示。

图13-133　修剪直线

图13-134　绘制矩形

图13-135　输入元件名称

图13-136　绘制矩形

图13-137　绘制线路网格

19 将"文字说明"图层置为当前图层。单击"默认"选项卡"注释"面板中的"多行文字"按钮 **A**，在表格内输入内容，如图 13-138 所示。

7	1SA	开关	1S-2	1
6	1SL, 2SL	温度探头	XMT-122 配套	2
5	1SL, 2SL	数字显示调节仪	XMT-122-50° C-150° C	2
4	KM	接触器	CJ20-10/3~220V	1
3	FU1	报警熔断器	RX1-10/2A	1
2	FUa, FUb, FUc	报警熔断器	RX1-10/2A	3
1	M	风机	50HZ~380V 100W	1
序号	符号	名称	型号及规格	数量

图13-138　绘制表格文字

单击"快速访问"工具栏中的"保存"按钮 🔚，保存电路图。

13.6 开关柜基础安装柜

绘制思路

本实例绘制开关柜基础安装柜，如图 13-139 所示。首先设置绘图环境，然后绘制安装线路并布置安装图，最后添加文字标注。

实讲实训 多媒体演示
多媒体演示参见配套光盘中的\\视频\第13章\开关柜基础安装柜.avi。

用　　　途	L1
无接地开关方案	1268
有接地开关方案	1374

图13-139　开关柜基础安装柜

📖13.6.1　设置绘图环境

01 打开 AutoCAD 2018 应用程序，单击"快速访问"工具栏中的"打开"按钮 📂，打开空白图形文件。单击"快速访问"工具栏中的"保存"按钮 🔚，将文件保存为"开关柜基础安装柜.dwg"图形文件。

02 设置图层。单击"默认"选项卡"图层"面板中的"图层特性"按钮 🔳，打开"图层特性管理器"对话框，新建"安装线路""元件符号""表格""图案""线路1"和"文字标注"六个图层。各图层设置如图 13-140 所示，将"安装线路"图层置为当前图层。

图13-140 图层设置

03 单击"快速访问"工具栏中的"保存"按钮■，保存文件。

13.6.2 绘制安装线路

01 单击"默认"选项卡"绘图"面板中的"直线"按钮✎，绘制上方线路，其中，水平直线长度为2300mm，竖直直线长度为500mm，如图 13-141 所示。

02 将"线路 1"图层置为当前图层。单击"默认"选项卡"绘图"面板中的"直线"按钮✎，绘制中心线，长度分别为2300mm、1200mm，如图 13-142 所示。

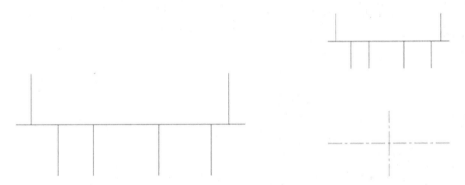

图13-141 绘制线路   图13-142 绘制中心线

03 单击"默认"选项卡"修改"面板中的"偏移"按钮⬚，将水平直线分别向上、向下偏移距离 190 mm、400 mm、460mm；将竖直直线分别向两侧偏移 915mm，如图 13-143 所示。

图13-143 偏移直线

04 单击"默认"选项卡"修改"面板中的"修剪"按钮⊬，修剪多余线路，如图 13-144 所示。

图13-144　修剪直线

📖13.6.3　布置安装图

01 将"元件符号"图层置为当前图层。单击"默认"选项卡"绘图"面板中的"矩形"按钮□，大小为 30mm×880mm 的矩形，如图 13-145 所示。

02 单击"默认"选项卡"绘图"面板中的"矩形"按钮□，绘制尺寸为 200mm×100mm 的矩形，如图 13-146 所示。

03 单击"默认"选项卡"绘图"面板中的"直线"按钮✓，在矩形内部绘制折线，如图 13-147 所示。

图13-145　绘制矩形　　　图13-146　绘制矩形　　　　　图13-147　绘制折线

04 单击"默认"选项卡"绘图"面板中的"圆"按钮⊙，绘制半径为 50mm 的圆。单击"默认"选项卡"绘图"面板中的"直线"按钮✓，绘制相交中心线，如图 13-148 所示。

05 单击"默认"选项卡"绘图"面板中的"矩形"按钮□，绘制尺寸为 350mm×750mm 的矩形，如图 13-149 所示。

图13-148　绘制中心线

06 单击"默认"选项卡"绘图"面板中的"直线"按钮 ✎，在矩形内部绘制折线，如图 13-150 所示。

图13-149　绘制矩形

图13-150　绘制折线

07 单击"默认"选项卡"绘图"面板中的"矩形"按钮 ▢，绘制一系列适当大小的矩形，如图 13-151 所示。

08 单击"默认"选项卡"绘图"面板中的"多段线"按钮 ⤵，绘制闭合图形，如图 13-152 所示。

图13-151　绘制矩形

图13-152　绘制闭合图形

09 单击"默认"选项卡"绘图"面板中的"直线"按钮 ✎，绘制电缆符号，如图 13-153 所示。

10 单击"默认"选项卡"修改"面板中的"修剪"按钮 ⊁，修剪多余部分，如图 13-154 所示。

11 单击"默认"选项卡"修改"面板中的"复制"按钮 ⬰ 和"旋转"按钮 ⟳，将绘制的电气符号放置到适当位置，如图 13-155 所示。

12 将"安装线路"图层置为当前图层。单击"默认"选项卡"绘图"面板中的"样条曲线拟合"按钮 ∿，绘制剖面线。单击"默认"选项卡"修改"面板中的"修剪"按钮 ⊁，修剪多余部分，如图 13-156 所示。

13 将"图案"图层置为当前图层。单击"默认"选项卡"绘图"面板中的"图案填充"按钮 ▨，弹出"图案填充创建"选项卡，如图 13-157 所示，选择填充样例，完成图形填充，如

图 13-158 所示。

图13-153　绘制电缆符号　　　　　　　　图13-154　修剪直线

图13-155　放置元件符号　　　　　　　　图13-156　修剪多余部分

图13-157　"图案填充创建"选项卡

图13-158　填充结果

📖13.6.4　添加文字标注

01　将"表格"图层置为当前图层。单击"默认"选项卡"绘图"面板中的"矩形"按钮▢，在安装图下方绘制尺寸为 1000mm×600mm 的矩形。单击"默认"选项卡"修改"面板中的"分解"按钮🗗，分解矩形。单击"默认"选项卡"修改"面板中的"偏移"按钮🗗，将矩形上方水平直线向下偏移 200 mm、400mm，将矩形右侧竖直直线向左偏移 300mm，如图 13-159 所示。

图13-159　绘制表格

02　将"文字标注"图层置为当前图层。单击"默认"选项卡"注释"面板中的"标注样式"按钮🖼，弹出"标注样式管理器"对话框（见图 13-160），单击"新建"按钮，弹出"创建新标注样式"对话框，如图 13-161 所示。输入名称"安装图"，单击"继续"按钮，弹出"新建标注样式：安装图"对话框，进行相应设置，如图 13-161～图 13-165所示。单击"确定"按钮，退出对话框，单击"置为当前"按钮，将新建标注样式置为当前图层，单击"关闭"按钮，退出对话框。

图13-160　"标注样式管理器"对话框

图13-161　"创建新标注样式"对话框

图13-162　"新建标注样式：安装图"对话框"线"选项卡

图13-163 "新建标注样式：安装图"对话框"箭头和符号"选项卡

图13-164 "新建标注样式：安装图"对话框"文字"选项卡

03 单击"默认"选项卡"注释"面板中的"线性"按钮□，依次标注安装图，如图 13-166 所示。

04 单击"默认"选项卡"修改"面板中的"分解"按钮□，分解标注，并修改标注文字，修改结果如图 13-167 所示。

图13-165　"新建标注样式：安装图"对话框"主单位"选项卡

图13-166　标注文字

05 在命令行中输入"QLEADER"命令，执行引线命令，命令行提示与操作如下：

命令: QLEADER

指定第一个引线点或 [设置(S)] <设置>: s

指定第一个引线点或 [设置(S)] <设置>:（弹出图 13-168 所示的"引线设置"对话框）

指定下一点:

指定下一点:　<正交 开>

指定文字宽度 <0>:50

输入注释文字的第一行 <多行文字(M)>: 柜底

输入注释文字的下一行:

同理，利用引线命令标注其余安装图，结果如图 13-169 所示。

06 单击"默认"选项卡"注释"面板中的"多行文字"按钮 **A**，在表格内输入所需文字，如图 13-170 所示。

图13-167　修改标注

图13-168　"引线设置"对话框

图13-169　标注引线

图13-170　添加表格文字